Springer-Lehrbuch

Franz Kronthaler

Statistik angewandt

Datenanalyse ist (k)eine Kunst
Excel Edition

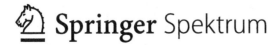

Prof. Dr. Franz Kronthaler
Hochschule für Technik und
Wirtschaft HTW Chur
Chur, Schweiz

ISSN 0937-7433
ISBN 978-3-662-47113-5   ISBN 978-3-662-47114-2 (eBook)
DOI 10.1007/978-3-662-47114-2

Die Deutsche Nationalbibliothek verzeichnet diese Publikation in der Deutschen Nationalbibliografie; detaillierte bibliografische Daten sind im Internet über http://dnb.d-nb.de abrufbar.

Mathematics Subject Classification Number (2010): 62-01, 62-07, 62F03, 62G10, 62J05, 62P20, 62P25

Springer Spektrum
© Springer-Verlag Berlin Heidelberg 2016

Planung: Iris Ruhmann

Gedruckt auf säurefreiem und chlorfrei gebleichtem Papier.

Springer-Verlag GmbH Berlin Heidelberg ist Teil der Fachverlagsgruppe Springer Science+Business Media
(www.springer.com)

Eine Notiz für den Leser

Das Buch ist nun seit über einem Jahr auf dem Markt. Die vielen Rückmeldungen von Kollegen und Studenten und meine eigenen Erfahrungen mit dem Buch deuten darauf hin, dass das Buch eine einfache, verständliche und fächerübergreifende Grundlage für die Analyse von Daten ist.

Das ursprüngliche Konzept, ein Buch für all jene zu schreiben, die mit Hilfe von Daten Informationen gewinnen wollen, scheint aufgegangen zu sein. Es ist ein Buch für Studenten aus den unterschiedlichsten Fachbereichen, die Daten analysieren müssen, um ihre Arbeiten zu schreiben und für Unternehmen, Vereine und Verwaltungen, denen Daten zur Verfügung stehen, die sie nutzen können, um Entscheidungen zu treffen. Es hilft allen Personen, die sich davor scheuen, Datensätze anzufassen und die sich damit die Möglichkeit verbauen, aus Daten Erkenntnisse zu gewinnen. Viele glauben nämlich, die Datenanalyse ist für sie zu kompliziert. Das Buch setzt hier an. Es zeigt auf, dass dem nicht so ist. Es gibt einen einfachen Zugang zur Analyse eines Datensatzes. Gleichzeitig versetzt es in die Lage, Datenanalysen und Aussagen besser einzuschätzen. Wer kennt den Satz nicht: Traue keiner Statistik, die du nicht selbst gefälscht hast. Wenn dem tatsächlich so ist, dann hilft das Buch, Daten zu analysieren, statistische Ergebnisse besser zu verstehen und Manipulationsversuche zu erkennen, also insgesamt, sich besser zu informieren und hoffentlich jeweils die beste Entscheidung zu treffen.

Kollegen haben gefragt, ob das Buch, alternativ zu Excel nicht auch mit der Statistiksoftware „R" aufgelegt werden könnte. Dieser Idee komme ich nur zu gerne nach und ich habe mich entschlossen zwei neue Projekte zu starten. Das erste Projekt ist, die gemachten Erfahrungen und Rückmeldungen der Kollegen einzuarbeiten und das Buch mit Excel in einer neuen Auflage erscheinen zu lassen. Ich kann damit Inhalte ergänzen und Fehler korrigieren, z. B. dass ich in der Erstauflage niemandem für die Unterstützung gedankt habe. Als zweites Projekt verfasse ich das Buch mit der Statistiksoftware „R". Dies ermöglicht einen einfachen Einstieg in eine Statistiksoftware, alternativ zu Excel.

Das besondere Feature des Buches in beiden Versionen ist, dass es anhand eines Datensatzes die Methoden der Statistik nach und nach diskutiert. So wird verständlich, wie die Methoden der Statistik aufeinander aufbauen und wie nach und nach immer mehr Informationen aus einem Datensatz gezogen werden können. Dabei wird auf die Inhalte der Statistik fokussiert, die benötigt werden, einen Datensatz zu analysieren. Inhalte die bei der Datenanalyse nur selten gebraucht werden, sind weggelassen. Das Buch bleibt somit schlank.

Das zweite Feature des Buches ist sein Fokus auf die Anwendung. Das Buch ist nicht-mathematisch geschrieben. Aus Erfahrung weiß ich, dass die Mathematik Leser oft abschreckt, Statistik zu lernen und anzuwenden. Aus diesem Grund konzentriert sich das Buch auf die Konzepte und Ideen der Statistik und auf deren Anwendung. Ihr werdet so in die Lage versetzt, statistische Methoden zu benutzen. Ich glaube nicht, dass Statistik ganz ohne Mathematik unterrichtet werden kann. Es ist aber möglich, die Mathematik auf das Wesentliche zu reduzieren und so einzubauen, dass die Anwendung der Statistik statt der Mathematik im Vordergrund steht. Der Leser des Buches soll nicht einmal mehr merken, dass mathematische Konzepte benutzt werden, um Wissen zu erzeugen. Mit Spaß soll erlernt werden, welchen Nutzen es hat, die statistischen Methoden zu verwenden.

Das dritte Feature ist die leichte Ersetzbarkeit des Datensatzes. Es ist ohne weiteres möglich, einen anderen Datensatz zu verwenden und mit diesem das Buch durchzuarbeiten. Die Analyse eines Datensatzes erfordert ein systematisches Vorgehen. Dieses systematische Vorgehen ist durch den Aufbau des Buches abgebildet.

Alle drei Features zusammen versetzen Euch in die Lage, ohne großen Aufwand einen Datensatz systematisch zu analysieren.

Datenanalyse macht/ist Spaß!

Ergänzungen

Neben dem Einfügen einer Danksagung müssen natürlich weitere Ergänzungen hinzukommen, die eine Neuauflage der Excel Version rechtfertigen und das Buch verbessern.

- Zunächst einmal wurden Fehler korrigiert. Einen Dank an alle, die sich die Mühe gemacht haben, mich auf Fehler hinzuweisen. Kein Buch ist von Anfang an fehlerfrei bzw. wird fehlerfrei sein.
- An zweiter Stelle wurde die Anzahl der Anwendungen vergrößert. Es scheint das Bedürfnis nach mehr Übungen zu bestehen.
- Zudem wurde die Beschreibung zu Excel zu einem eigenen Kapitel ausgebaut. Das Buch bietet damit zwar noch lange keinen vollständigen Überblick über Excel, aber für diejenigen, die noch über wenig Erfahrung mit Excel verfügen, wird der Einstieg in die Datenanalyse mit Excel vereinfacht.
- Ferner wird neu auf Möglichkeiten eingegangen, statistische Grafiken zu erzeugen. Hier scheint insbesondere bei einfacheren statistischen Anwendungen Bedarf zu bestehen.
- Die Erfahrung zeigt auch, dass Studierende Mühe damit haben, produzierte statistische Ergebnisse in einem Bericht zu integrieren. Aus diesem Grund wurde das Kapitel zur Präsentation statistischer Ergebnisse „Kurzbericht zu einer Forschungsfrage" um ein weiteres fiktives Beispiel ergänzt. Ich glaube damit einem Grundbedürfnis von Studierenden, aber auch von Kollegen zu entsprechen, die Arbeiten betreuen.
- Darüber hinaus wurden an der einen oder anderen Stelle Inhalte ergänzt und versucht diese noch verständlicher darzustellen.

Lern-Features des Buches

Das Buch diskutiert die Statistik an einem realitätsnahen Beispiel. Der Leser soll nach Lesen des Buches in der Lage sein, Informationen aus einem Datensatz zu ziehen. Damit dies gelingt, nutzt das Buch neben der Diskussion am konkreten Beispiel folgende weitere Features.

Rechnen mit Hand und rechnen mit Excel Die Beispiele werden sowohl mit Hand (für eine überschaubare Anzahl an Beobachtungen) als auch mit Excel (an einem vollständigen Datensatz) gerechnet. Dies erleichtert das Verstehen der Ideen und Konzepte der statistischen Methoden, gleichzeitig lernen wir die Anwendung an einem größeren Datensatz.

Freak-Wissen Die Rubrik Freak-Wissen dient dem Ansprechen von Wissen und Konzepten, die über die Inhalte des Buches hinausgehen. Es werden interessante Aspekte angesprochen, die zusätzliches Wissen generieren, ohne diese vollständig zu diskutieren. Die Rubrik soll zudem Lust auf mehr machen.

Checkpoints Am Ende jedes Kapitels werden die wichtigsten Punkte kurz stichwortartig zusammengefasst. Der Leser bekommt somit einen Überblick darüber, was er aus dem jeweiligen Kapitel insbesondere mitnehmen sollte. Zudem ist er gefordert, über diese Punkte noch einmal nachzudenken.

Anwendungen & Lösungen Zusätzlich zu den Checkpoints werden am Ende jedes Kapitels Übungen bereitgestellt, die das diskutierte Wissens vertiefen sollen. Das Verstehen der Konzepte der Statistik wird durch das Rechnen von Hand gefördert, das Praktizieren mit Excel dient der weiteren Vertiefung der Analyse eines Datensatzes. Die Lösungen hierzu findet man am Ende des Buches.

Weitere Datensätze Ebenfalls am Ende des Buches ist ein weiterer Datensatz bereitgestellt, der es dem Leser erlaubt, das Erlernte an einem weiteren konkreten Beispiel anzuwenden. Ferner finden Dozenten und Studenten aus anderen Fachrichtungen unter www.statistik-kronthaler.ch weitere Datensätze, die es ermöglichen, Statistik anhand konkreter fachbezogener Anwendungsbereiche zu erlernen.

Danksagung

Ein Projekt wie dieses kann nicht alleine realisiert werden. Es ist auf Unterstützung und Inputs angewiesen. Damit möchte ich allen danken, die zum Gelingen des Projektes beigetragen haben. Einige sind hier besonders hervorzuheben. Das sind zunächst einmal meine Studierenden. Sie bringen die Geduld auf, manchmal müssen sie auch, mir zuzuhören, und unterstützen mich mit wertvollen Fragen und Ratschlägen. Das ist aber auch meine Familie, meine Frau und meine Kinder, die mir mit Rat und Tat zur Seite stehen. Zu danken ist insbesondere auch dem Springer Team, Frau Denkert, Herrn Heine, Frau Herrmann, Frau Ruhmann und Frau Stricker, die von Anfang an an das Projekt geglaubt haben und mir die Möglichkeit eröffneten, das Buch zu veröffentlichen. Meiner Frau muss ich noch einmal danken für ihre Mühe, meine Rechtschreibung zu korrigieren. Das ist mit Sicherheit nicht immer ein Vergnügen!

Inhaltsverzeichnis

Teil VI   Wie geht es weiter?

Abbildungsverzeichnis

Tabellenverzeichnis

Teil I

Basiswissen und Werkzeuge, um Statistik anzuwenden

Statistik ist Spaß

Statistik ist Spaß und interessant. Interessant, weil wir mit Statistik Zusammenhänge entdecken und verstehen, wie sich Personen und auch anderes, z. B. Unternehmen, verhalten. Spaß, einfach weil es Spaß macht, Sachen zu entdecken. In diesem Kapitel klären wir, warum Statistik interessant ist, gleichzeitig klären wir wichtige Begriffe.

1.1 Warum Statistik?

Warum Statistik? Diese Frage stellen sich viele Studenten der Betriebsökonomie, Informationswissenschaft, Psychologie, Soziologie, Tourismus, u. a. Sollen sich doch die Statistiker mit der Statistik beschäftigen. Warum sollen wir Statistik lernen? Wenn diese Frage beantwortet ist, dann haben wir bereits gewonnen. Wir sind dazu motiviert, uns mit Statistik zu beschäftigen und die Statistik ist bereits halb gelernt. Statistik ist aus einer Reihe guter Gründe für alle wichtig.

Erstens basiert ein guter Teil des Wissens in der Welt auf Daten und ist entsprechend über Datenanalyse entstanden. Wissen können wir in drei Arten unterteilen, Erfahrungswissen, theoretisches Wissen und empirisches Wissen. Erfahrungswissen ist Wissen, das wir uns im Laufe des Lebens aufgrund eigener Erfahrungen aneignen, z. B.: auf einer heißen Herdplatte verbrenne ich mir die Finger! Wenn wir kurz nachdenken, stellen wir sofort fest, dass der geringste Teil unseres Wissens auf solchen Erfahrungen beruht. Theoretisches Wissen ist, salopp ausgedrückt, Wissen, das aus Beobachtungen logisch abgeleitet wird. Damit sind wir bereits bei den Daten. Das theoretische Wissen baut auf Beobachtungen auf. Damit aber nicht genug. Es wird mit Hilfe von neuen Beobachtungen und Daten überprüft und verbessert, womit wir beim empirischen Wissen sind. Zum Beispiel zählte es vor nicht allzu langer Zeit als allgemein anerkanntes Wissen, dass die Anzahl geborener Kinder pro Frau in reicheren Ländern niedriger sei als in ärmeren Ländern. Dieses Wissen entstand aus der Beobachtung, dass die Geburtenrate abnimmt, wenn Länder reicher werden. Neuere Beobachtungen zeigen, dass das auch heute noch gilt, allerdings mit dem

© Springer-Verlag Berlin Heidelberg 2016
F. Kronthaler, *Statistik angewandt*, Springer-Lehrbuch, DOI 10.1007/978-3-662-47114-2_1

kleinen Unterschied, dass ab einem gewissen Grad an Reichtum die Anzahl der Kinder pro Frau wieder zunimmt.

Das zweite Argument ist schlichtweg, dass Daten manchmal eingesetzt werden, um Meinung und Stimmung zu machen, schlimmstenfalls um Personen zu manipulieren. Verstehen wir, wie Wissen oder vermeintliches Wissen aus Daten erzeugt wird, dann sind wir besser in der Lage Manipulationsversuche zu erkennen.

Und schließlich hilft Datenanalyse, gute und richtige Entscheidungen zu treffen. Hal Varian, Chefökonom bei Google, hat vor einiger Zeit frei übersetzt Folgendes gesagt: „Der coolste Job ist der Job eines Statistikers. [...] Die Fähigkeit, Informationen und Wissen aus Daten zu ziehen und zu kommunizieren, wird unglaublich wichtig in den nächsten Jahrzehnten [...]". Unternehmen wie Google, aber auch andere große wie kleine Unternehmen, verarbeiten Daten, um ihre Kunden und Mitarbeiter kennenzulernen, um neue Märkte zu erschließen oder um die Wirksamkeit und das Image ihrer Produkte zu überprüfen.

Es gibt jede Menge guter Gründe, sich mit Statistik zu befassen. Der Beste für uns ist aber, dass das Erlernen der Techniken der Datenanalyse nicht so kompliziert ist, wie der eine oder andere vielleicht befürchtet. Es braucht nur einen Dozenten, der die Konzepte der Statistik einfach erklärt, „einen Dozenten auf Ihrer Seite".

1.2   Checkpoints

- *Wissen basiert auf Erfahrungen, Theorien und Daten, wobei der größte Teil unseres Wissens auf Daten beruht.*
- *Daten werden manchmal eingesetzt, um uns zu manipulieren.*
- *Fundierte Datenanalyse hilft uns, gute Entscheidungen zu treffen.*

1.3   Daten

In der Statistik befassen wir uns mit der Analyse von Daten. Damit müssen wir zunächst klären, was Daten sind und wie ein Datensatz aufgebaut ist. Ein Datensatz ist eine Tabelle, welche Informationen zu Personen, Unternehmen oder anderen Objekten enthält. Die Informationen sind die Daten. Im Datensatz sind drei Informationen enthalten: 1) über wen haben wir Informationen, 2) über was haben wir Informationen, und 3) die Information selbst. Stellen wir uns vor, wir untersuchen zehn Personen und wollen von ihnen das Geschlecht, das Alter und das Einkommen wissen und außerdem wie gern sie Cheeseburger essen. Diese Informationen können wir tabellarisch in einem Datensatz darstellen.

Tabelle 1.1 zeigt uns einen ersten Datensatz. Dieser Datensatz ist wie folgt aufgebaut: Die erste Spalte (Spalte A) zeigt uns an, über wen oder welche Objekte wir Informationen haben. Die Nr. 1 kann dabei für Herrn Tschaikowski, die Nr. 2 für Frau Segantini,

Tab. 1.1 Datensatz Personen, Geschlecht, Alter, Einkommen, Burger

	A	B	C	D	E	F	G	H
1	Person Nr	Geschlecht	Alter	Einkommen	Cheeseburger			
2	1	männlich	55	10000	sehr gern			
3	2	weiblich	23	2800	sehr gern			
4	3	weiblich	16	800	weniger gern			
5	4	männlich	45	7000	nicht gern			
6	5	männlich	33	8500	gern			
7	6	weiblich	65	15000	weniger gern			
8	7	männlich	80	2000	weniger gern			
9	8	weiblich	14	0	nicht gern			
10	9	weiblich	30	5200	sehr gern			
11	10	weiblich	45	9500	nicht gern			

die Nr. 3 für Frau Müller, usw. stehen. Die Spalte 1 gibt uns technisch gesprochen die Untersuchungsobjekte wieder.

In der ersten Zeile (Zeile 1) können wir ablesen, über was wir Informationen haben. In diesem Datensatz sind das Informationen zum Geschlecht, zum Alter, zum Einkommen und wie gern die Personen Cheeseburger essen. Es handelt sich im statistischen Sinne um die Variablen. Diese beschreiben die Eigenschaften der Untersuchungsobjekte bezüglich der verschiedenen Charakteristika.

Die Zellen von Spalte A und Zeile 2 (kurz A2) bis Spalte E und Zeile 11 (E11) geben uns die Informationen zu den einzelnen Personen und Variablen. Person Nr. 1, Herr Tschaikowski, ist männlich, 55 Jahre alt, hat ein Einkommen von 10'000 Franken und isst sehr gerne Cheeseburger. Person Nr. 10 ist weiblich, 45 Jahre alt, hat ein Einkommen von 9'500 Franken und isst nicht gern Cheeseburger. Auf diese Weise können wir jede Zeile lesen und erhalten Informationen zu jeder einzelnen Person. Wir können aber auch berechnen, wie sich die Personen insgesamt bezüglich der einzelnen Variablen verhalten. So lässt sich zum Beispiel relativ schnell ablesen, dass im Datensatz 4 Männer und 6 Frauen enthalten sind, und dass 3 von 10 Personen (30 % der Untersuchungsobjekte) Cheeseburger sehr gerne essen. Ein Datensatz ist normalerweise in der oben dargestellten Weise organisiert. Die Zeilen enthalten die Untersuchungsobjekte. In den Spalten finden sich die Variablen. Die Schnittpunkte zwischen Spalten und Zeilen liefern die Informationen über die Untersuchungsobjekte.

Tab. 1.2 Kodierter Datensatz Personen, Geschlecht, Alter, Einkommen, Burger

Person Nr	Geschlecht	Alter	Einkommen	Cheeseburger
1	0	55	10000	1
2	1	23	2800	1
3	1	16	800	3
4	0	45	7000	4
5	0	33	8500	2
6	1	65	15000	3
7	0	80	2000	3
8	1	14	0	4
9	1	30	5200	1
10	1	45	9500	4

Zusätzlich gibt es noch ein weiteres Detail, über das wir Bescheid wissen müssen. In der Regel enthält ein Datensatz neben den Variablennamen nur Zahlen, keine weiteren Wörter. Der Grund ist einfach, mit Zahlen lässt sich leichter rechnen.

Tabelle 1.2 zeigt uns denselben Datensatz, nur dass nun alle Informationen in Zahlen angegeben sind. Die Informationen, die als Wörter vorlagen, haben wir in Zahlen umgewandelt. Technisch gesprochen haben wir die verbalen Informationen kodiert, d. h. mit Zahlen hinterlegt. Diese Kodierung erfordert, eine Legende anzulegen, in der wir die Bedeutung der Zahlen notieren. Die Legende sollte dabei folgende Informationen enthalten: Variablenname, Variablenbeschreibung, Werte, fehlende Werte, Skala und Quelle.

Tabelle 1.3 zeigt uns die Legende zu unserem Datensatz. Der Variablenname ist die Kurzbezeichnung, die für die Variable verwendet wird. Mit Hilfe der Variablenbeschreibung wird die Bedeutung der Variable präzise beschrieben. Die Idee ist schlicht, dass wir auch später, vielleicht in einem Jahr, noch wissen müssen, was z. B. die Variable Cheeseburger tatsächlich bedeutet. Die Spalte Werte gibt uns an, wie die Daten definiert sind, z. B. dass bei der Variable Geschlecht die 0 für einen Mann und die 1 für eine Frau steht. Fehlende Werte sind in dieser Legende mit den Buchstaben n. d. bezeichnet, wobei n. d. für nicht definiert steht. Wir brauchen fehlende Werte nicht zu definieren, da unser Datensatz zu allen Personen und allen Variablen Informationen enthält. Oft ist es jedoch so, dass nicht für alle Personen zu allen Variablen Informationen vorliegen. Wir behelfen uns dann, indem wir entweder die Zelle im Datensatz leer lassen oder mit einem definierten Wert,

Tab. 1.3 Legende zum Datensatz Personen, Geschlecht, Alter, Einkommen, Burger

A	B	C	D	E
Variablenname	Variablenbeschreibung	Werte	Fehlende Werte	Skala
Person Nr	Laufindex zu den befragten Personen		n.d.	metrisch
Geschlecht	Geschlecht der befragten Personen	0=männlich 1=weiblich	n.d.	nominal
Alter	Alter der befragten Personen	in Jahren	n.d.	metrisch
Einkommen	Einkommen der befragen Personen	in CHF	n.d.	metrisch
Cheeseburger	Wie gerne essen die befragten Personen Cheeseburger?	1=sehr gern 2=gern 3=weniger gern 4=nicht gern	n.d.	ordinal
Quelle: Eigene Erhebung 2013.				

der bei den entsprechenden Variablen nicht vorkommen kann, in der Regel 8, 88, 888, . . . , 9, 99, 999, . . . , ausfüllen. Den definierten Wert können wir mit einem Hinweis versehen, der angibt ‚warum der Wert fehlt, z. B. kann 8, 88, 888, . . . für „keine Angabe möglich" oder 9, 99, 999, . . . für „Antwort verweigert" stehen. In erstem Fall war die befragte Person nicht in der Lage, eine Antwort zu geben. In zweitem Fall hat die befragte Person, aus welchen Gründen auch immer, die Antwort verweigert. Die Spalte Skala informiert uns über das Skalenniveau der Daten. Diese Information ist von großer Bedeutung bei der Auswahl der statistischen Methoden. Wir werden im nächsten Abschnitt darauf eingehen. Außerdem benötigen wir noch die Information zur Quelle der Daten. Diese Information hilft uns dabei, die Zuverlässigkeit der Daten einzuschätzen. In unserem Fall haben wir die Daten selbst erhoben, die Quelle ist eine eigene Erhebung aus dem Jahr 2013. Wenn wir zuverlässig gearbeitet haben, wissen wir, dass der Datensatz eine gute Qualität besitzt. Wissen wir aber, die Daten sind aus einer weniger vertrauenswürdigen Quelle, müssen wir sie deswegen nicht fortwerfen. Wir müssen aber die Unsicherheit bezüglich der Datenqualität in der Datenanalyse mitberücksichtigen.

1.4 Checkpoints

- *Ein Datensatz ist in Spalten und Zeilen organisiert. In den Zeilen sind die Untersuchungsobjekte enthalten, in den Spalten die Variablen.*

- *Ein Datensatz ist in der Regel mit Hilfe von Zahlen aufgebaut. Es lässt sich so leichter rechnen.*
- *Die Legende zum Datensatz sollte den Variablennamen, die Variablenbeschreibung, die Definition zu den Werten und Informationen zu fehlenden Werten sowie zur Skala enthalten.*

1.5 Skalen – lebenslang wichtig bei der Datenanalyse

Wir nähern uns mit großen Schritten der Datenanalyse. Bevor wir beginnen, müssen wir uns noch mit dem Skalenniveau von Variablen befassen. Das Skalenniveau der Daten entscheidet im Wesentlichen darüber, welche statistischen Methoden anwendbar sind. Wir werden dies in jedem der folgenden Kapitel sehen, und auch in unserem weiteren statistischen Leben immer wieder feststellen. Es lohnt sich, hier Zeit zu investieren und sich die Skalenarten und deren Eigenschaften einzuprägen.

In unserer Legende haben wir bereits die drei Skalenniveaus kennengelernt. Daten können nominal, ordinal und metrisch skaliert sein.

Nominal bedeutet, dass die Variable lediglich eine Unterscheidung zwischen den Personen und Untersuchungsobjekten erlaubt. In unserem Beispiel unterscheidet die Variable Geschlecht zwischen Mann und Frau, ein Mann ist ein Mann, eine Frau eine Frau und ein Mann ist ungleich einer Frau. Technisch gesprochen ist in diesem Fall $0 = 0, 1 = 1$ und $0 \neq 1$. Ein weiteres typisches Beispiel ist die Religion mit den Ausprägungen katholisch, reformiert, russisch-orthodox, buddhistisch, usw. oder auch die Gesellschaftsform von Unternehmen mit den Ausprägungen Einzelfirma, GmbH, AG. In diesen Beispielen sehen wir zudem, dass es nominale Variablen mit zwei oder mit mehr als zwei Ausprägungen gibt. Bei einer nominalen Variablen mit zwei Ausprägungen, z. B. die Variable Geschlecht mit den Ausprägungen Mann und Frau sprechen wir auch von einer dichotomen Variable oder einer Dummy-Variable.

Bei einer ordinal skalierten Variablen haben wir neben der Unterscheidungsmöglichkeit zudem eine Rangordnung, etwa in Form von besser-schlechter, freundlicher-unfreundlicher, o. ä. In unserem Beispiel gibt die Variable Cheeseburger an, wie gern Personen Cheeseburger essen. Wir haben dabei eine Rangordnung von sehr gern über gern, weniger gern bis hin zu nicht gern. Wichtig dabei ist, dass wir wissen, ob eine Person einen Cheeseburger sehr gern, gern, weniger gern oder nicht gern isst. Wir kennen aber nicht den Abstand zwischen unseren Ausprägungen. Technisch gesprochen ist in unserem Beispiel $1 = 1$, $2 = 2$, $3 = 3$, $4 = 4$ *und* $1 > 2 > 3 > 4$. Die Abstände zwischen den Ausprägungen 1, 2, 3 und 4 sind nicht definiert. Ein klassisches Beispiel hierfür sind Noten. Bei Noten wissen wir nur, ob wir eine sehr gute, gute, befriedigende, ausreichende, mangelhafte oder ungenügende Note erzielt haben. Der zusätzliche Lernaufwand, den wir brauchen, um von einer ausreichenden auf eine befriedigende Note oder von einer guten Note auf eine sehr gute Note zu kommen, variiert von Note zu Note, von Lehrer zu Lehrer und von Klausur zu Klausur. Weitere Beispiele für ordinal skalierte Variablen

Tab. 1.4 Skalenniveau von Daten

Skalenniveau	Eigenschaften	Beispiele
Nominal	Unterscheidung $0 = 0, 1 = 1$ und $0 \neq 1$	Geschlecht: Mann, Frau Haarfarbe: Blond, Braun, Schwarz, ...
Ordinal	Unterscheidung $1 = 1$, $2 = 2$, $3 = 3$, $4 = 4$ und $1 \neq 2, \ldots$ Rangordnung $1 > 2 > 3 > 4$	Noten: Sehr gut, Gut, Befriedigend, Ausreichend, Mangelhaft, Ungenügend Rating: Sehr gern, Gern, Weniger gern, Nicht gern
Metrisch	Unterscheidung $X = X$, $Y = Y$, $Z = Z$ und $X \neq Y, \ldots$ Rangordnung $X > Y > Z$ Abstand bekannt $X - Y$ bzw. $Y - Z$ ist definiert	Alter: 5 Jahre, 10 Jahre, 20 Jahre, ... Taschengeld: CHF 10, CHF 20, CHF 25, ... Gewicht: 50 kg, 65 kg, 67 kg, ...

sind Zufriedenheit mit einem Produkt mit den Ausprägungen sehr zufrieden, zufrieden, weniger zufrieden, unzufrieden oder Selbsteinstufung der Verletzungsgefahr bei einer Sportart mit den Ausprägungen hoch, mittel, niedrig.

Bei metrischen Daten ist neben der Unterscheidung und der Rangordnung zusätzlich noch der Abstand zwischen zwei Ausprägungen eindeutig definiert. In unserem Beispiel sind das Alter und das Einkommen metrisch skaliert. Eine Person mit 21 Jahren ist älter als eine mit 20 Jahren und die Differenz zwischen beiden Werten ist genau 1 Jahr. Dabei wissen wir genau, wie viel Zeit vom 20sten bis zum 21sten oder vom 35sten bis zum 36sten Geburtstag vergeht. Technisch gesprochen ist $X > Y > Z$ *und* $X - Y$ *beziehungsweise* $Y - Z$ ist klar definiert. Ferner haben wir zwischen zwei Ausprägungen theoretisch unendlich viele Zwischenwerte. Schauen wir uns noch einmal das Beispiel vom 20sten bis zum 21sten Lebensjahr an. Dazwischen liegen 365 Tage oder 8'760 Stunden oder 525'600 min, usw. Weitere Beispiele für metrische Daten sind Temperatur, Umsatz, Distanz zwischen zwei Orten, etc. (Tab. 1.4).

Bei der angewandten Datenanalyse taucht immer wieder die Frage auf, ob wir nicht ordinale Daten auf die gleiche Weise wie metrische Daten behandeln können. Wir werden das später verstehen. Diese Frage kann beantwortet werden mit eigentlich nicht, aber ... Eigentlich ist metrisch gleich metrisch und ordinal gleich ordinal. Trotzdem werden ordinale Daten oft wie metrische Daten behandelt. Das ist dann vertretbar, wenn eine ordinale Variable genügend Ausprägungen besitzt, ungefähr sieben (z. B. von 1 bis 7), mehr ist besser, und die Variable normalverteilt ist. Was normalverteilt bedeutet, werden wir später erklären. Eleganter ist die Erzeugung einer quasi-metrischen Variable. Anstatt zu fragen: „Wie gerne essen Sie Cheeseburger?", und diese Frage auf einer Skala von 1 bis 7 beantworten zu lassen, können wir dieselbe Frage stellen und stattdessen ein Kreuz auf eine Linie setzen lassen.

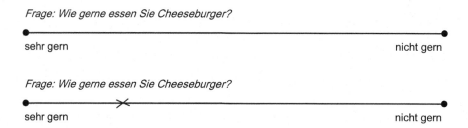

Frage: Wie gerne essen Sie Cheeseburger?

sehr gern   nicht gern

Frage: Wie gerne essen Sie Cheeseburger?

sehr gern   nicht gern

Anschließend messen wir den Abstand zwischen dem Anfang der Linie und dem Kreuz möglichst genau. Ein kleiner Abstand bedeutet in diesem Fall, dass jemand sehr gern Cheeseburger isst. Je näher der Abstand an den maximal möglichen Abstand kommt, desto weniger gern isst die Person Cheeseburger. Wenn wir das ein paar Mal versuchen, also für mehrere Personen simulieren, merken wir schnell, dass wir sehr viele unterschiedliche Werte erhalten und damit eine quasi-metrische Variable erzeugt haben. Solange wir Daten analysieren, werden uns die Skalenniveaus nicht mehr auslassen.

1.6 Checkpoints

- *Nominale Variablen erlauben eine Unterscheidung der Untersuchungsobjekte.*
- *Ordinale Variablen beinhalten neben einer Unterscheidung zusätzlich eine Rangordnung.*
- *Metrische Variablen ermöglichen neben der Unterscheidung und der Rangordnung noch eine präzise Abstandsbestimmung.*
- *Ordinale Daten können wie metrische Daten behandelt werden, wenn genügend Ausprägungen möglich und die Daten normalverteilt sind. Eleganter ist die Erzeugung einer quasi-metrischen Variable.*
- *Das Skalenniveau bestimmt entscheidend darüber mit, welche statistischen Verfahren wir anwenden können.*

1.7 Software: Excel, SPSS, oder „R"

Die Datenanalyse geschieht heute glücklicherweise nicht mehr von Hand. Uns stehen verschiedene Computerprogramme zur Unterstützung zur Verfügung, z. B. Excel, SPSS oder „R". Welches dieser Programme sollen wir verwenden?

Excel ist das Tabellenkalkulationsprogramm von Microsoft. Es ist keine reine Statistiksoftware, verfügt aber über eine Vielzahl von Funktionen, die zur Datenanalyse eingesetzt werden können. Die Vorteile von Excel sind, dass es über eine grafische Oberfläche bedient werden kann, dass wir es in der Regel kennen und dass es auf unserem privaten Rechner installiert ist. Zudem steht es normalerweise auch in dem Unternehmen, in dem wir tätig sind, zur Verfügung. Der Nachteil ist, dass nicht alle statistischen Anwendungen zur Verfügung stehen.

Das Statistikprogramm SPSS „**S**tatistical **P**ackage for **S**ocial **S**ciences" ist eine professionelle Statistiksoftware. Entsprechend verfügt es über die meisten der bekannten Anwendungen der Statistik. Wie Excel funktioniert SPSS über eine grafische Oberfläche und es sind keine Programmierkenntnisse notwendig. Der große Nachteil von SPSS ist der Preis. Außerdem können wir in einem Unternehmen, in dem SPSS nicht vorhanden ist, nicht ohne weiteres darauf zugreifen.

Eine kostenfreie und ebenfalls professionelle Statistiksoftware steht mit dem Programm „R" zur Verfügung. „R" ist eine Open Source Software, an deren Entwicklung eine Menge Personen beteiligt sind, und, wie SPSS, die Anwendung der meisten der bekannten Methoden der Statistik ermöglicht. Der große Vorteil von „R" liegt in der kostenlosen Verfügbarkeit, dem großen Umfang an statistischen Methoden und der immer breiteren Masse, die dieses Programm nutzt und im Internet Hilfestellungen zur Fragen anbietet. Ein Nachteil ist jedoch, dass die Anwendung von „R" zum Teil Programmierkenntnisse erfordert. Dies ist insbesondere bei komplexen statistischen Anwendungen der Fall.

Welche Software sollen wir anwenden? Excel ist für den Einstieg aus verschiedenen Gründen eine gute Lösung. Excel kennen wir bereits, Excel ist auf unserem Computer und auf dem Unternehmenscomputer verfügbar und Excel verfügt über eine Vielzahl statistischer Methoden. Zudem liegen Daten oft im Excel-Format vor. Viele Organisationen stellen Daten als Excel-Dateien zur Verfügung.

Wer sich später professioneller mit der Datenanalyse beschäftigen will, sollte irgendwann erwägen, auf „R" zu wechseln. Der Umstieg ist einfach zu bewerkstelligen, wenn die Grundlagen der Statistik bereits bekannt sind. Informationen zu „R" finden wir auf http://www.r-project.org.

1.8 Fallbeispiele – der beste Weg zum Lernen

Datenanalyse lässt sich am besten anhand eines konkreten Beispiels erlernen. Im Buch nutzen wir hierfür einen zentralen Datensatz. Der verwendete Datensatz enthält 10 Variablen und 100 Beobachtungen. Er ist so konstruiert, dass er einerseits möglichst realitätsnah ist, und andererseits die meisten Fragestellungen abdeckt, die bei der Analyse eines Datensatzes auftauchen. Erhältlich ist der Datensatz auf der Internetplattform www.statistik-kronthaler.ch.

Durch die Nutzung des zentralen Datensatzes über das gesamte Buch hinweg sehen wir, wie die Methoden der Statistik aufeinander aufbauen und zur systematischen Analyse eines Datensatzes verwendet werden können. An der einen oder anderen Stelle im Buch wird der Datensatz dennoch nicht ausreichen und wir werden ihn um weitere Datensätze ergänzen. Auch diese Datensätze sind unter www.statistik-kronthaler.ch erhältlich.

Tab. 1.5 Daten Wachstum Jungunternehmer

Unternehmen	Wachstumsrate	Erwartung	Marketing	Produktverbesserung	Branche	Motiv	Alter	Erfahrung	Selbsteinschätzung	Bildung	Geschlecht
1	5	2	29	3	0	3	32	7	5	1	0
2	8	1	30	5	1	2	26	8	4	2	1
3	18	3	16	6	0	2	36	10	5	1	0
4	10	2	22	5	1	1	43	7	3	3	1
5	7	1	9	9	1	2	43	6	3	1	1
6	12	2	14	8	1	3	48	10	4	4	0
7	16	2	26	0	1	2	19	11	5	3	0
8	2	1	26	4	1	1	33	4	2	1	0
9	4	1	28	8	1	2	42	0	1	4	1
10	10	1	31	0	1	3	27	4	2	4	1
11	7	1	6	3	1	2	30	8	4	1	1
12	9	1	30	0	1	2	23	12	5	1	1

1.9　Fallbeispiel: Wachstum von Unternehmen

Stellen wir uns vor, wir müssen eine Studienarbeit, Bachelorarbeit, Masterarbeit oder unsere Doktorarbeit über das Wachstum von jungen Unternehmen schreiben. Zu diesem Zweck erheben wir Informationen zu Unternehmen und stehen nun vor der Aufgabe den Datensatz zu analysieren. Konkret liegt uns der folgende Datensatz mit Informationen zum Wachstum und weiteren Charakteristika zu Unternehmen und Gründern vor (Tab. 1.5).

In der Tabelle sehen wir für die ersten zwölf befragten Unternehmen die uns zur Verfügung stehenden Daten. Diese Daten benutzen wir, wenn wir von Hand rechnen. Wenn wir die Daten mit Hilfe von Excel analysieren, greifen wir auf den kompletten Datensatz mit insgesamt 100 Unternehmen zurück. Größere Datensätze von 100 und mehr beobachteten Objekten sind in der Praxis die Regel. Aber auch Datensätze mit weniger beobachteten Objekten werden uns gelegentlich vorliegen. Jetzt brauchen wir nur noch die Legende, damit wir mit den Daten arbeiten können (Tab. 1.6).

Tab. 1.6 Legende zu den Daten Wachstum Jungunternehmer

	A	B	C	D	E
1	Variablenname	Variablenbeschreibung	Werte	Fehlende Werte	Skala
2	Unternehmen	Laufindex für die befragten Unternehmen		n.d.	metrisch
3	Wachstumsrate	Durchschnittliche Wachstumsrate des Umsatzes in den letzten fünf Jahren	in Prozent	n.d.	metrisch
4	Erwartung	Erwartung über die zukünftige Entwicklung	1=besser wie bisher 2=keine Veränderung 3=schlechter wie bisher	n.d.	ordinal
5	Marketing	Aufwand für Marketing in den letzten fünf Jahren	in Prozent vom Umsatz	n.d.	metrisch
6	Produktverbesserung	Aufwand Produktentwicklung in den letzten fünf Jahren	in Prozent vom Umsatz	n.d.	metrisch
7	Branche	Branche in welcher das Unternehmen tätig ist	0=Industrie 1=Dienstleistung	n.d.	nominal
8	Motiv	Gründungsmotiv des Gründers	1=Arbeitslosigkeit 2=Idee umsetzen 3=höheres Einkommen	n.d.	nominal
9	Alter	Alter der Unternehmensgründer zum Zeitpunkt der Gründung	in Jahren	n.d.	metrisch
10	Erfahrung	Branchenberufserfahrung der Unternehmensgründer	in Jahren	n.d.	metrisch
11	Selbsteinschätzung	Selbsteinschätzung der Branchenberufserfahrung der Unternehmensgründer	1=sehr erfahren 2=erfahren 3=weder noch 4=wenig erfahren 5=nicht erfahren	n.d.	ordinal
12	Bildung	Höchster Schulabschluss des Unternehmensgründers	1=Sekundarschule 2=Matura 3=Fachhochschule 4=Universität	n.d.	ordinal
13	Geschlecht	Geschlecht Unternehmensgründer	0=Mann; 1=Frau	n.d.	nominal
14	Quelle: Eigene Erhebung 2013.				

1.10 Anwendung

1.1. Nenne drei Gründe, warum Statistik nützlich ist.

1.2. Welche Angaben sind in einem Datensatz enthalten?

1.3. Welche Skalenniveaus sind für die statistische Datenanalyse von Bedeutung und wie sind diese ausgestaltet?

1.4. Welches Skalenniveau besitzt die Variable Branche mit den Ausprägungen Industrieunternehmen und Dienstleistungsunternehmen, die Variable Selbsteinschätzung mit den Ausprägungen sehr erfahren, erfahren, wenig erfahren und nicht erfahren und die Variable Umsatz gemessen in Franken?

1.5. Welches Skalenniveau hat die Variable Bildung mit den Ausprägungen Sekundarschule, Matura, Fachhochschule, Universität, PhD bzw. die Variable Bildung gemessen in Jahren, die in einer Bildungsinstitution verbracht wurden?

1.6. Warum sind Skalenniveaus für die statistische Datenanalyse von Bedeutung?

1.7. Warum benötigen wir eine Legende für unsere Daten?

1.8. Öffne unseren Datensatz Daten_Wachstum.xlsx mit Excel und mache Dich mit ihm vertraut. Beantworte dabei folgende Fragen: Wie groß ist die Anzahl an Beobachtungen? Wie viele metrische, ordinale und nominale Variablen sind im Datensatz enthalten? Wie sind die metrischen, ordinalen und nominalen Daten gemessen?

1.9. Wie vertrauenswürdig ist unser Datensatz Daten_Wachstum.xlsx?

1.10. Nenne jeweils eine vertrauenswürdige Datenquelle für dein Land, deinen Kontinent und die Welt?

1.11. Denke dir drei Fragestellungen aus, welche vermutlich mit Daten analysiert werden. Suche hierfür die geeigneten Datenquellen.

Excel: Eine kurze Einführung in die statistischen Möglichkeiten

Bevor wir mit dem Kapitel starten, möchte ich ein paar kleinere Hinweise zu diesem geben. Erstens, das Kapitel gibt eine kurze Einführung in die statistischen Anwendungsmöglichkeiten von Excel 2013, es diskutiert nicht die Anwendungsmöglichkeiten von Excel insgesamt. Für diejenigen, die sich intensiver mit Excel 2013 beschäftigen wollen, empfehle ich z. B. das Buch von Arendt-Theilen, F. et al. (2014), Microsoft Excel 2013 – Das Handbuch, O'Reily, Köln. Zweitens, die Anwendungen die uns in Excel 2013 zur Verfügung stehen, unterscheiden sich nicht großartig von den Möglichkeiten der vergangenen Excel-Versionen. Es ist also kein Problem, wenn wir mit einer älteren Excel-Version arbeiten. Drittens, diejenigen, die mit Excel vertraut sind, können das Kapitel getrost überspringen. Als letztes wurden alle Berechnungen im Buch entweder per Hand oder mit Excel 2013 durchgeführt und auch alle Abbildungen damit erstellt. Dies gibt einen ersten Hinweis auf Nutzungsmöglichkeiten von Excel in der Statistik. Wir werden sie im Folgenden kennenlernen.

Damit wir Excel für die Datenanalyse nutzen können, müssen wir zunächst eine Excel Arbeitsmappe öffnen. Abbildung 2.1 zeigt uns eine Excel Arbeitsmappe und im Überblick wichtige Informationen, mit denen wir vertraut sein sollten. Ganz oben in der Arbeitsmappe steht der Name der Excel-Datei. Darunter befindet sich das Menüband mit den Registerkarten. Die Registerkarten enthalten die Befehle, die wir für die Datenanalyse nutzen können. Zudem steht ganz oben links ein kleines Fragezeichen „?". Dieses klicken wir an, wenn wir Hilfe zu Excel benötigen. Unter Angabe eines Stichwortes erhalten wir in der Regel Hinweise, wie das Problem gelöst werden kann.

Die Registerkarte „Datei" verwenden wir, um unsere Excel Datei zu verwalten. Wir können mit ihr die Datei speichern, nachdem wir z. B. Berechnungen angestellt oder Daten eingegeben haben. Neben dem Befehl „Speichern" steht uns hier auch der Befehl „Speichern unter" zur Verfügung. „Speichern unter" verwenden wir, wenn wir speichern, den Originaldatensatz aber erhalten wollen.

© Springer-Verlag Berlin Heidelberg 2016
F. Kronthaler, *Statistik angewandt*, Springer-Lehrbuch, DOI 10.1007/978-3-662-47114-2_2

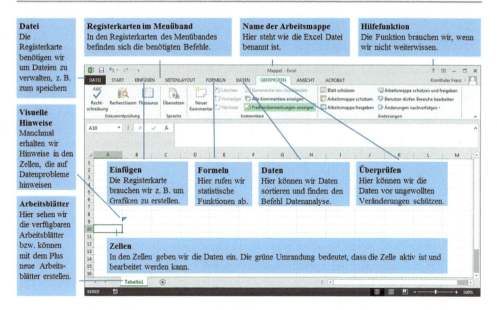

Abb. 2.1 Die Excel Arbeitsmappe im Überblick

Die Registerkarte „Einfügen" verwenden wir, wenn wir die verschiedenen Möglichkeiten von Excel, Grafiken und Tabellen zu erstellen, nutzen möchten, z. B. um ein Säulendiagramm, ein Kuchendiagramm, ein Streudiagramm oder auch eine Pivot-Tabelle zu erzeugen. Im Laufe des Buches werden wir diese Möglichkeiten kennenlernen. Vielleicht aber noch ein Hinweis, auch heute noch erstelle ich die Grafiken, die ich für Publikationen verwende, in der Regel mit Excel.

In der Registerkarte „Formeln" finden wir insbesondere den Befehl „Funktion einfügen". Diesen Befehl werden wir im Laufe des Buches immer wieder verwenden, wenn wir die verschiedenen statistischen Funktionen aufrufen, z. B. um einen Mittelwert, einen Korrelationskoeffizient oder anderes zu berechnen.

Die Registerkarte „Daten" nutzen wir, um spezielle statistische Funktionen, die uns in Excel zur Verfügung stehen, zu verwenden. Diese Funktionen finden wir unter dem Befehl „Datenanalyse". Der Befehl „Datenanalyse" steht uns nicht automatisch zur Verfügung. Das Datenanalyse-Werkzeug von Excel müssen wir zuerst aktivieren. Wir werden gleich sehen, wie. Zudem nutzen wir die Registerkarte, um Daten zu sortieren, z. B. der Größe nach aufsteigend oder absteigend. Wir werden die Sortierfunktion verschiedentlich bei der Datenanalyse mit Excel benötigen.

Die Registerkarte „Überprüfen" verwenden wir insbesondere, um ein versehentliches Überschreiben der Daten zu vermeiden. Alle Daten, die für das Buch zur Verfügung stehen und im Internet erhältlich sind, habe ich mit einem Blattschutz versehen. Das heißt, die Daten können nicht einfach überschrieben werden. Der Blattschutz kann aber leicht

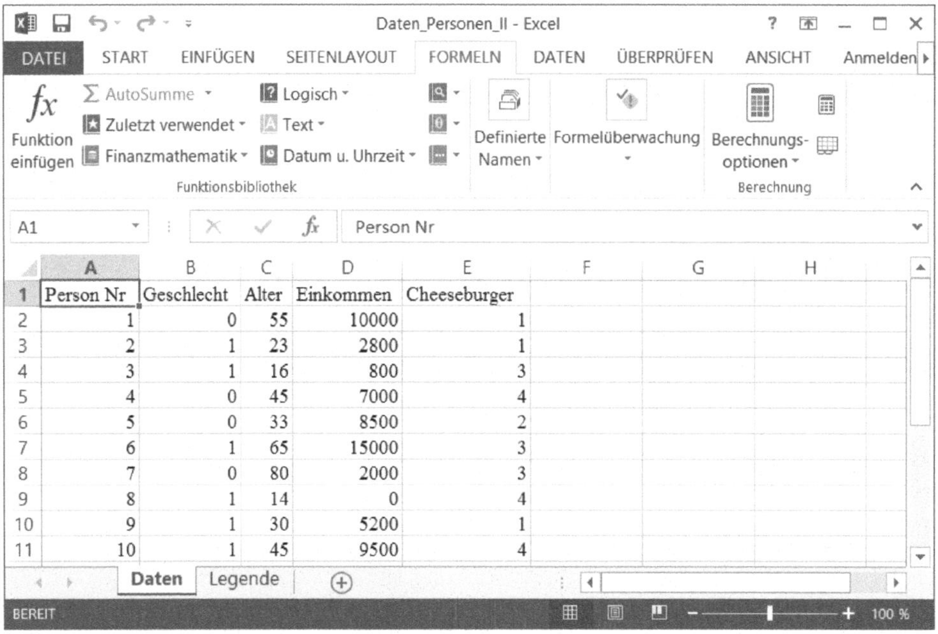

Abb. 2.2 Die Registerkarte Formeln bei Excel

aufgehoben werden, indem auf den Befehl „Blattschutz aufheben" geklickt wird. Der Blattschutz kann auch mit einem Passwort versehen werden.

In den Zellen schreiben wir unsere Informationen, wie in Kap. 1 beschrieben. Um dies zu tun, klicken wir mit der linken Maustaste auf eine Zelle. Die Zelle ist anschließend grün umrandet und wir können in die Zelle Zahlen oder auch Text eingeben. Um uns von einer Zelle zur nächsten zu bewegen, nutzen wir entweder die Maus oder die Pfeiltasten auf der Tastatur.

Noch zwei weitere Hinweise. Manchmal erhalten wir in den Zellen visuelle Hinweise, z. B. ein kleines Dreieck am linken oberen Zellenrand. Dieses deutet darauf hin, dass im Tabellenblatt Probleme, z. B. mit der Berechnung oder dem Datenformat bestehen. Das Dreieck ist mit Informationen hinterlegt, welche Hinweise auf die bestehenden Probleme geben. Ganz unten sehen wir die in der Arbeitsmappe enthaltenen Arbeitsblätter. In der Regel ist dies unser Arbeitsblatt mit den Daten und ein weiteres Arbeitsblatt mit der Legende (vergleiche Kap. 1). Gegebenenfalls kommen weitere Arbeitsblätter mit den Ergebnissen unserer Berechnungen hinzu.

Bevor wir nun mit der Datenanalyse beginnen, sehen wir uns noch die zwei Wege an, die uns Excel für statistische Verfahren anbietet. Wie schon gesagt ist der erste Weg, über die Registerkarte „Formeln" den Befehl „Funktion einfügen", zu nutzen (Abb. 2.2).

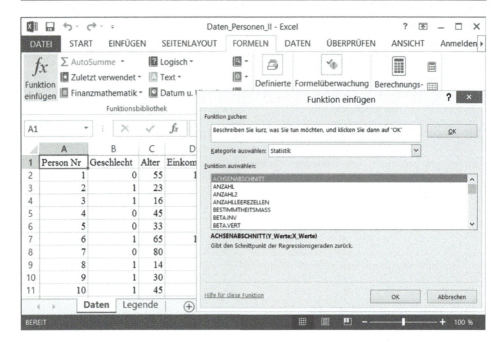

Abb. 2.3 Das Fenster Funktion einfügen bei Excel

Abb. 2.4 Aktivieren des Datenanalyse-Werkzeugs von Excel – Schritt 1

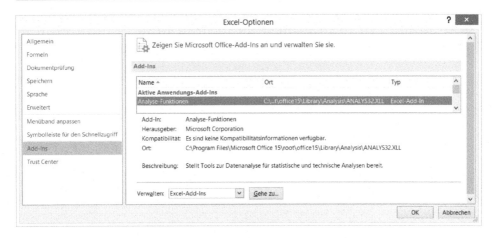

Abb. 2.5 Aktivieren des Datenanalyse-Werkzeugs von Excel – Schritt 2

Klicken wir die Schaltfläche Funktion einfügen an, öffnet sich ein Fenster mit den statistischen Funktionen (Abb. 2.3). Hier können wir unter Kategorie auswählen Statistik anwählen und erhalten somit Zugang zu den statistischen Funktionen.

Der zweite Weg ist die Anwendung des Datenanalyse-Werkzeugs von Excel. Dieses müssen wir zuerst aktivieren. Hierfür klicken wir auf die Registerkarte Datei und dann auf Optionen (Abb. 2.4).

Auf dem neu erscheinenden Fenster klicken wir auf Add-Ins. Dort markieren wir die Zeile Analyse-Funktionen und klicken dann auf Gehe zu (Abb. 2.5).

Abb. 2.6 Aktivieren des Datenanalyse-Werkzeugs von Excel – Schritt 3

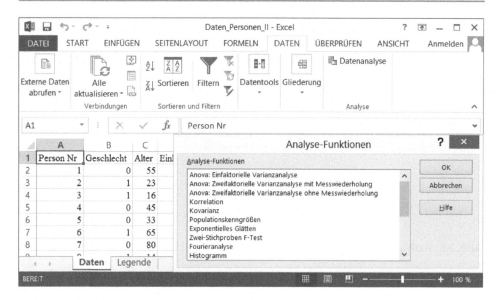

Abb. 2.7 Der Befehl Datenanalyse von Excel

Im folgenden Fenster setzen wir bei Analyse-Funktionen einen Haken und klicken dann auf OK (Abb. 2.6).

Im Excel-Fenster unter der Registerkarte Daten steht uns nun rechts der Befehl Datenanalyse zur Verfügung. Wenn wir diesen Befehl anklicken, dann öffnet sich das Datenanalyse Werkzeug von Excel und uns stehen weitere statistische Funktionen zur Verfügung (Abb. 2.7).

Damit sind wir bei den statistischen Funktionen von Excel angelangt. Wir werden diese nach und nach einsetzen. Beginnen wir nun endlich mit der Datenanalyse.

Teil II
Beschreiben, nichts als beschreiben

Beschreiben von Personen oder Objekten oder einfach beschreibende Statistik
In der beschreibenden Statistik berichten wir über Personen und Objekte, die wir beobachten. Als Kunden von McDonalds oder Burger King wollen wir zum Beispiel wissen, wie viel Gramm Fleisch die Cheeseburger haben, die wir uns kaufen. In einem solchen Fall beobachten wir die Cheeseburger, das heißt, wir wiegen bei jedem Cheeseburger das Fleisch, anschließend tragen wir die Informationen zusammen und werten diese für alle beobachteten Cheeseburger aus.

In unserem Fallbeispiel Wachstum können wir mit Hilfe der beschreibenden Statistik Informationen über die befragten neu gegründeten Unternehmen erhalten. Nach der Analyse mit Hilfe der beschreibenden Statistik wissen wir, wie sich die beobachteten Unternehmen verhalten. Zum Beschreiben unserer Beobachtungen stehen uns verschiedene Instrumente zur Verfügung. Im Kap. 3 befassen wir uns mit dem Durchschnitt, im Kap. 4 mit der Abweichung vom Durchschnitt und im Kap. 5 gehen wir noch einmal genauer auf unsere Beobachtungen ein und fragen uns, wie sich Gruppen von Beobachtungen verhalten. Anschließend betrachten wir in Kap. 6 den Zusammenhang zwischen Variablen und in Kap. 7 zeigen wir auf, wie aus vorhandenen Variablen neues Wissen erzeugt werden kann.

Mittelwerte: Wie verhalten sich Personen und Objekte im Schnitt

3.1 Mittelwerte – für was wir sie brauchen

Mittelwerte benutzen wir, um zu analysieren, wie sich unsere Personen und Objekte im Durchschnitt verhalten, z. B. wie viel Fleisch die Cheeseburger im Durchschnitt enthalten. Dafür stehen uns verschiedene Mittelwerte zur Verfügung: der arithmetische Mittelwert, der Median, der Modus und der geometrische Mittelwert. Diese Werte werden auch Masse der zentralen Tendenz genannt. Die Bedeutung und Anwendung sehen wir uns gleich an. Damit sind wir endgültig bei der Datenanalyse angelangt.

3.2 Der arithmetische Mittelwert

Der arithmetische Mittelwert, oft auch nur Mittelwert genannt, ist das Maß der zentralen Tendenz, welches am häufigsten gebraucht wird. Es ist einfach zu berechnen. Wir addieren alle Werte einer Variablen auf und teilen diese dann durch die Anzahl der Beobachtungen:

$$\bar{x} = \frac{\sum x_i}{n}$$

$\sum$ ist das griechische Symbol für Summe. Immer, wenn wir dieses Symbol sehen, addieren wir die Werte auf,

$\bar{x}$ ist der arithmetische Mittelwert,

x_i sind die beobachteten Werte und

n ist die Anzahl der Beobachtungen.

Wichtig ist, dass der arithmetische Mittelwert metrische Daten voraussetzt, d. h. wir sollten ihn nur berechnen, wenn unser Skalenniveau metrisch ist.

Nehmen wir unser Fallbeispiel Wachstum und rufen uns die dazugehörigen Daten in Erinnerung (siehe Tab. 1.5). Wir wollen für die ersten sechs Unternehmen wissen, wie

© Springer-Verlag Berlin Heidelberg 2016

F. Kronthaler, *Statistik angewandt*, Springer-Lehrbuch, DOI 10.1007/978-3-662-47114-2_3

diese im Durchschnitt gewachsen sind. Die Daten hierfür finden wir unter der Variable Wachstumsrate. Die Wachstumsraten sind:

$$x_1 = 5$$
$$x_2 = 8$$
$$x_3 = 18$$
$$x_4 = 10$$
$$x_5 = 7$$
$$x_6 = 12$$

Die Summe der Wachstumsraten ist gleich:

$$\sum x_i = x_1 + x_2 + x_3 + x_4 + x_5 + x_6 = 5 + 8 + 18 + 10 + 7 + 12 = 60$$

Teilen wir die Summe nun durch unsere sechs Unternehmen, so erhalten wir die durchschnittliche Wachstumsrate:

$$\bar{x} = \frac{\sum x_i}{n} = \frac{60}{6} = 10$$

Da die Wachstumsrate in Prozent gemessen wurde (siehe Tab. 1.6), beträgt die durchschnittliche Wachstumsrate 10 %. Unsere sechs Unternehmen sind in den letzten 5 Jahren also durchschnittlich um 10 % gewachsen. Auch interessiert uns zum Beispiel, wie alt unsere Gründer im Durchschnitt sind. Dies lässt sich entsprechend wie folgt berechnen:

$$\bar{x} = \frac{\sum x_i}{n} = \frac{32 + 26 + 36 + 43 + 43 + 48}{6} = 38$$

Unsere Gründer sind im Durchschnitt 38 Jahre alt. Sie wenden durchschnittlich 20 % ihres Umsatzes für Marketing auf, weitere 6 % ihres Umsatzes setzen sie durchschnittlich in Produktverbesserungen ein und im Schnitt haben sie 8 Jahre Branchenberufserfahrung.

Bingo, damit wissen wir bereits eine ganze Menge über unsere Unternehmen und deren Gründer.

Freak-Wissen
Den arithmetischen Mittelwert haben wir mit $\bar{x}$ bezeichnet und die Anzahl der Beobachtungen mit einem kleinen n. Streng genommen bezeichnen wir sie so nur bei der Analyse einer Stichprobe. Hier analysieren wir nicht alle Objekte oder Personen, die in Frage kommen, sondern nur eine Teilmenge. Haben wir die Grundgesamtheit beobachtet, d. h. alle Personen oder Objekte die uns interessieren, wird der arithmetische Mittelwert oft mit dem griechischen Buchstaben μ bezeichnet und die Anzahl der Beobachtungen mit N.

Tab. 3.1 Wachstumsrate in Klassen von 5 % Schritten

Klasse Nr.	Wachstumsrate von über ... bis ... Prozent	Anzahl Unternehmen
1	−10 bis −5	3
2	−5 bis 0	8
3	0 bis 5	27
4	5 bis 10	34
5	10 bis 15	23
6	15 bis 20	4
7	20 bis 25	1

Manchmal kommt es vor, dass die uns vorliegenden Daten bereits aufbereitet wurden und nur noch in Klassen unterteilt zur Verfügung stehen. Zum Beispiel könnten die Wachstumsraten unserer 100 Unternehmen folgendermaßen vorliegen (Tab. 3.1).

In einem solchen Fall haben wir die Wachstumsraten nur für Gruppen von Unternehmen, nicht für einzelne Unternehmen. Wenn wir trotzdem den arithmetischen Mittelwert berechnen wollen, nutzen wir folgende Formel:

$$\bar{x} \approx \frac{\sum \bar{x}_j \times n_j}{n}$$

$\bar{x}_j$ sind die Mittelwerte der jeweiligen Klassen,

n_j die Anzahl Unternehmen in der jeweiligen Klasse und

n die Anzahl an beobachteten Unternehmen insgesamt.

Für Klasse 1 mit drei Unternehmen ist der Mittelwert der Wachstumsrate −7.5, für Klasse 2 mit acht Unternehmen −2.5, für Klasse 3 mit 27 Unternehmen 2.5 usw. Damit kann der Mittelwert wie folgt berechnet werden:

$$\bar{x} \approx \frac{\sum \bar{x}_j \times n_j}{n}$$
$$\approx \frac{-7.5 \times 3 - 2.5 \times 8 + 2.5 \times 27 + 7.5 \times 34 + 12.5 \times 23 + 17.5 \times 4 + 22.5 \times 1}{100}$$
$$\approx 6.6$$

Die durchschnittliche Wachstumsrate der Unternehmen in den letzten 5 Jahren liegt damit bei ungefähr 6.6 %. Die gewellte Linien $\approx$ anstatt des Ist-Gleich-Zeichens = bedeuten dabei näherungsweise. Da wir nicht mehr die Einzelinformationen für die Unternehmen haben, sondern nur noch gebündelte Werte für mehrere Unternehmen, können wir den arithmetischen Mittelwert nur noch näherungsweise berechnen.

3.3   Der Median

Der Median ist ebenfalls ein Mittelwert, nur etwas anders definiert. Um den Median zu bestimmen, fragen wir uns, welcher Wert teilt unsere Beobachtungen in die 50 % der kleineren und 50 % der größeren Beobachtungen auf. Hierfür müssen wir zunächst die Werte der Größe nach aufsteigend sortieren. Für unsere sechs Unternehmen haben wir dann folgende Reihenfolge:

$$x_1 = 5$$
$$x_5 = 7$$
$$x_2 = 8$$
$$x_4 = 10$$
$$x_6 = 12$$
$$x_3 = 18$$

Der Median in unserem Beispiel ist dann derjenige Wert, der unsere sechs Unternehmen der Wachstumsrate nach in die 50 % Unternehmen mit der niedrigeren Wachstumsrate und die 50 % der Unternehmen mit der höheren Wachstumsrate aufteilt. Er liegt in unserem Fall zwischen den Wachstumsraten 8 % und 10 %, damit also bei 9 %. Wir können dies gut auf einer Linie darstellen (siehe Abb. 3.1).

Die drei Unternehmen 1, 5 und 2 haben eine kleinere Wachstumsrate als 9 %, Unternehmen 4, 6 und 3 eine größere Wachstumsrate als 9 %.

Der Median kann sowohl für metrische Daten, wie oben, als auch für ordinale Daten verwendet werden. Zum Beispiel könnte uns interessieren, wie die Selbsteinschätzung der Unternehmensgründer hinsichtlich ihrer Branchenberufserfahrung ist. Wir haben dies auf einer ordinalen Skala von 1 (sehr erfahren) bis 5 (nicht erfahren) erhoben. Die Auswertung unserer ersten sechs Unternehmen ergibt einen Median von 4. Damit können wir die Aussage treffen, dass die Ausprägung wenig erfahren unsere Unternehmensgründer in der Mitte teilt.

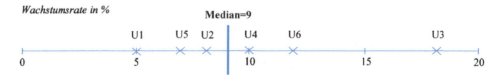

Abb. 3.1 Der Median für die Wachstumsrate der Unternehmen

3.4 Der Modus

Der Modus oder auch häufigster Wert ist der dritte Mittelwert, der uns in der Regel bei der Datenanalyse interessiert. Grundsätzlich kann der Modus für metrische Daten, ordinale Daten und nominale Daten berechnet werden. Interessant ist er vor allem dann, wenn Werte häufiger vorkommen. Wenn wir unsere Daten ansehen, ist das vor allem bei ordinalen und nominalen Daten der Fall. Bei ordinalen Daten kann der Modus den Median ergänzen, bei nominalen Daten ist er der einzige Mittelwert, der uns zur Verfügung steht. In unserem Datensatz Wachstum sind die Variablen Branche, Motiv und Geschlecht nominal und die Variable Selbsteinschätzung ordinal skaliert. Bestimmen wir für diese Variablen den Modus bei den ersten sechs Unternehmen, so zeigt sich, dass bei der Variable Branche die 1 am häufigsten auftritt. Vier neu gegründete Unternehmen sind Dienstleistungsunternehmen, zwei sind Industrieunternehmen. Das am häufigsten genannte Gründungsmotiv ist die 2. Die meisten Gründer wollen eine Idee verwirklichen. Beim Geschlecht tritt die 0 und die 1 jeweils dreimal auf, d. h. 3 Unternehmen wurden von einer Frau gegründet und 3 von einem Mann. Bei der Variable Selbsteinschätzung kommen alle drei Ausprägungen gleichhäufig vor. Die letzten beiden Beispiele zeigen, dass wir auch mehrere Modalwerte haben können.

Mit Hilfe der Mittelwerte haben wir bereits eine ganze Menge herausgefunden.

3.5 Der geometrische Mittelwert und Wachstumsraten

Der geometrische Mittelwert ist ein weiterer wichtiger Mittelwert. Wir benötigen ihn, wenn wir durchschnittliche Wachstumsraten ausrechnen wollen. Beispiele hierfür gibt es genügend. Wir wollen wissen, wie die Bevölkerung in den letzten Jahren durchschnittlich gewachsen ist, uns interessiert die durchschnittliche Verzinsung einer Geldanlage, wie hoch das durchschnittliche Gewinnwachstum eines Unternehmens oder wie hoch die Inflationsrate der letzten Jahre war. Zur Beantwortung all dieser Fragen benötigen wir den geometrischen Mittelwert:

$$\bar{x}_g = \sqrt[n]{x_1 \times x_2 \times \ldots \times x_n}$$

x_i sind dabei die relativen Veränderungen von einem Jahr auf das nächste Jahr, bzw. die Wachstumsfaktoren, und

n die Anzahl der Wachstumsfaktoren.

In unserem Datensatz ist beispielsweise das durchschnittliche Unternehmenswachstum von 2007 bis 2012 enthalten. Dieses müssen wir zunächst berechnen. Z. B. wissen wir von unserem ersten Unternehmen, dass es im ersten Jahr, von 2007 auf 2008, 15 % gewachsen ist, im zweiten Jahr 10 %, im dritten Jahr −2 %, im vierten Jahr 5 % und im fünften Jahr wieder −2 %. Die Veränderungen von einem zum anderen Jahr bzw. die Wachstumsfaktoren betragen damit:

$$x_1 = 1.15 \quad (+15\%)$$
$$x_2 = 1.10 \quad (+10\%)$$
$$x_3 = 0.98 \quad (-2\%)$$
$$x_4 = 1.05 \quad (+5\%)$$
$$x_5 = 0.98 \quad (-2\%)$$

Die durchschnittliche Veränderung bzw. der durchschnittliche Wachstumsfaktor beträgt damit:

$$\bar{x}_g = \sqrt[5]{1.15 \times 1.10 \times 0.98 \times 1.05 \times 0.98} = 1.05$$

Das erste Unternehmen, das wir beobachtet haben, ist also zwischen 2007 und 2012 durchschnittlich um 5 % gewachsen. Wir wissen jetzt, wie in unserem Datensatz Daten_Wachstum.xlsx die durchschnittlichen Wachstumsraten der jungen Unternehmen berechnet wurden.

3.6   Welchen Mittelwert sollen wir verwenden und was müssen wir sonst noch wissen?

Entscheidend ist zunächst das Skalenniveau der Variable, für die wir den Mittelwert berechnen wollen. Ist das Skalenniveau nominal, steht nur der Modus zur Verfügung. Ist das Skalenniveau ordinal, können wir den Modus und den Median berechnen. Bei einem metrischen Skalenniveau, können wir sowohl den Modus und den Median als auch den arithmetischen Mittelwert bestimmen. Wollen wir Wachstumsraten ausrechnen, brauchen wir den geometrischen Mittelwert.

Freak-Wissen
Streng genommen benötigen wir für die Berechnung des geometrischen Mittelwertes das Vorliegen einer Verhältnisskala. Das Skalenniveau von metrischen Daten lässt sich weiter in Intervallskala und Verhältnisskala unterteilen. Die Intervallskala verlangt klar definierte Abstände zwischen zwei Punkten. In der Verhältnisskala muss zusätzlich ein absoluter Nullpunkt definiert sein. Beim Kalenderjahr ist das beispielsweise nicht der Fall, der Nullpunkt ist zwar das Jahr null, Christi Geburt. Wir könnten das Jahr null aber auch anders wählen, z. B. Tod Ramses II. Beim Umsatz existiert dagegen ein absoluter Nullpunkt, kein Umsatz. Nur wenn ein absoluter Nullpunkt existiert, können zwei Werte einer Variablen sinnvoll ins Verhältnis gesetzt werden und nur dann kann der geometrische Mittelwert berechnet werden.

Zudem ist wichtig, dass der arithmetische Mittelwert sehr empfindlich auf Ausreißer bzw. Extremwerte reagiert, während der Median und der Modus robust ist. Wir können das noch einmal an unserem Cheeseburger-Beispiel verdeutlichen. Nehmen wir an, wir beobachten das Gewicht von sieben Cheeseburgern mit folgendem Ergebnis in Gramm:

$$x_1 = 251$$
$$x_2 = 245$$
$$x_3 = 252$$
$$x_4 = 248$$
$$x_5 = 255$$
$$x_6 = 249$$
$$x_7 = 47$$

Wir sehen, dass der siebte beobachtete Cheeseburger deutlich von den anderen Cheeseburgern abweicht. Um den Einfluss dieses Extremwertes auf den arithmetischen Mittelwert und den Median zu verdeutlichen, wollen wir beide einmal mit und einmal ohne Extremwert berechnen:

$$\bar{x}_{\text{mit Ausreißer}} = \frac{\sum x_i}{n} = \frac{251 + 245 + 252 + 248 + 255 + 249 + 47}{7} = 221$$
$$\bar{x}_{\text{ohne Ausreißer}} = \frac{\sum x_i}{n} = \frac{251 + 245 + 252 + 248 + 255 + 249}{6} = 250$$

Bevor wir den Median berechnen können, müssen wir erst aufsteigend sortieren

$$x_7 = 47$$
$$x_2 = 245$$
$$x_4 = 248$$
$$x_6 = 249$$
$$x_1 = 251$$
$$x_3 = 252$$
$$x_5 = 255$$

und dann den Wert suchen, der die Werte in die 50 % kleineren und 50 % größeren Werte teilt. Ausreißer mit eingenommen liegt der Median bei 249, ohne Ausreißer bei 250. Das Beispiel zeigt uns deutlich, dass ein Extremwert einen großen Einfluss auf den arithmetischen Mittelwert hat, auf den Median hingegen nur einen sehr kleinen Einfluss ausübt.

Diese Tatsache kann dazu genutzt werden, Meinungen zu manipulieren. Stellen Sie sich vor, ein Lobbyist eines Unternehmensverbandes betreibt Lobbyismus für höhere Subventionen. Er weiß dabei, dass sehr wenige Unternehmen seines Verbandes sehr hohe Gewinne ausweisen, während der große Rest eher kleine oder keine Gewinne macht. Wird er den arithmetischen Mittelwert oder den Median wählen? Er wird den Median wählen, da der arithmetische Mittelwert empfindlich auf die Extremwerte reagiert und höher ist als der Median. Er entspricht damit nicht seinem Ziel, höhere Subventionen zu bekommen. Wenn der Lobbyist schlau ist, wird er sogar verschweigen, dass er mit dem Median gearbeitet hat, sondern er wird nur von einem Mittelwert sprechen. Damit macht er formal keinen Fehler, da sowohl der Modus als auch der Median und der arithmetische Mittelwert als Mittelwert bezeichnet werden. Er verschweigt uns nur, welchen Mittelwert er verwendet hat. Ein seriös arbeitender Mensch wird uns hingegen beide Mittelwerte präsentieren und uns auf die Ausreißer aufmerksam machen.

3.7   Checkpoints

- *Der Modus kommt bei nominalen Variablen zum Einsatz.*
- *Bei ordinalen Variablen können wir sowohl den Modus als auch den Median berechnen.*
- *Bei metrischen Variablen stehen uns der Modus, der Median und der arithmetische Mittelwert zur Verfügung.*
- *Der arithmetische Mittelwert reagiert empfindlich auf Ausreißer, während der Modus und der Median für Extremwerte unempfindlich sind.*
- *Seriös arbeitende Menschen geben an, welchen Mittelwert sie benutzt haben.*

3.8   Berechnung der Mittelwerte mit Excel

Um die Mittelwerte mit Excel zu ermitteln gehen wir über die Registerkarte Formeln, klicken auf Funktion einfügen und nutzen die Funktionen MITTELWERT, MEDIAN, MODUS.EINF und GEOMITTEL.

Berechnung des arithmetischen Mittelwertes mit Excel

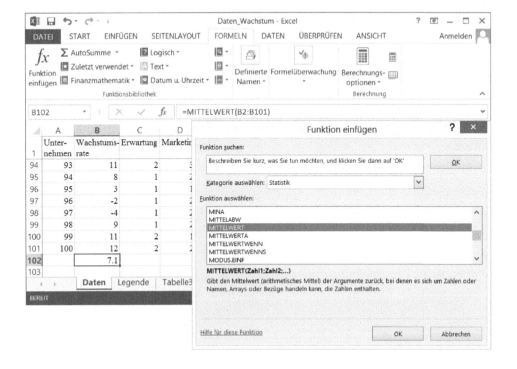

Berechnung des Medians mit Excel

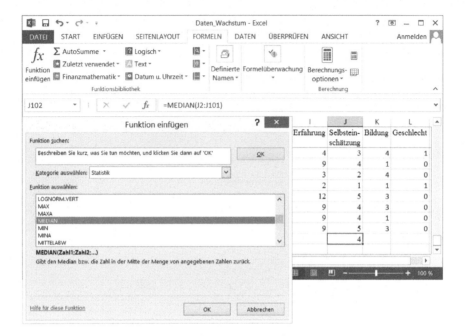

Berechnung des Modus mit Excel

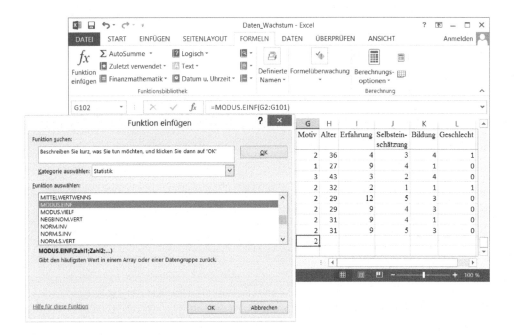

Berechnung des geometrischen Mittelwertes mit Excel

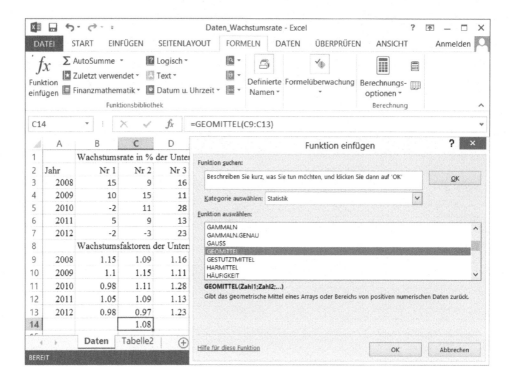

3.9 Anwendung

3.1. Welcher Mittelwert soll bei welchem Skalenniveau angewandt werden?

3.2. Berechne von Hand für die ersten sechs Unternehmen des Datensatzes Daten_ Wachstum.xlsx den arithmetischen Mittelwert für die Variablen Produktverbesserung und Marketing und interpretiere die Ergebnisse.

3.3. Berechne von Hand für die ersten sechs Unternehmen des Datensatzes Daten_ Wachstum.xlsx den Median für die Variablen Selbsteinschätzung und Bildung und interpretiere die Ergebnisse.

3.4. Berechne von Hand für die ersten sechs Unternehmen des Datensatzes Daten_ Wachstum.xlsx den Modus für die Variablen Geschlecht und Erwartung und interpretiere die Ergebnisse.

3.5. Kann für die Variable Motiv der Median sinnvoll berechnet werden?

3.6. Berechne zu dem Datensatz Daten_Wachstum.xlsx für alle Variablen die zugehörigen Mittelwerte mit Hilfe von Excel.

3.7. Unser drittes Unternehmen im Datensatz ist im ersten Jahr mit 16 %, im zweiten Jahr mit 11 %, im dritten Jahr mit 28 %, im vierten Jahr mit 13 % und im fünften Jahr mit 23 % gewachsen. Wie hoch ist durchschnittliche Wachstumsrate?

3.8. Welcher Mittelwert reagiert sensibel auf Ausreißer, welche beiden nicht und warum?

Streuung: Die Abweichung vom durchschnittlichem Verhalten

4

4.1 Streuung – die Kehrseite des Mittelwertes

Mittelwerte sind nur die eine Seite der Medaille. Sie sind nur so gut, wie sie die untersuchten Personen oder Objekte repräsentieren. Die andere Seite der Medaille ist die Abweichung der einzelnen beobachteten Werte von ihrem Mittelwert. Wenn die einzelnen Werte näher am Mittelwert liegen, dann repräsentiert der Mittelwert die Werte besser, liegen sie weiter vom Mittelwert entfernt, ist der Mittelwert nicht mehr so aussagekräftig.

Nehmen wir an, wir beobachten die Gehälter der Angestellten von zwei kleinen Unternehmen mit jeweils acht Mitarbeitern:

	Mitarbeiter							
	1	2	3	4	5	6	7	8
Firma 1	6'000	6'000	6'000	7'000	7'000	8'000	8'000	8'000
Firma 2	4'000	4'000	4'000	4'000	4'000	8'000	8'000	20'000

Mitarbeiter 1 der Firma 1 verdient CHF 6'000 pro Monat, Mitarbeiter 2 der Firma 1 ebenfalls, usw. Berechnen wir für beide Firmen das durchschnittliche Gehalt der Mitarbeiter mit Hilfe des arithmetischen Mittelwertes, so zeigt sich, dass das durchschnittliche Gehalt in beiden Unternehmen bei 7'000 Franken liegt:

$$\bar{x}_1 = \frac{\sum x_i}{n} = \frac{6'000 + 6'000 + 6'000 + 7'000 + 7'000 + 8'000 + 8'000 + 8'000}{8}$$
$$= 7'000$$

$$\bar{x}_2 = \frac{\sum x_i}{n} = \frac{4'000 + 4'000 + 4'000 + 4'000 + 4'000 + 8'000 + 8'000 + 20'000}{8}$$
$$= 7'000$$

© Springer-Verlag Berlin Heidelberg 2016
F. Kronthaler, *Statistik angewandt*, Springer-Lehrbuch, DOI 10.1007/978-3-662-47114-2_4

Vergleichen wir nun das durchschnittliche Gehalt mit den einzelnen Gehältern der Mitarbeiter, so sehen wir sofort, dass der Mittelwert von 7'000 Franken die Gehälter beim ersten Unternehmen gut widerspiegelt, das heißt, der Mittelwert ist hier aussagekräftig. Beim zweiten Unternehmen weichen die Gehälter jedoch deutlich vom Mittelwert ab. Der Mittelwert hat nun keine große Aussagekraft über die Gehälter der einzelnen Mitarbeiter mehr.

Die Streuung, das Abweichen der einzelnen Beobachtungen vom Mittelwert, ist ein zentrales Konzept in der Statistik, auf welches nahezu alle Methoden der Statistik aufbauen. Es ist es wert, sich mit dem Konzept der Streuung zu beschäftigen. Wenn wir die Streuung verstanden haben, fällt uns später vieles leichter. Zur Analyse der Streuung stehen uns die Spannweite, die Standardabweichung, die Varianz sowie der Quartilsabstand zur Verfügung.

4.2   Die Spannweite

Das einfachste Maß für die Streuung ist die Spannweite. Die Spannweite ist der Abstand zwischen dem größtem und dem kleinsten Wert einer Variablen:

$$SW = x_{\max} - x_{\min}$$

Sie lässt sich für ordinale und metrische Daten berechnen und gibt uns einen schnellen Überblick über die Bandbreite, in der sich die beobachteten Werte bewegen. In unserem Beispiel Wachstum beträgt die Spannweite der Wachstumsrate bei den ersten sechs Unternehmen 13 Prozentpunkte (siehe Tab. 1.5).

$$SW = x_{\max} - x_{\min} = 18 - 5 = 13$$

Ob 13 Prozentpunkte Unterschied in der Wachstumsrate viel oder wenig sind, ist eine Interpretationsfrage und wir legen das einmal beiseite. Wir wissen jetzt aber, dass sich die Werte in dieser Bandbreite bewegen. Beeindruckender ist die Spannweite vielleicht bei beobachteten Gehältern. Nehmen wir an, wir beobachten die monatlichen Gehälter von 100 Personen. Das beobachtete minimale Gehalt ist CHF 3'500, zufällig ist aber auch Bill Gates dabei, sein Monatsgehalt soll angenommene 50 Mio. Franken betragen. Dann ist die Spannweite eine im Vergleich zum Minimalwert beeindruckend hohe Zahl.

$$SW = x_{\max} - x_{\min} = 50'000'000 - 3'500 = 49'996'500$$

Die Spannweite gibt einen schnellen Überblick über die Bandbreite, in der sich die Werte bewegen. Außerdem enthält sie Hinweise auf ungewöhnliche Zahlen, damit vielleicht auf Ausreißer (Bill Gates). Gleichzeitig reagiert sie sehr empfindlich auf Ausreißer, da nur der kleinste und der größte Wert betrachtet werden, alle anderen Werte bleiben unberücksichtigt. Ein Maß, das bei der Berechnung der Abweichung vom Mittelwert alle Werte miteinbezieht, ist die Standardabweichung.

4.3   Die Standardabweichung

Die Standardabweichung ist die durchschnittliche Abweichung der einzelnen Beobachtungen vom Mittelwert. Die Berechnung setzt metrische Daten voraus. Wir berechnen zunächst die Abweichungen der einzelnen Werte vom Mittelwert, quadrieren diese Abweichungen (damit sich negative und positive Abweichungen nicht auf null aufaddieren), teilen durch die Anzahl der Beobachtungen und ziehen anschließend die Wurzel:

$$s = \sqrt{\frac{\sum (x_i - \bar{x})^2}{n - 1}}$$

Für unser Beispiel Wachstumsraten von Unternehmen haben wir folgende Wachstumsraten:

$$x_1 = 5$$
$$x_2 = 8$$
$$x_3 = 18$$
$$x_4 = 10$$
$$x_5 = 7$$
$$x_6 = 12$$

mit dem arithmetischen Mittelwertwert:

$$\bar{x} = 10$$

Die Standardabweichung lässt sich wie folgt berechnen:

$$
\begin{aligned}
s &= \sqrt{\frac{\sum (x_i - \bar{x})^2}{n - 1}} \\
&= \sqrt{\frac{(5 - 10)^2 + (8 - 10)^2 + (18 - 10)^2 + (10 - 10)^2 + (7 - 10)^2 + (12 - 10)^2}{6 - 1}} \\
&= \sqrt{\frac{(-5)^2 + (-2)^2 + 8^2 + 0^2 + (-3)^2 + 2^2}{5}} = \sqrt{\frac{25 + 4 + 64 + 0 + 9 + 4}{5}} \\
&= \sqrt{\frac{106}{5}} = \sqrt{21.2} = 4.6
\end{aligned}
$$

Die durchschnittliche Wachstumsrate beträgt 10 %, mit einer durchschnittlichen Abweichung der beobachteten Werte von 4.6 Prozentpunkten. Die Abweichung von der Höhe des Mittelwertes beträgt damit 46 %. Ist das viel oder wenig? Die Interpretation hängt von unserem Sachverstand hinsichtlich der Wachstumsraten von jungen Unternehmen ab. Ein Banker, der sich mit der Finanzierung von jungen Unternehmen beschäftigt, könnte zum

Beispiel zu dem Schluss kommen, dass die Wachstumsraten doch erheblich schwanken, was dann Auswirkungen auf seine Finanzierungsentscheide hätte. Vielleicht fragt er sich auch nach den Gründen der Schwankungen. Mehr dazu später.

> **Freak-Wissen**
> Wie beim arithmetischen Mittelwert $\bar{x}$ haben wir die Standardabweichung für die Stichprobe berechnet und mit s bezeichnet. Wenn wir die Standardabweichung für die Grundgesamtheit, d. h. alle in Frage kommenden Objekte oder Personen berechnen, dann teilen wir nicht durch $n - 1$ sondern nur durch n. Zudem wird die Standardabweichung dann oft mit dem griechischem Buchstaben σ bezeichnet und die Anzahl an Beobachtungen mit N.

Liegen uns die Daten bereits aufbereitet in klassierter Form vor, wie wir es bereits in der Berechnung des arithmetischen Mittelwertes diskutiert haben, dann müssen wir die Formel leicht anpassen. Hierfür betrachten wir noch einmal Tab. 3.1, welche im Folgenden nochmals dargestellt ist.

Klasse Nr.	Wachstumsrate von über … bis … Prozent	Anzahl Unternehmen
1	−10 bis −5	3
2	−5 bis 0	8
3	0 bis 5	27
4	5 bis 10	34
5	10 bis 15	23
6	15 bis 20	4
7	20 bis 25	1

Die Formel ist dann:

$$s \approx \sqrt{\frac{\sum (\bar{x}_j - \bar{x})^2 \times n_j}{n - 1}}$$

$\bar{x}_j$ sind die Mittelwerte der jeweiligen Klassen,
n_j die Anzahl an Unternehmen in der jeweiligen Klasse und
n die Anzahl an beobachteten Unternehmen insgesamt.

In Klasse eins mit drei Unternehmen ist der Mittelwert der Wachstumsrate -7.5, in Klasse zwei mit acht Unternehmen -2.5 usw. Den Mittelwert haben wir bereits in Kap. 3 mit $\bar{x} \approx 6.6\,\%$ berechnet.

Die Standardabweichung können wir damit folgendermaßen ausrechnen:

$$
\begin{aligned}
s &\approx \sqrt{\frac{\sum (\bar{x}_j - \bar{x})^2 \times n_j}{n-1}} \\[2ex]
&\approx \sqrt{\frac{\begin{aligned}&(-14.1)^2 \times 3 + (-9.1)^2 \times 8 + (-4.1)^2 \times 27 \\ &+ 0.9^2 \times 34 + 5.9^2 \times 23 + 10.9^2 \times 4 + 15.9^2 \times 1\end{aligned}}{100-1}} \\[2ex]
&\approx \sqrt{\frac{596.43 + 662.48 + 453.87 + 27.54 + 800.63 + 475.24 + 252.81}{99}} \approx \sqrt{\frac{3\text{'}269}{99}} \\[2ex]
&\approx 5.8
\end{aligned}
$$

Die durchschnittliche Wachstumsrate der Unternehmen in den letzten 5 Jahren beträgt damit ungefähr 6.6 % bei einer Standardabweichung von 5.8 Prozentpunkten.

Noch etwas Wichtiges müssen wir wissen. Wenn wir die Wurzel nicht ziehen, erhalten wir statt der Standardabweichung die Varianz. Ebenso können wir natürlich auch die Standardabweichung quadrieren:

$$
\text{var} = \frac{\sum (x_i - \bar{x})^2}{n-1}
$$

Die Varianz, die quadrierte Standardabweichung, ist inhaltlich schwieriger zu interpretieren als die Standardabweichung. Wir quadrieren nicht nur die Werte, sondern auch die Einheiten. In unserem Fall ist die Varianz 33.64 Prozentpunkte^2. Prozentpunkte^2 kann aber ebenso wenig interpretiert werden wie z. B. CHF^2. Trotzdem ist die Varianz wichtig. Wie schon gesagt ist die Streuung ein zentrales Konzept, welches in statistischen Verfahren benutzt wird. Bei der Anwendung dieser Verfahren machen wir uns in der Regel nicht die Mühe, die Wurzel zu ziehen, sondern nutzen entsprechend die Varianz als Streuungsmaß.

4.4   Der Variationskoeffizient

Der Variationskoeffizient kommt zum Einsatz, wenn wir die Streuung zweier Variablen vergleichen wollen, d. h., wenn wir uns fragen, welche Variable die größere Streuung aufweist. Er misst die Abweichung relativ, in Prozent vom Mittelwert:

$$
\text{vk} = \frac{s}{\bar{x}} \times 100
$$

s ist die Standardabweichung und
$\bar{x}$ gleich dem Mittelwert.

Nehmen wir noch einmal das Beispiel der Wachstumsraten unserer sechs Unternehmen zur Hand. Wir hatten folgenden Mittelwert und folgende Standardabweichung berechnet:

$$\bar{x} = 10 \quad \text{und} \quad s = 4.6$$

Genauso können wir für die Variable Alter den Mittelwert und die Standardabweichung berechnen. Wenn wir dies tun, dann erhalten wir:

$$\bar{x} = 38 \quad \text{und} \quad s = 8.2$$

Streuen jetzt die Werte bei der Variable Alter stärker als bei der Variable Wachstumsrate? Zumindest ist die Standardabweichung größer, zudem aber auch der Mittelwert. Berechnen wir den Variationskoeffizient beider Variablen, so ergeben sich folgende Werte:

$$vk_{\text{Wachstumsrate}} = \frac{s}{\bar{x}} \times 100 = \frac{4.6}{10} \times 100 = 46.0$$

$$vk_{\text{Alter}} = \frac{s}{\bar{x}} \times 100 = \frac{8.2}{38} \times 100 = 21.6$$

Beim Vergleich der Werte zeigt sich, dass die Standardabweichung bei der Variable Alter 21.6 % vom Mittelwert beträgt, bei der Variable Wachstumsrate hingegen 46 %. Mit Hilfe des Variationskoeffizienten erkennt man bei der Variablen Wachstumsrate eine stärkere Abweichung der einzelnen Beobachtungen von ihrem Mittelwert als bei der Variable Alter. Der Mittelwert der Variable Alter repräsentiert damit die einzelnen Personen besser.

4.5   Der Quartilsabstand

Ein weiteres wichtiges Streuungsmaß ist der Quartilsabstand. Der Quartilsabstand kommt sowohl bei metrischen Daten als auch bei ordinalen Daten zum Einsatz. Er gibt uns wieder, in welcher Bandbreite sich die mittleren 50 % der Werte bewegen.

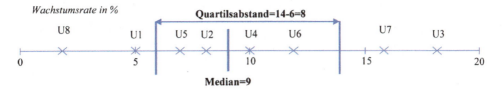

Abb. 4.1 Der Quartilsabstand für die Wachstumsrate der Unternehmen

Aus Gründen der Einfachheit weiten wir unser Fallbeispiel von 6 auf 8 Unternehmen aus. Die Wachstumsraten der ersten acht Unternehmen unseres Datensatzes sind wie folgt:

$$x_1 = 5$$
$$x_2 = 8$$
$$x_3 = 18$$
$$x_4 = 10$$
$$x_5 = 7$$
$$x_6 = 12$$
$$x_7 = 16$$
$$x_8 = 2$$

Zur Ermittlung des Quartilsabstandes müssen wir die Werte genau wie beim Median zunächst aufsteigend sortieren:

$$x_8 = 2$$
$$x_1 = 5$$
$$x_5 = 7$$
$$x_2 = 8$$
$$x_4 = 10$$
$$x_6 = 12$$
$$x_7 = 16$$
$$x_3 = 18$$

Der Quartilsabstand ist derjenige Wert, der wiedergibt, in welcher Bandbreite sich die vier mittleren Unternehmen bewegen. In unserem Fall bewegen sich diese in einer Bandbreite von 6 % bis 14 %. Diese beiden Werte werden auch 1. Quartil und 3. Quartil genannt. Sie errechnen sich aus dem arithmetischen Mittelwert der beiden Werte, die am nächsten zum jeweiligen Quartil sind. Der Quartilsabstand beträgt also 8 Prozentpunkte. Der Median wird auch als 2. Quartil bezeichnet. All dies lässt sich auch gut auf einer Linie darstellen (Abb. 4.1).

Sehen wir uns die Quartile noch einmal an, fällt uns auf, dass zwischen den Quartilen immer zwei Werte bzw. 25 % der Werte liegen. Entsprechend müssen zwischen dem 1. Quartil und dem 3. Quartil 50 % der Werte liegen.

Wir haben Streuungsmaße für metrische und ordinale Variablen kennengelernt, aber nicht für nominale Variablen. Bei nominalen Variablen brauchen wir keine Streuungsmaße. Verdeutlichen können wir uns das am Beispiel Geschlecht. Männer und Frauen halten sich gerne in der Nähe des anderen Geschlechts auf, sie streuen aber nicht um das andere Geschlecht. Technisch gesprochen haben wir Nullen (Männer) und Einsen (Frauen), aber keine Zwischenwerte.

4.6 Der Boxplot

Der Boxplot vereinigt die Informationen zum Median, zum 1. und 3. Quartil sowie zum Minimalwert und zum Maximalwert. Der Boxplot ist daher ein beliebtes Instrument zur grafischen Analyse der Streuung von ordinalen und metrischen Variablen. Folgende Abbildung zeigt den Boxplot für unsere ersten acht Unternehmen (Abb. 4.2).

In den betrachteten Unternehmen ist die niedrigste erzielte Wachstumsrate eines Unternehmens 2 %, die höchste liegt bei 18 %, das 1. Quartil beträgt 6 %, das 3. Quartil 14 % und der Median 9 %. Diese Informationen sind im Boxplot dargestellt. Die Höhe der Box

Abb. 4.2 Boxplot Wachstumsrate Unternehmen

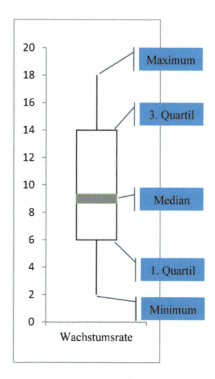

ist definiert als Differenz zwischen dem 3. Quartil und dem 1. Quartil. Innerhalb dieser Bandbreite befinden sich die Wachstumsraten der mittleren 50 % der Unternehmen. Die Enden der Linien markieren die minimale und die maximale Wachstumsrate. Zwischen dem 1. Quartil und dem Ende der Linie befinden sich damit die 25 % der Unternehmen mit den niedrigsten Wachstumsraten. Zwischen dem 3. Quartil und dem Ende der Linie liegen die 25 % der Unternehmen mit den höchsten Wachstumsraten. Der Median teilt unsere Unternehmen genau auf in die 50 % mit den höchsten Wachstumsraten und die 50 % mit den niedrigsten Wachstumsraten.

Freak-Wissen

Die Lage des Median gibt uns zudem Informationen darüber, ob die Variable symmetrisch oder schief ist. Teilt der Median die Box genau in der Mitte, dann sprechen wir von einer symmetrischen Variablen. Befindet sich der Median in der oberen Hälfte der Box, ist die Variable linksschief. Entsprechend ist die Variable rechtsschief, wenn der Median in der unteren Hälfte der Box zu finden ist.

4.7 Checkpoints

- *Streuungsmaße ergänzen unsere Information zum Mittelwert, je kleiner die Streuung, desto aussagekräftiger ist der Mittelwert.*
- *Die Spannweite ist die Differenz zwischen Maximum und Minimum einer Variablen, sie reagiert sehr empfindlich auf Ausreißer.*
- *Die Standardabweichung ist die durchschnittliche Abweichung aller Werte vom Mittelwert. Die Varianz ist die quadrierte Standardabweichung. Bei metrischen Variablen können beide Werte sinnvoll berechnet werden.*
- *Der Quartilsabstand gibt uns die Bandbreite an, in der sich die mittleren 50 % der Werte bewegen. Er kann sowohl bei metrischen als auch bei ordinalen Daten verwendet werden.*
- *Der Variationskoeffizient wird bei metrischen Daten angewandt, um zu analysieren, bei welcher Variable die Streuung größer ist.*
- *Der Boxplot ist ein grafisches Instrument zur Analyse der Streuung.*

4.8 Berechnung der Streuungsmaße mit Excel

Zur Berechnung der Streuungsmaße mit Excel stehen uns unter der Registerkarte Formeln folgende Funktionen zur Verfügung: MIN, MAX, STABW.S, VAR.S und QUARTILE. INKL.

Berechnung der Spannweite (MIN, MAX) mit Excel

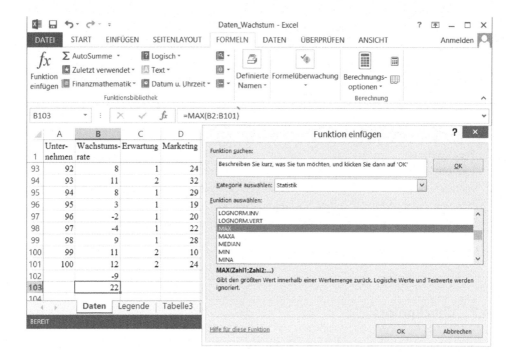

Als Spannweite bezeichnet man die Differenz beider Werte.

Berechnung der Standardabweichung mit Excel

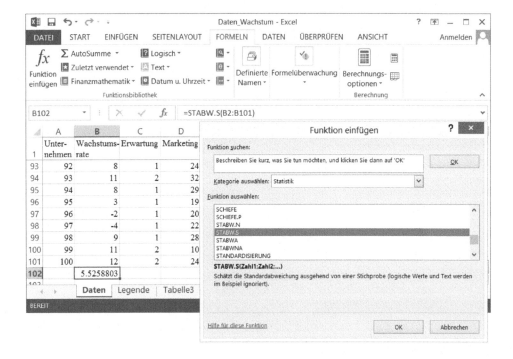

Berechnung der Varianz mit Excel

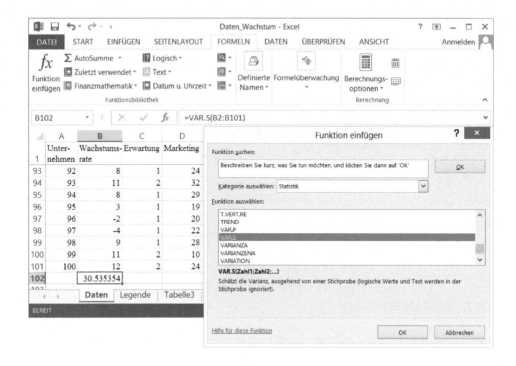

Berechnung des Quartilsabstandes (1. Quartil 1 und 3. Quartil) mit Excel

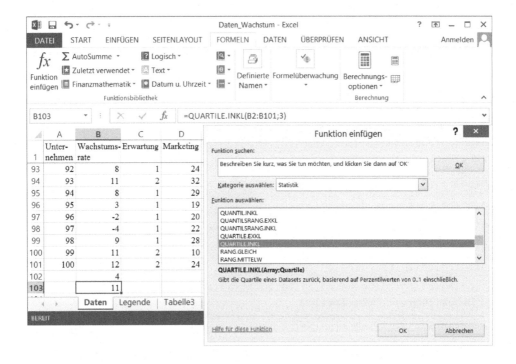

Um das erste Quartil zu berechnen ist bei Quartile die 1 einzugeben, um das dritte Quartil zu erhalten die 3. Die Differenz beider Werte ist der Quartilsabstand.

4.9   Erstellen des Boxplots mit Excel

Die Erstellung eines Boxplots mit Excel ist nicht ganz einfach. Excel bietet uns hierfür keinen Diagrammtyp an. Unter www.statistik-kronthaler.ch finden wir eine einfache Vorlage basierend auf einem Liniendiagramm, welches wir zur Erstellung eines Boxplots nutzen können.

Vorlage Boxplot

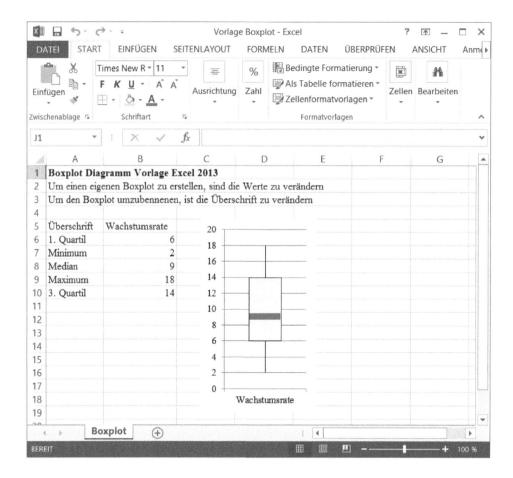

4.10 Anwendung

4.1. Welches Streuungsmaß ist bei welchem Skalenniveau sinnvoll einsetzbar?

4.2. Kann bei nominalen Daten ein Streuungsmaß berechnet werden, warum oder warum nicht?

4.3. Berechne für die ersten acht Unternehmen unseres Datensatzes Daten_Wachstum.xlsx von Hand die Spannweite, die Varianz, die Standardabweichung, den Quartilsabstand und den Variationskoeffizienten für die Variable Marketing und interpretiere das Ergebnis.

4.4. Berechne für die ersten acht Unternehmen unseres Datensatzes Daten_Wachstum.xlsx von Hand die Spannweite, die Varianz, die Standardabweichung, den Quartilsabstand und den Variationskoeffizienten für die Variable Produktverbesserung und interpretiere das Ergebnis.

4.5. Welche Variable streut stärker, Marketing oder Produktverbesserung (Anwendung 4.3 und 4.4)? Welches Streuungsmaß nutzt man, um die Frage zu beantworten?

4.6. Berechne für unseren Datensatz Daten_Wachstum.xlsx für alle Variablen die Spannweite, den Quartilsabstand und die Standardabweichung mit Hilfe von Excel (wenn möglich). Zeichne zudem die zugehörigen Boxplots.

Grafiken: Die Möglichkeit Daten visuell darzustellen

5

5.1 Grafiken: Warum benötigen wir Grafiken?

Wir haben bereits einige Maßzahlen kennengelernt, den geometrischen und den arithmetischen Mittelwert, den Median, den Modus, die Spannweite, die Standardabweichung, die Varianz und den Quartilsabstand. Mit diesen Maßzahlen haben wir berechnet, wie sich Personen oder Objekte bei verschiedenen Variablen im Durchschnitt verhalten und wie die einzelnen Personen oder Objekte im Schnitt davon abweichen bzw. streuen. Wir wissen damit bereits eine ganze Menge von unseren Personen oder Objekten. Die Erfahrung zeigt aber, dass Zahlen manchmal nur schwer vermittelbar sind. Zuhörer sind schnell gelangweilt, wenn ihnen nur Zahlen präsentiert werden. Das ist ein wichtiger Grund, warum wir Grafiken benötigen. Grafiken helfen uns, Zahlen zu vermitteln und schaffen bleibende Eindrücke.

Ein anderer Grund ist, dass uns Grafiken oft Hinweise auf das Verhalten unserer untersuchten Personen oder Objekte geben, z. B. wie viele Personen Hamburger sehr gerne essen oder wie viele Unternehmen eine Wachstumsrate zwischen 10 und 15 % haben, wie viele der Unternehmensgründer sehr erfahren in ihrer Branche sind, usw. Um solche Fragen zu diskutieren, können wir z. B. auf Häufigkeitsdarstellungen zurückgreifen.

5.2 Die Häufigkeitstabelle

Die Häufigkeitstabelle ist Ausgangspunkt der Häufigkeitsanalyse. Die Häufigkeitstabelle zeigt uns, wie häufig Werte absolut und relativ vorkommen. Unterscheiden können wir Häufigkeitstabellen nach dem Skalenniveau der Daten. Bei nominalen und ordinalen Daten treten in der Regel nur wenige bestimmte Werte auf und wir können die Werte direkt in die Tabelle eintragen. Bei metrisch skalierten Daten haben wir in der Regel sehr viele unterschiedliche Werte, die wir erst in Klassen einteilen müssen. Beginnen wir mit der Häufigkeitstabelle für nominale und ordinale Daten.

© Springer-Verlag Berlin Heidelberg 2016
F. Kronthaler, *Statistik angewandt*, Springer-Lehrbuch, DOI 10.1007/978-3-662-47114-2_5

Tab. 5.1 Häufigkeitstabelle für die Variable Selbsteinschätzung

Selbsteinschätzung	Anzahl	Relativer Anteil	Kumulierter relativer Anteil
x_i	n_i	f_i	F_i
1	6	0.06	0.06
2	17	0.17	0.23
3	21	0.21	0.44
4	30	0.30	0.74
5	26	0.26	1
	$n = 100$		

x_i sind in diesem Fall die Werte die die Variable annehmen kann,
n_i ist die Anzahl des Auftretens des jeweiligen Wertes,
$f_i = \frac{n_i}{n}$ ist die Anzahl des jeweiligen Wertes zur Gesamtzahl an Beobachtungen und
F_i sind die aufaddierten relativen Anteile

In der Tab. 5.1 ist die Häufigkeitstabelle für die (ordinale) Variable Selbsteinschätzung für unsere 100 Unternehmen dargestellt. Die beobachteten Werte reichen von 1 (sehr erfahren) bis 5 (nicht erfahren).

Multiplizieren wir f_i bzw. F_i mit 100, erhalten wir Prozentwerte. Interpretieren können wir die Tabelle ganz einfach. $x_1 = 1$ kommt sechsmal vor. Sechs Prozent der Unternehmen werden gemäß Selbsteinschätzung von einem sehr branchenerfahrenen Gründer geleitet. $x_2 = 2$ kommt 17mal vor, es handelt sich somit um 17 % aller Unternehmen. Addieren wir die Werte auf, so kommen wir auf den kumulierten Anteil von 0.23 bzw. 23 %, d. h. 23 % der Unternehmen werden von einem sehr branchenerfahrenen bzw. branchenerfahrenen Gründer geleitet.

Wie bereits erwähnt müssen wir bei metrischen Daten zunächst Klassen bilden, um die Häufigkeitstabelle erstellen zu können. Der Grund hierfür ist, dass metrische Werte in der Regel nicht öfter vorkommen und dass das Bilden von Häufigkeiten ohne Klassierung keinen Sinn hat. Um Klassen sinnvoll zu gestalten sehen wir uns zunächst die Spannweite an und überlegen anschließend, wie viele Klassen wir mit welcher Breite bilden sollen. Zu viele Klassen sind nicht gut, zu wenige auch nicht. In der Regel arbeiten wir mit 5 bis 15 Klassen. Bei unserer Variable Wachstumsrate reicht die Spannweite von -9 bis 22 %, d. h. sie beträgt 31 Prozentpunkte. Wir sehen schnell, dass wir gut mit Klassenbreiten von 5 Prozentschritten arbeiten können, damit ergeben sich sieben Klassen (Tab. 5.2).

Interpretieren können wir die Tabelle ganz ähnlich wie Tab. 5.1. Drei Unternehmen haben eine Wachstumsrate zwischen -10 und -5 %. Das sind 3 % der Unternehmen. Weitere acht Unternehmen, also 8 % der Unternehmen, haben eine Wachstumsrate zwischen -5 und 0 %, usw. Zählen wir beide Werte zusammen sehen wir, dass insgesamt 11 % der Unternehmen eine Wachstumsrate kleiner gleich 0 % haben. Das wir dabei von über einem Wert bis zu einem bestimmten Wert zählen (siehe erste Spalte der Tab. 5.2) hat damit zu tun, dass wir Doppelzählungen vermeiden wollen.

Tab. 5.2 Häufigkeitstabelle für die Variable Wachstumsrate

Klassen Wachstumsrate	Anzahl	Relativer Anteil	Kumulierter relativer Anteil
von über … bis …	n_i	f_i	F_i
−10 bis−5	3	0.03	0.03
−5 bis 0	8	0.08	0.11
0 bis 5	27	0.27	0.38
5 bis 10	34	0.34	0.72
10 bis 15	23	0.23	0.95
15 bis 20	4	0.04	0.99
20 bis 25	1	0.01	1
	$n = 100$		

5.3 Das Häufigkeitsdiagramm

Für die grafische Darstellung einer Häufigkeitstabelle haben wir drei Möglichkeiten. Entweder zeichnen wir eine absolute Häufigkeitsdarstellung, eine relative Häufigkeitsdarstellung oder ein Histogramm.

Bei der absoluten Häufigkeitsdarstellung (Abb. 5.1) tragen wir auf der y-Achse die absoluten Häufigkeiten n_i und auf der x-Achse bei metrischen Daten die Klassen bzw. bei ordinalen oder nominalen Variablen die möglichen Werte ab. Wir sehen, dass 3 Unternehmen die Höhe des ersten Balkens definieren, 8 Unternehmen die Höhe des zweiten Balkens, usw.

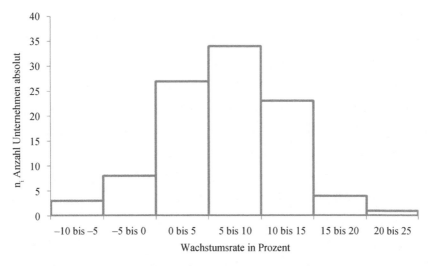

Abb. 5.1 Absolute Häufigkeitsdarstellung für die Wachstumsrate

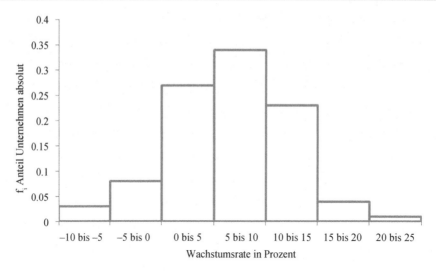

Abb. 5.2 Relative Häufigkeitsdarstellung für die Wachstumsrate

Bei der relativen Häufigkeitsdarstellung (Abb. 5.2) tragen wir auf der y-Achse die relativen Häufigkeiten f_i und auf der x-Achse bei metrischen Daten die Klassen bzw. bei ordinalen oder nominalen Variablen die möglichen Werte ab. Wir können an der Höhe der Balken ablesen, dass 0.03 bzw. 3 % in der ersten Klasse enthalten sind, 0.08 bzw. 8 % der Unternehmen in der zweiten Klasse, usw.

Beim Histogramm (Abb. 5.3) tragen wir auf der y-Achse die Häufigkeitsdichte

$$f_i^* = \frac{f_i}{w_i}$$

ab, wobei w_i die Klassenbreite der jeweiligen Klasse ist. Auf der x-Achse tragen wir die Klassen bzw. die möglichen Werte ab.

Der Unterschied zur relativen Häufigkeitsdarstellung liegt darin, dass nicht mehr die Höhe des Balken anzeigt, wie viel Prozent der Unternehmen sich in der jeweiligen Klasse befinden, sondern die Größe der Fläche. Das können wir uns leicht vorstellen, wenn wir die Formel der Häufigkeitsdichte nach f_i auflösen. Dies zeigt deutlich auf, dass die relative Häufigkeit die Häufigkeitsdichte mal der jeweiligen Klassenbreite $f_i = f_i^* \times w_i$ ist.

5.4 Absolute Häufigkeitsdarstellung, relative Häufigkeitsdarstellung oder Histogramm?

Welche Häufigkeitsdarstellung sollen wir wählen? Wenn wir die drei Darstellungen betrachten, fällt uns auf, dass diese identisch aussehen. Das ist immer dann der Fall, wenn alle Klassen gleich breit sind. Hier macht es visuell keinen Unterschied, welche Darstel-

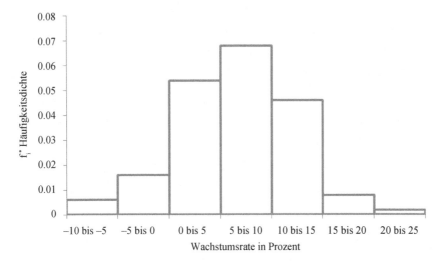

Abb. 5.3 Histogramm für die Wachstumsrate

lung wir wählen. Die absolute Häufigkeitsdarstellung und die relative Häufigkeitsdarstellung sind jedoch einfacher zu interpretieren, da die Höhe der Balken die Anzahl bzw. den Anteil der Unternehmen widerspiegelt.

Haben wir unterschiedliche Klassenbreiten so ist das Histogramm vorzuziehen. Das Histogramm berücksichtigt die unterschiedlichen Klassenbreiten, durch das Teilen der relativen Häufigkeit durch die Klassenbreite. Würden wir das nicht machen, so würde der Balken nur deswegen höher oder niedriger werden, weil die Klasse breiter oder schmäler ist. Wenn wir die absolute oder die relative Häufigkeitsdarstellung anwenden entsteht also bei unterschiedlichen Klassenbreiten ein verzerrtes Bild, während uns das Histogramm das unverzerrte, korrekte visuelle Bild wiedergibt. Unterschiedliche Klassenbreiten haben wir insbesondere dann, wenn unsere Spannweite durch Extremwerte beeinflusst wird. Der Einbezug aller Werte würde hier bei gleichen Klassenbreiten erfordern, dass wir sehr viele Klassen bilden. Wenn wir das vermeiden wollen, müssen wir entweder einzelne Werte nicht mit berücksichtigen oder eben die Klassenbreite variieren.

Freak-Wissen

Die grafische Häufigkeitsdarstellung ist wie der Boxplot ein Instrument, mit dem beurteilt werden kann, ob eine Variable symmetrisch ist. Symmetrisch ist sie dann, wenn wir die grafische Häufigkeitsdarstellung ausschneiden, in der Mitte falten und beide Seiten aufeinander zum Liegen kommen. Ferner nutzen wir die grafische Häufigkeitsdarstellung um zu beurteilen, ob eine Variable normalverteilt ist. Normalverteilung liegt dann vor, wenn die Häufigkeitsdarstellung der Gaußschen Glockenkurve gleicht.

5.5   Weitere Möglichkeiten, Daten grafisch darzustellen

Die absolute Häufigkeitsdarstellung, die relative Häufigkeitsdarstellung und das Histogramm sind nicht die einzigen Möglichkeiten, Daten darzustellen. Bevor wir auf weitere Möglichkeiten eingehen, sollen hier an dieser Stelle ein paar allgemeine Hinweise gegeben werden, die helfen sinnvolle Grafiken zu erstellen.

Um eine gute Grafik zu erzeugen sollten folgende Regeln beachtet werden:

1. Eine gute Grafik zu erstellen ist nicht einfach, sondern eine Kunst.
2. Bevor eine Grafik erstellt wird, sollte klar sein, welche Information man darstellen will.
3. In der Regel sollte in einer Grafik nur eine Information dargestellt werden.
4. Eine gute Grafik ist so einfach und verständlich wie möglich.
5. Eine gute Grafik ist nicht irreführend.
6. Eine gute Grafik ergänzt den Text und erleichtert die Interpretation.
7. Wenn mehrere Grafiken in einem Text verwendet werden, so sollten diese konsistent in der Formatierung, z. B. Größe, Schriftgröße, Schriftart, sein.

Im Folgenden werden wir uns das Kreisdiagramm, das Säulendiagramm und das Liniendiagramm ansehen. Natürlich sind die verschiedenen Varianten, Grafiken zu erzeugen damit nicht erschöpft. Wer über dieses Buch hinaus daran interessiert ist, Daten grafisch darzustellen, sollte sich mit der Arbeit von Edward R. Tufte auseinandersetzen (Tufte E. R. (2001), The Visual Display of Quantitative Information, 2ed, Graphics Press, Ceshire, Connecticut). Edward Tufte wurde z. B. von der New York Times als der „Leonardo da Vinci der Daten" bezeichnet.

Das Kreisdiagramm können wir z. B. verwenden, wenn wir aufzeigen wollen, wie viele Personen oder Objekte eine bestimmte Ausprägung haben. Die Abb. 5.4 zeigt uns, aus welchen Motiven heraus die Unternehmen in unserem Datensatz gegründet wurden. Die Mehrzahl der Gründer, 54 %, wollte mit ihrer Unternehmensgründung eine Idee umsetzen,

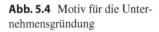

Abb. 5.4 Motiv für die Unternehmensgründung

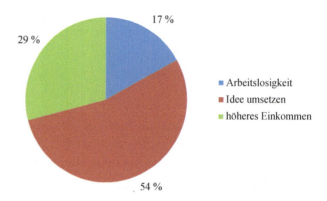

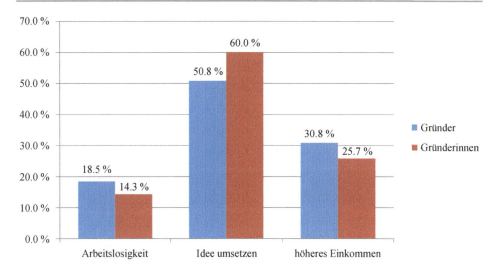

Abb. 5.5 Motiv für die Unternehmensgründung nach Geschlecht

29 % verfolgen mit der Unternehmensgründung das Ziel, ein höheres Einkommen zu erzielen und bei 17 % der Unternehmensgründungen war Arbeitslosigkeit ausschlaggebend.

Was uns hier zudem auffällt, ist die zweidimensionale Grafik. In der Wissenschaft verzichten wir auf unnötige Formatierungen, da diese lediglich vom Sachverhalt ablenken. In der Beratung hingegen werden Grafiken oft dreidimensional gezeichnet, um die Information noch ansprechender darzustellen. Damit lenkt man aber von der tatsächlichen Information eher ab.

Das Säulendiagramm können wir gut verwenden, wenn wir Gruppen vergleichen wollen, z. B. wenn wir Männer und Frauen hinsichtlich ihres Motivs der Unternehmensgründung betrachten. Abbildung 5.5 zeigt auf, dass sich die Gründer und Gründerinnen bezüglich der Motivation, ein Unternehmen zu gründen leicht unterscheiden. 18.5 % der Gründer gründen aus der Arbeitslosigkeit heraus, bei den Gründerinnen sind es nur 14.3 %. Hingegen wollten 60 % der Gründerinnen eine Idee umsetzen, während das nur bei 50.8 % der Gründer der Fall ist. Bei dem Motiv, ein höheres Einkommen zu erzielen sind prozentual wieder mehr Männer (30.8 %)vertreten als Frauen (25.7 %).

Schließlich wollen wir uns das Liniendiagramm ansehen. Dieses können wir z. B. nutzen, wenn wir einen Trend aufzeigen wollen. Abbildung 5.6 bildet die Umsatzentwicklung zweier Unternehmen unseres Datensatzes von 2007 bis 2012 ab. Wir sehen dabei, wie sich der Umsatz von Unternehmen Nr. 1 im Vergleich zu Unternehmen Nr. 5 entwickelt hat. Beide zeigen tendenziell eine positive Umsatzentwicklung auf. Es scheint aber, dass bei Unternehmen Nr. 1 der Umsatz seit 2009 in etwa stagniert, während der Umsatz bei Unternehmen Nr. 5, mit einer kleinen Ausnahme, über den ganzen Zeitraum hinweg ansteigend ist.

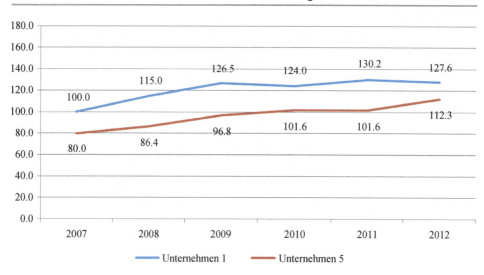

Abb. 5.6 Umsatzentwicklung von Unternehmen von 2008 bis 2012 (in CHF 1'000)

5.6 Checkpoints

- *Die grafische Darstellung von Daten hilft uns Sachverhalte zu erläutern.*
- *Die grafische Darstellung von Daten gibt uns oft Hinweise auf das Verhalten von Personen oder Objekte.*
- *Häufigkeitsdarstellungen benutzen wir, um zu erfahren, wie oft bestimmte Werte vorkommen.*
- *Die Häufigkeitstabelle gibt uns Auskunft darüber, wie oft bestimmte Werte absolut und relativ vorkommen.*
- *Grafisch können wir die Häufigkeitsverteilung absolut, relativ oder mit dem Histogramm darstellen.*
- *Wenn wir gleiche Klassenbreiten haben, ist die absolute oder relative Häufigkeitsdarstellung vorzuziehen, bei unterschiedlichen Klassenbreiten das Histogramm.*
- *Eine gute Grafik ist möglichst einfach und stellt Informationen klar dar.*

5.7   Erstellung der Häufigkeitstabelle, der Häufigkeitsdarstellung und weiterer Grafiken mit Excel

Zur Erstellung der Häufigkeitstabelle steht uns unter der Registerkarte Formeln die Funktion HÄUFIGKEIT zur Verfügung.

Bevor wir diese nutzen können, ist es sinnvoll, die Tabelle vorzubereiten. Dazu legen wir die Klassengrenzen fest (Excel verlangt nur die Obergrenzen) und beschriften zudem die Tabelle.

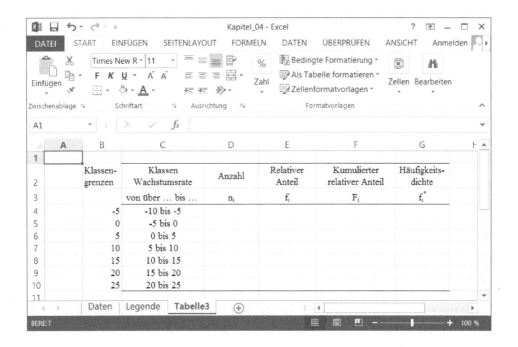

Anschließend nutzen wir unter der Registerkarte Formeln die Funktion Häufigkeit. Hierfür markieren wir zunächst alle Zellen, für die wir die Häufigkeit ermitteln wollen, klicken dann auf die Registerkarte Formeln, anschließend auf Funktion einfügen und suchen uns die Funktion Häufigkeit.

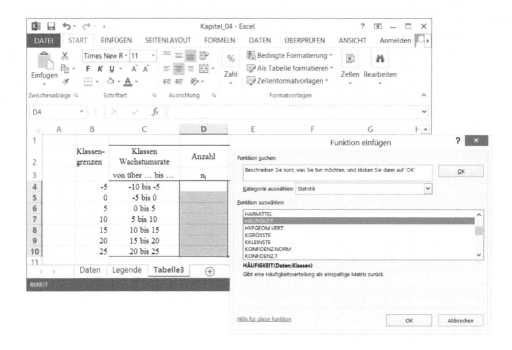

Nachdem wir auf OK geklickt haben, öffnet sich folgendes Fenster, in welches wir den Datenbereich und die Klassenobergrenzen eingeben.

Anschließend klicken wir auf OK und es ergibt sich folgendes Bild:

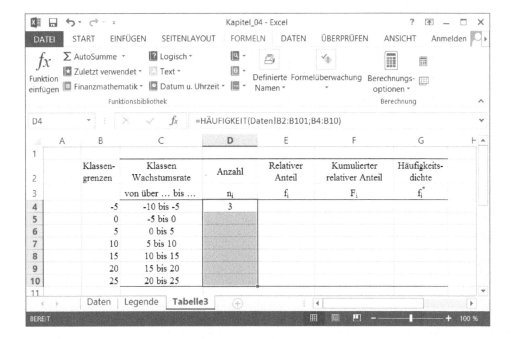

Um die Häufigkeit für alle Zellen zu erhalten, die markiert sind, klicken wir anschließend im Funktionsfenster hinter unsere Formel HÄUFIGKEIT.

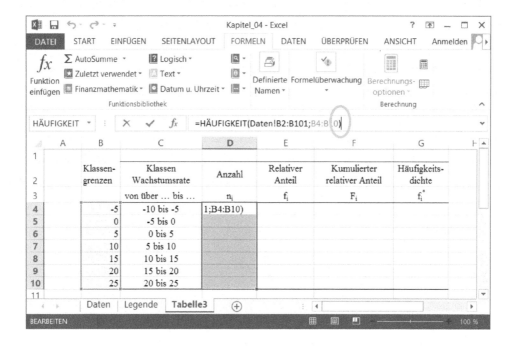

Dann drücken wir gleichzeitig die Tasten Steuerung, Hoch und Return. Wir erhalten alle Häufigkeiten.

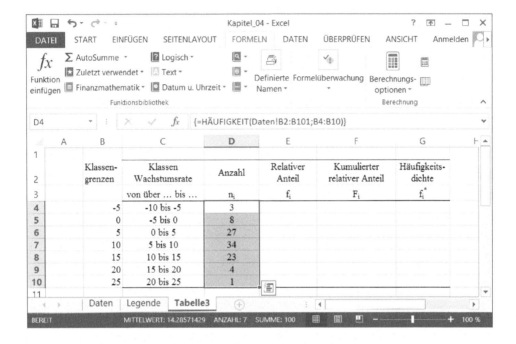

Anschließend berechnen wir die restlichen Felder.

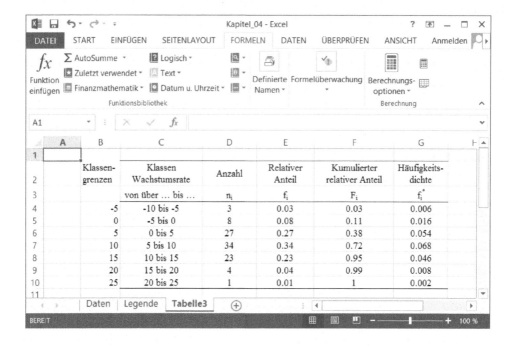

Wenn die Tabelle fertig ist, können wir unter der Registerkarte Einfügen das Säulendiagramm auswählen und unsere Häufigkeitsdarstellungen zeichnen. Hierfür klicken wir zunächst auf Säule, wählen die 2D-Säule aus und es öffnet sich ein leeres Diagramm.

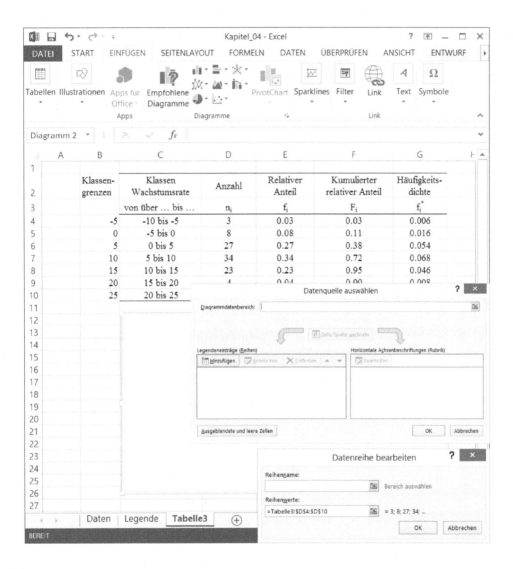

Das leere Diagramm klicken wir mit der rechten Maustaste an und wählen den Befehl
Daten auswählen aus. Es öffnet sich das Fenster Datenquelle auswählen. Wir klicken unter
Legendeneinträge Hinzufügen an und geben den Datenbereich für unsere y-Achse ein.
Anschließend klicken wir unter Horizontale Achsenbeschriftungen auf Bearbeiten und
geben unsere Klassen ein. Wir erhalten folgendes Bild:

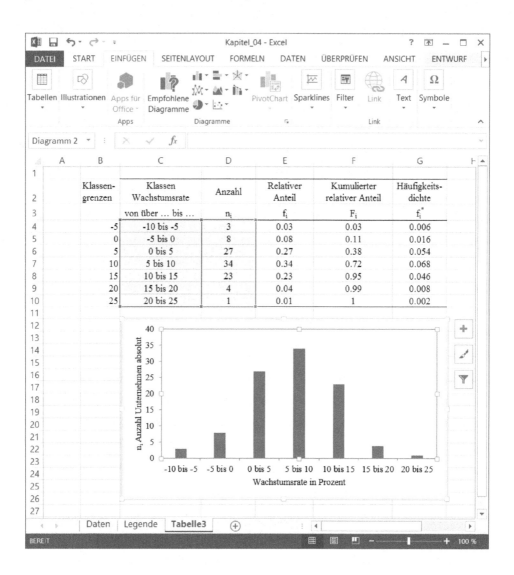

Nun können wir unsere Häufigkeitsdarstellung noch formatieren, indem wir die Legende löschen, die Achsen beschriften, die Balkenabstände reduzieren, die Füllungsfarbe wegnehmen und den Balkenrand definieren.

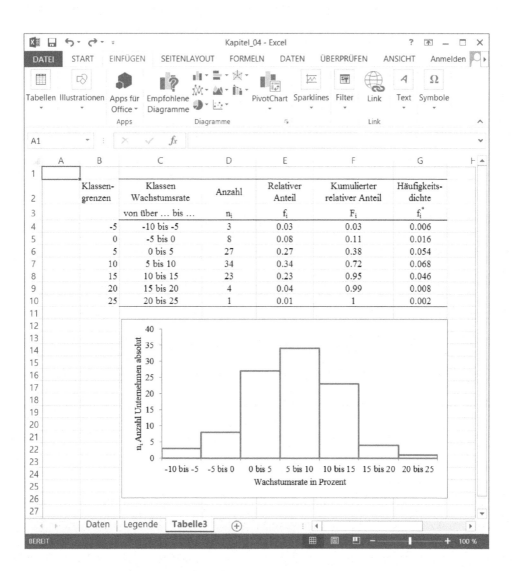

Um statt des Säulendiagramms ein anderes Diagramm zu erstellen, wählen wir unter der Registerkarte einfügen das entsprechende Diagramm aus. Ich gehe hier nicht weiter auf Details sein. Bei Bedarf ist es jetzt an der Zeit, die Hilfefunktion von Excel zu nutzen.

5.8 Anwendung

5.1. Berechne die durchschnittliche Wachstumsrate der Unternehmen aus Abb. 5.6 und vergleiche diese mit den jeweiligen Wachstumsraten aus unserem Datensatz Daten_Wachstum.xlsx.

5.2. Nenne zwei Gründe dafür, dass Grafiken hilfreich sind.

5.3. Zu welchem Zweck benötigen wir Häufigkeitsdarstellungen?

5.4. Ist bei unterschiedlichen Klassenbreiten die absolute Häufigkeitsdarstellung, die relative Häufigkeitsdarstellung oder das Histogramm vorzuziehen? Warum?

5.5. Erstelle für die Variable Erwartung für die ersten sechs Unternehmen unseres Datensatzes Daten_Wachstum.xlsx die Häufigkeitstabelle, die absolute und relative Häufigkeitsdarstellung von Hand und interpretiere das Ergebnis.

5.6. Erstelle für unseren Datensatz Daten_Wachstum.xlsx für die Variablen Marketing und Produktverbesserung die Häufigkeitstabelle sowie die relative Häufigkeitsdarstellung mit Excel und interpretiere das Ergebnis.

5.7. Ist eher die Variable Marketing oder eher die Variable Produktverbesserung symmetrisch? Warum?

5.8. Erstelle für die Wachstumsrate die relative Häufigkeitsdarstellung und das Histogramm mit folgenden Klassenbreiten: -10 bis -5, -5 bis 0, 0 bis 5 und 5 bis 25. Zeichne die Darstellungen mit der Hand, mit Excel ist es sehr mühsam. Was fällt Dir auf? Welche Darstellung ist vorzuziehen und warum?

5.9. Erstelle für die Variable Bildung ein Kreisdiagramm und interpretiere das Ergebnis.

5.10. Erstelle für unsere Variable Motiv ein Säulendiagramm, unterscheide dabei zwischen Dienstleistungs- und Industrieunternehmen und interpretiere das Ergebnis.

5.11. Das zweite Unternehmen in unserem Datensatz hat im Jahr 2007 einen Umsatz von CHF 120'000 erzielt. Im ersten Jahr des Bestehens ist es um 9 % gewachsten im zweiten Jahr um 15 %, im dritten Jahr um 11 %, im vierten Jahr um 9 % und im fünften Jahr um -3 %. Erstelle anhand dieser Angaben ein Liniendiagramm, welches die Umsatzentwicklung des Unternehmens darstellt.

Korrelation: Vom Zusammenhang

6.1 Korrelation – das gemeinsame Bewegen zweier Variablen

Die Korrelation oder die Zusammenhangsberechnung ist neben den Mittelwerten und der Streuung ein weiteres zentrales Konzept der Statistik. Hier fragen wir nach einem Zusammenhang zwischen zwei Variablen, z. B. der Anzahl an Cheeseburgern, die Personen pro Woche essen und der Menge an Speck, die sie um den Bauch tragen. Es könnte einen Zusammenhang geben, denken wir dabei an den Selbstversuch von Morgan Spurlock. Dieser hat sich eine Zeit lang ausschließlich von Fastfood ernährt. Oder denken wir an den Ex-Bürgermeister von New York Michael Bloomberg, welcher den Verkauf von XXL-Softdrinks verbieten wollte. In diesen Fällen wird ein Zusammenhang vermutet. Je mehr Cheeseburger Personen essen, desto mehr Speck tragen sie um den Bauch. Es könnte aber auch andersherum sein, je mehr Speck Personen um den Bauch tragen, desto mehr Cheeseburger essen sie. Mit der letzten Aussage haben wir eine wichtige Information erhalten. Die Korrelation gibt uns keine Aussage über die Richtung des Zusammenhanges, über die Kausalität. Wenn wir eine Korrelation berechnet haben, wissen wir nicht, ob Personen, die viele Cheeseburger essen, mehr Speck haben oder ob Personen die mehr Speck haben, mehr Cheeseburger essen. Wir wissen nur, dass sich die Variablen in dieselbe Richtung bewegen.

Korrelationen können positiv oder negativ sein. Das ist keine Wertung, sondern nur eine Aussage über die Richtung des Zusammenhanges. Positiv bedeutet, dass sich zwei Variablen in die gleiche Richtung bewegen. Wird der Wert einer Variable größer, dann auch der Wert der anderen Variable und umgekehrt. Negativ bedeutet, dass sich zwei Variablen in die entgegengesetzte Richtung bewegen. Werden die Werte einer Variable größer, werden die Werte der anderen Variable kleiner und umgekehrt (Tab. 6.1).

Viel von dem Wissen, das wir besitzen, basiert auf der Korrelation zwischen Variablen. Es ist es also wieder einmal wert, sich damit zu beschäftigen. Wenn wir verstehen wollen, auf welchen Zusammenhängen unser Wissen basiert, müssen wir den Korrelationskoeffizienten verstehen. Je nach Skalenniveau kommen unterschiedliche Koeffizienten

© Springer-Verlag Berlin Heidelberg 2016

F. Kronthaler, *Statistik angewandt*, Springer-Lehrbuch, DOI 10.1007/978-3-662-47114-2_6

Tab. 6.1 Korrelation zwischen zwei Variablen

Variable 1	Variable 2	Zusammenhang	Beispiel
Wert von X wird größer	Wert von Y wird größer	Positive Korrelation	Anzahl Cheeseburger pro Woche wird größer, Menge Speck um den Bauch wird größer
Wert von X wird größer	Wert von Y wird kleiner	Negative Korrelation	Anzahl Karotten pro Woche wird größer, Menge Speck um den Bauch wird kleiner
Wert von Y wird größer	Wert von X wird größer	Positive Korrelation	Menge Speck um den Bauch wird größer, Anzahl Cheeseburger pro Woche wird größer
Wert von Y wird größer	Wert von X wird kleiner	Negative Korrelation	Menge Speck um den Bauch wird größer, Anzahl Karotten pro Woche wird kleiner

zur Anwendung. Bei metrischen Daten ist es der Korrelationskoeffizient von Bravais-Pearson, bei ordinalen Daten der Korrelationskoeffizient von Spearman und bei nominalen Daten der Vierfelderkoeffizient oder der Kontingenzkoeffizient.

6.2   Der Korrelationskoeffizient von Bravais-Pearson für metrische Variablen

Der Korrelationskoeffizient von Bravais-Pearson wird benutzt, um die Stärke des linearen Zusammenhanges zwischen zwei metrischen Variablen zu ermitteln. Berechnet wird er folgendermaßen:

$$r = \frac{\sum (x_i - \bar{x})(y_i - \bar{y})}{\sqrt{\sum (x_i - \bar{x})^2 \sum (y_i - \bar{y})^2}}$$

Wir kennen bereits alle Bestandteile der Formel.

$\bar{x}$ und $\bar{y}$ sind die arithmetischen Mittelwerte und
x_i und y_i sind die beobachteten Werte,

d. h. wir berechnen den Korrelationskoeffizienten von Bravais-Pearson aus den Abweichungen der beobachteten Werte von ihrem Mittelwert (Konzept der Streuung, vergleiche Kap. 4).

Freak-Wissen

Der obere Teil der Formel, der Zähler, gibt uns die gemeinsame Abweichung der zusammenhängenden x_i und y_i Werte von ihrem jeweiligen Mittelwert an, wir nennen ihn auch Kovarianz σ_{xy}. Wenn die Abweichungen jeweils in dieselbe Richtung zeigen, immer positiv oder immer negativ sind, dann wird der Betrag der Kovarianz groß und wir haben einen Zusammenhang. Wenn die Abweichungen in unterschiedliche Richtungen gehen, wird die Zahl klein und es gibt keinen Zusammenhang. Der untere Teil der Formel, der Nenner, wird gebraucht, um den Korrelationskoeffizienten von Bravais-Pearson auf den Bereich zwischen -1 und 1 zu normieren.

Wir wollen den Korrelationskoeffizient zwischen unseren Variablen Marketing und Produktverbesserung ausrechnen. Uns interessiert z. B., ob Unternehmen, die viel für Marketing aufwenden, wenig für Produktverbesserung einsetzen und umgekehrt. Versuchen wir das einmal für die ersten sechs Unternehmen unseres Datensatzes. Am besten legen wir hierfür eine Tabelle an. Die Variable X ist unsere Marketingvariable, die Variable Y ist die Variable Produktverbesserung.

Unternehmen	x_i	y_i	$x_i - \bar{x}$	$(x_i - \bar{x})^2$	$y_i - \bar{y}$	$(y_i - \bar{y})^2$	$(x_i - \bar{x})(y_i - \bar{y})$
1	29	3	9	81	-3	9	-27
2	30	5	10	100	-1	1	-10
3	16	6	-4	16	0	0	0
4	22	5	2	4	-1	1	-2
5	9	9	-11	121	3	9	-33
6	14	8	-6	36	2	4	-12
$\bar{x}$	20	6					
$\sum$				358		24	-84

Setzen wir die drei Summen in unsere Formel ein, erhalten wir unseren Korrelationskoeffizienten von -0.91:

$$ r = \frac{\sum (x_i - \bar{x})(y_i - \bar{y})}{\sqrt{\sum (x_i - \bar{x})^2 \sum (y_i - \bar{y})^2}} = \frac{-84}{\sqrt{358 \times 24}} = -0.91 $$

Wie ist dieser Wert zu interpretieren? Zunächst müssen wir wissen, dass der Korrelationskoeffizient von Bravais-Pearson im Bereich von $-1 \leq r \leq 1$ definiert ist. Werte außerhalb -1 und 1 sind nicht möglich. -1 bedeutet, dass wir eine perfekte negative Korrelation haben, 1 bedeutet eine perfekte positive Korrelation. Um Werte dazwischen zu interpretieren, ist folgende Faustformel hilfreich (Tab. 6.2).

Tab. 6.2 Faustformel zur Interpretation des Korrelationskoeffizienten

Wert von r	Zusammenhang zwischen zwei Variablen
$r = 1$	Perfekt positive Korrelation
$1 > r \geq 0.6$	Stark positive Korrelation
$0.6 > r \geq 0.3$	Schwach positive Korrelation
$0.3 > r > -0.3$	Keine Korrelation
$-0.3 \geq r > -0.6$	Schwach negative Korrelation
$-0.6 \geq r > -1$	Stark negative Korrelation
$r = -1$	Perfekt negative Korrelation

Für uns bedeutet dies, dass wir eine starke negative Korrelation zwischen beiden Variablen haben. Unternehmen, die viel für Marketing aufwenden, setzen wenig für Produktverbesserung ein bzw. Unternehmen, die viel für Produktverbesserung einsetzen, wenden wenig Geld für Marketing auf.

6.3   Das Streudiagramm

Die Korrelation können wir grafisch in einem Streudiagramm darstellen. Ein Streudiagramm ist ein Punkte-Diagramm, in welches wir unsere Personen oder Objekte nach Wertepaaren geordnet einzeichnen. Für unsere Unternehmen haben wir bezüglich der Variablen Marketing und Produktverbesserung folgende Wertepaare:

Unternehmen	Marketing x_i	Produktverbesserung y_i	Wertepaar $(x_i; y_i)$	Aussage
1	29	3	29;3	Unternehmen 1 gibt 29 % vom Umsatz für Marketing aus und 3 % für Produktverbesserung
2	30	5	30;5	Unternehmen 2 gibt 30 % und 5 % aus
3	16	6	16;6	Unternehmen 3 gibt 16 % und 6 % aus
4	22	5	22;5	Unternehmen 4 gibt 22 % und 5 % aus
5	9	9	9;9	Unternehmen 5 gibt 9 % und 9 % aus
6	14	8	14;8	Unternehmen 6 gibt 14 % und 8 % aus

Zeichnen wir unsere Unternehmen in das Punkte-Diagramm ein, so erhalten wir unser Streudiagramm (Abb. 6.1).

Wir sehen, dass Unternehmen, die viel für Produktverbesserung ausgeben, wenig für Marketing aufwenden und umgekehrt. Wenn wir in das Streudiagramm zudem eine gerade

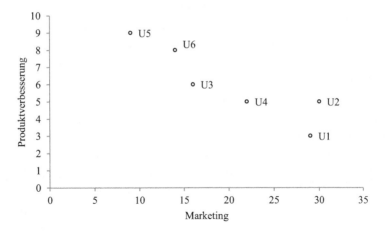

Abb. 6.1 Streudiagramm für die Variablen Marketing und Produktverbesserung

Linie einzeichnen, erkennen wir die Stärke des linearen Zusammenhangs bzw. wie stark sich die Variablen gemeinsam bewegen (Abb. 6.2).

Liegen die Punkte, wie in unserem Fall, nahe an der Geraden, besteht ein starker Zusammenhang. Streuen die Punkte, wie im folgenden Fall konstruiert, weiträumig um die Gerade, handelt es sich um einen schwachen Zusammenhang (Abb. 6.3).

Im Streudiagramm können wir zudem ablesen, ob wir es mit einer positiven oder einer negativen Korrelation zu tun haben. Steigt die Gerade an, besteht eine positive Korrelation, fällt die Gerade ab, eine negative Korrelation (Abb. 6.4).

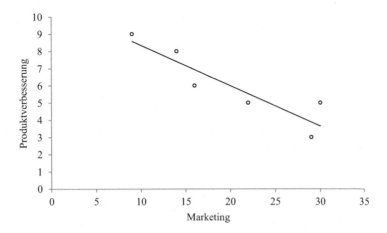

Abb. 6.2 Streudiagramm für die Variablen Marketing und Produktverbesserung bei starkem Zusammenhang

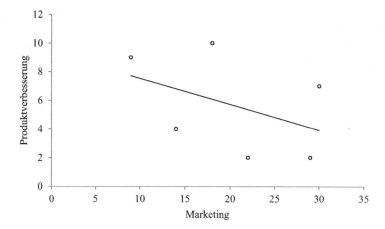

Abb. 6.3 Streudiagramm für die Variablen Marketing und Produktverbesserung bei schwachem Zusammenhang

Zudem erkennen wir im Streudiagramm, ob überhaupt eine Korrelation zwischen zwei Variablen besteht. Keine Korrelation zwischen zwei Variablen haben wir, wenn sich die Variablen unabhängig voneinander verhalten. Grafisch sieht das z. B. wie in Abb. 6.5 aus.

In der linken Abbildung verändern sich die x_i Werte, die y_i Werte bleiben konstant. In der mittleren Abbildung variieren die y_i Werte, die x_i Werte verändern sich nicht. In der rechten Abbildung variieren sowohl die x_i Werte als auch die y_i Werte. Diese Veränderung ist aber unsystematisch, d. h. bei großen x_i Werten haben wir sowohl kleine als auch große y_i Werte, bei kleinen x_i Werten haben wir sowohl kleine als auch große y_i Werte.

Das Streudiagramm ist auch noch aus einem anderen Grund wichtig, nämlich bei der Berechnung des Korrelationskoeffizienten von Bravais-Pearson. Es zeigt uns an, ob ein linearer Zusammenhang zwischen zwei Variablen besteht. Ein solcher ist die Vorausset-

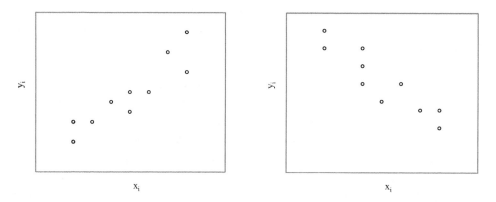

Abb. 6.4 Positive und negative Korrelation zwischen zwei Variablen

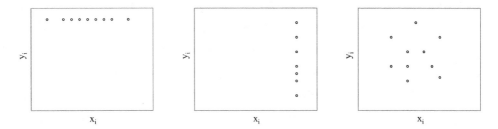

Abb. 6.5 Keine Korrelation zwischen zwei Variablen

zung für den Korrelationskoeffizienten von Bravais-Pearson. Aus diesem Grund sollten wir vor der Berechnung des Korrelationskoeffizienten von Bravais-Pearson immer zuerst das Streudiagramm daraufhin überprüfen, ob wir eine gerade Linie in die Punktwolke legen können.

Freak-Wissen

Es kommt immer wieder vor, dass der Zusammenhang zwischen den uns interessierenden Variablen nicht-linearer Natur ist, z. B. exponentiell. In einem solchen Fall können wir oft durch eine mathematische Transformation einer der beiden Variablen einen linearen Zusammenhang herstellen. Anschließend kann dann der Korrelationskoeffizient von Bravais-Pearson wieder verwendet werden. Zudem wird der Korrelationskoeffizient von Bravais-Pearson unter Umständen erheblich von Extremwerten beeinflusst. Fallen uns im Streudiagramm ungewöhnliche Beobachtungen auf, so sollten wir diese überprüfen bzw. den Korrelationskoeffizienten mit und ohne Extremwerte berechnen.

6.4 Der Korrelationskoeffizient von Spearman für ordinale Variablen

Liegen uns anstatt metrischer Daten ordinale Daten vor, benutzen wir den Rangkorrelationskoeffizienten von Spearman. Wie bei Bravais und Pearson ist auch Spearman derjenige der diesen Koeffizienten entwickelt hat. Hinter unseren Massen stehen also reale Personen und Überlegungen. Berechnet wird er wie folgt:

$$r_{\text{Sp}} = \frac{\sum \left(R_{x_i} - \bar{R}_x \right) \left(R_{y_i} - \bar{R}_y \right)}{\sqrt{\sum \left(R_{x_i} - \bar{R}_x \right)^2 \sum \left(R_{y_i} - \bar{R}_y \right)^2}}$$

mit

R_{x_i} und R_{y_i} sind gleich den Rängen der beobachteten x-Werte und y-Werte,
$\bar{R}_x$ und $\bar{R}_y$ sind gleich den Mittelwerten der jeweiligen Rangziffern.

Wie wir sehen, ist der Rangkorrelationskoeffizient von Spearman dem von Bravais-Pearson für metrische Daten sehr ähnlich. Der Unterschied besteht darin, dass wir jetzt jedem beobachteten Wert der jeweiligen Variable einen Rang geben müssen, bevor wir ihn berechnen können. Üblicherweise vergeben wir dem größten Wert den Rang eins und dem kleinsten Wert den höchsten Rang. Wenn Werte öfters vorkommen, vergeben wir für die Werte den mittleren Rang und machen dann bei dem Rang weiter, bei welchem wir ohne Mehrfachnennung wären. Nachdem wir so für alle Werte der Variablen Ränge vergeben haben, können wir die benötigten Werte ausrechnen und in die Formel einsetzen. Am besten erläutern wir das noch am Beispiel unserer ersten sechs Unternehmen. Es interessiert uns, ob ein Zusammenhang zwischen den beiden ordinalen Variablen Erwartung X und Selbsteinschätzung Y besteht.

Unternehmen	x_i	y_i	R_{x_i}	R_{y_i}	$R_{x_i} - \bar{R}_x$	$\left(R_{x_i} - \bar{R}_x\right)^2$	$R_{y_i} - \bar{R}_y$	$\left(R_{y_i} - \bar{R}_y\right)^2$	$\left(R_{x_i} - \bar{R}_x\right)\left(R_{y_i} - \bar{R}_y\right)$
1	2	5	3	1.5	−0.5	0.25	−2	4	1
2	1	4	5.5	3.5	2	4	0	0	0
3	3	5	1	1.5	−2.5	6.25	−2	4	5
4	2	3	3	5.5	−0.5	0.25	2	4	−1
5	1	3	5.5	5.5	2	4	2	4	4
6	2	4	3	3.5	−0.5	0.25	0	0	0
$\bar{R}$			3.5	3.5					
$\sum$						15		16	9

Für die Variable X suchen wir den größten Wert und geben ihm den Rang 1. Den größten Wert hat Unternehmen 3. Es erhält hierfür die 1. Anschließend suchen wir den zweitgrößten Wert. Dies ist die 2, sie tritt dreimal auf, d. h. Unternehmen 1, 4 und 6 erhalten die 3. Nun haben wir vier Ränge vergeben, wir machen weiter mit Unternehmen 2 und 3 geben ihnen den Rang 5.5. Genauso gehen wir mit der Variable Y vor. Anschließend berechnen wir die für die Formel benötigten Werte und setzen diese in die Formel ein. Nun können wir den Rangkorrelationskoeffizienten berechnen. Dieser ist:

$$r_{\mathrm{Sp}} = \frac{\sum \left(R_{x_i} - \bar{R}_x\right)\left(R_{y_i} - \bar{R}_y\right)}{\sqrt{\sum \left(R_{x_i} - \bar{R}_x\right)^2 \sum \left(R_{y_i} - \bar{R}_y\right)^2}} = \frac{9}{\sqrt{15 \times 16}} = 0.58$$

Wir interpretieren den Rangkorrelationskoeffizienten genauso wie den Korrelationskoeffizienten von Bravais-Pearson. Somit haben wir einen positiven Zusammenhang zwischen den beiden Variablen gefunden. Wird der Wert für die Variable X größer, wird auch der für die Variable Y größer und umgekehrt. Bei uns bedeutet das, dass weniger erfahrene Personen tendenziell zukünftige Entwicklungen etwas schlechter einschätzen und umgekehrt. Die Interpretation ist etwas tricky. Um die Interpretation durchzuführen, muss in der Legende sehr genau nachgesehen werden, wie die Daten definiert sind.

Freak-Wissen

Wenn innerhalb unserer jeweiligen Variablen keine Werte doppelt vorkommen, d. h. wenn in der Variable X wie auch in der Variable Y jeder Wert nur einmal vorkommt, dann können wir oben benutzte Formel vereinfachen. Die Formel für den Rangkorrelationskoeffizienten von Spearman ist dann $r_{\text{Sp}} = 1 - \frac{6 \times \sum d_i^2}{n^3 - n}$ mit n für die Anzahl an Beobachtungen und d_i für die Rangabstände.

6.5 Der Vierfelderkoeffizient für nominale Variablen mit zwei Ausprägungen

Hat man nominale Variablen mit nur zwei Ausprägungen, z. B. die Variable Geschlecht mit den Ausprägungen Mann oder Frau bzw. 0 und 1, so lässt sich die Korrelation mit Hilfe des Vierfelderkoeffizienten berechnen:

$$r_\phi = \frac{a \times d - b \times c}{\sqrt{S_1 \times S_2 \times S_3 \times S_4}}$$

a, b, c, d sind die Felder der 2×2 *Matrix* und
S_1, S_2, S_3 und S_4 sind die Zeilensummen bzw. Spaltensummen.

		Variable Y		
		0	1	
Variable X	0	a	b	S_1
	1	c	d	S_2
		S_3	S_4	

Sehen wir uns das am Beispiel unseres Datensatzes Daten_Wachstum.xlsx für die ersten zehn Unternehmen an. Nominale Variablen mit nur zwei Ausprägungen sind Geschlecht und Branche. Geschlecht unterscheidet zwischen Frau und Mann, Branche differenziert nach Industrie- und Dienstleistungsunternehmen. Wir wollen wissen, ob es einen Zusammenhang zwischen dem Geschlecht der Gründer und der Branche, in der gegründet wurde, gibt. Unsere Daten zeigen, dass das erste Unternehmen ein Industrieunternehmen ist und von einem Mann gegründet wurde, das zweite Unternehmen ein von einer Frau gegründetes Dienstleistungsunternehmen, das dritte wieder ein Industrieunternehmen, von einem Mann gegründet, usw. (vergleiche unseren Datensatz für die ersten zehn Unternehmen). Zusammenfassend können wir die Information in folgender *2 × 2 Matrix* darstellen:

		Geschlecht		
		0 = Mann	1 = Frau	
Branche	0 = Industrie	2	0	2
	1 = Dienstleistung	3	5	8
		5	5	

Setzen wir die Zahlen entsprechend in unsere Formel ein, so erhalten wir den Vierfelderkoeffizienten:

$$r_\phi = \frac{a \times d - b \times c}{\sqrt{S_1 \times S_2 \times S_3 \times S_4}} = \frac{2 \times 5 - 0 \times 3}{\sqrt{2 \times 8 \times 5 \times 5}} = -0.50$$

Interpretieren können wir den Vierfelderkoeffizienten fast wie die Korrelationskoeffizienten von Bravais-Pearson und Spearman. Der Vierfelderkoeffizient ist ebenfalls zwischen -1 und 1 definiert. Der Unterschied ist lediglich, dass das Vorzeichen bedeutungslos ist. Wir könnten das leicht überprüfen. Wenn wir z. B. die Spalten Mann und Frau austauschen, wird das Vorzeichen positiv. Damit stellen wir fest, dass wir einen mittleren Zusammenhang zwischen den beiden Variablen haben. Wenn wir nun wissen wollen, welcher Zusammenhang besteht, müssen wir uns noch einmal unsere *2 × 2 Matrix* ansehen. Wir sehen, dass relativ viele Dienstleistungsunternehmen von Frauen gegründet wurden und dass Frauen relativ wenig Industrieunternehmen gründeten. Damit können wir zudem die Tendenz bestimmen. Tendenziell gründen Frauen eher Dienstleistungsunternehmen.

6.6   Der Kontingenzkoeffizient für nominale Variablen

Sind wir mit nominalen Daten mit mehreren Ausprägungen konfrontiert, es reicht dabei, wenn eine der nominalen Daten mehr als zwei Ausprägungen besitzt, dann kann die Korrelation mit Hilfe des Kontingenzkoeffizienten wie folgt berechnet werden:

$$C = \sqrt{\frac{U}{U + n}}$$

n ist die Anzahl an Beobachtungen und
U die Abweichungssumme zwischen den beobachteten und theoretisch erwarteten Werten:

$$U = \sum \sum \frac{\left(f_{jk} - e_{jk}\right)^2}{e_{jk}}$$

mit

f_{jk} gleich den beobachteten Zeilen- und Spaltenwerten,
e_{jk} gleich den theoretisch erwarteten Zeilen- und Spaltenwerten

den Zeilen k und den Spalten j.

Definiert ist der Kontingenzkoeffizient nicht zwischen -1 und 1, sondern im Wertebereich von $0 \leq C \leq C_{\text{Maximal}}$. C_{Maximal} errechnet sich aus der Anzahl an Spalten und an Anzahl Zeilen, er ist immer kleiner 1:

$$C_{\text{Maximal}} = \frac{1}{2} \left(\sqrt{\frac{z-1}{z}} + \sqrt{\frac{s-1}{s}} \right)$$

z ist gleich der Anzahl an Zeilen und
s ist gleich der Anzahl an Spalten.

An dieser Stelle ist es zur Verdeutlichung des Zusammenhanges sinnvoll, direkt mit einem Beispiel zu beginnen. Nehmen wir uns wieder unseren Datensatz Daten_Wachstum.xlsx zur Hand und analysieren wir den Zusammenhang zwischen den beiden Variablen Motiv und Branche. Wir greifen dieses Mal auf unsere 100 Unternehmen zurück, da keine der folgenden Zellen weniger als fünfmal besetzt sein soll. Entsprechend dem Vierfelderkoeffizienten können wir eine Matrix aufbauen, in diesem Fall jedoch mit zwei Zeilen und drei Spalten, da die Variable Branche zwei Ausprägungen, die Variable Motiv drei Ausprägungen besitzt. Theoretisch hat die Matrix bei zwei und drei Ausprägungen folgende Struktur:

Zeilen	Spalten		
	1	2	3
1	f_{11}	f_{12}	f_{13}
2	f_{21}	f_{22}	f_{23}

In unserem Beispiel sieht sie folgendermaßen aus, wobei wir die Werte ausgezählt haben.

Branche	Motiv		
	Arbeitslosigkeit	Idee umsetzen	Höheres Einkommen
Industrie	8	15	11
Dienstleistung	9	39	18

Die Tabelle zeigt, dass acht Gründungen in der Industrie aus der Arbeitslosigkeit entstanden sind, 15 Gründer aus der Industrie eine Idee umsetzen wollten, usw. Wir haben zwei Zeilen und drei Spalten, somit können wir unseren maximal erreichbaren Kontingenzkoeffizienten ausrechnen:

$$C_{\text{Maximal}} = \frac{1}{2}\left(\sqrt{\frac{z-1}{z}} + \sqrt{\frac{s-1}{s}}\right) = \frac{1}{2}\left(\sqrt{\frac{2-1}{2}} + \sqrt{\frac{3-1}{3}}\right) = 0.76$$

Maximal können wir einen Kontingenzkoeffizienten von 0.76 erreichen. Wenn wir einen solchen entdecken, haben wir einen perfekten Zusammenhang. Minimal können wir 0 erzielen, wir hätten dann keinen Zusammenhang zwischen Branche und Gründungsmotiv.

Der nächste Schritt ist die Berechnung der theoretisch erwarteten Werte. Um dies zu bewerkstelligen, müssen wir zunächst die Zeilen und die Spaltensummen berechnen.

Branche	Motiv			
	Arbeitslosigkeit	Idee umsetzen	Höheres Einkommen	Zeilensumme
Industrie	8	15	11	34
Dienstleistung	9	39	18	66
Spaltensumme	17	54	29	

Um zu den theoretisch erwarteten Werten zu kommen, benutzen wir folgende Formel:

$$e_{jk} = \frac{f_j \times f_k}{n}$$

mit

f_j gleich Zeilensumme und
f_k gleich Spaltensumme.

Damit ergibt sich folgendes Bild:

Branche	Motiv			
	Arbeitslosigkeit	Idee umsetzen	Höheres Einkommen	Zeilen-summe
Industrie	$e_{11} = \frac{34 \times 17}{100} = 5.78$	$e_{12} = \frac{34 \times 54}{100} = 18.36$	$e_{13} = \frac{34 \times 29}{100} = 9.86$	34
Dienstleistung	$e_{21} = \frac{66 \times 17}{100} = 11.22$	$e_{22} = \frac{66 \times 54}{100} = 35.64$	$e_{23} = \frac{66 \times 29}{100} = 19.14$	66
Spaltensumme	17	54	29	

Uns fällt auf, dass die Zeilen- und die Spaltensummen gleich geblieben sind. In den Zellen stehen jetzt aber die Werte, die wir theoretisch erwarten würden, wenn sich die jeweilige Zeilensumme dem Verhältnis der Spaltensummen anpasst.

Damit können wir die Abweichungssumme U berechnen, indem wir die beobachteten Werte von den theoretisch erwarteten Werten abziehen:

$$U = \sum \sum \frac{\left(f_{jk} - e_{jk}\right)^2}{e_{jk}}$$

$$= \frac{(f_{11} - e_{11})^2}{e_{11}} + \frac{(f_{12} - e_{12})^2}{e_{12}} + \frac{(f_{13} - e_{13})^2}{e_{13}} + \frac{(f_{21} - e_{21})^2}{e_{21}} + \frac{(f_{22} - e_{22})^2}{e_{22}}$$

$$+ \frac{(f_{23} - e_{23})^2}{e_{23}}$$

$$= \frac{(8 - 5.78)^2}{5.78} + \frac{(15 - 18.36)^2}{18.36} + \frac{(11 - 9.86)^2}{9.86} + \frac{(9 - 11.22)^2}{11.22} + \frac{(39 - 35.64)^2}{35.64}$$

$$+ \frac{(18 - 19.14)^2}{19.14}$$

$$= 2.42$$

Setzen wir die Abweichungssumme in die Formel für den Kontingenzkoeffizienten, so erhalten wir diesen:

$$C = \sqrt{\frac{U}{U + n}} = \sqrt{\frac{2.42}{2.42 + 100}} = 0.15$$

D. h. wir sind näher an der Null als am maximal möglichen Kontingenzkoeffizient, wir haben somit keine Korrelation zwischen Gründungsmotiv und Branche, in der gegründet wurde.

6.7 Korrelation, Kausalität, Drittvariablen, und weitere Korrelationskoeffizienten

Haben wir eine Korrelation berechnet, dann wissen wir noch nichts über die Kausalität, wir wissen nicht, ob

X $\longrightarrow$ Y Variable X die Variable Y beeinflusst,

Y $\longrightarrow$ X Variable Y die Variable X beeinflusst,

X $\longleftrightarrow$ Y Variable X und Variable Y sich wechselseitig beeinflussen.

Wir sollten uns das wieder an einem Beispiel ansehen. Zwischen den Variablen Marketing und Produktverbesserung hatten wir eine sehr hohe negative Korrelation von -0.91 berechnet. Daraus folgt, dass Unternehmen, die viel von ihrem Umsatz für Marketing einsetzen, wenig vom Umsatz für Produktverbesserung aufwenden. Wir wissen aber nicht, in welche Richtung die Beziehung läuft, ob z. B. Unternehmen, die viel für Marketing aufwenden, wenig Geld für Produktverbesserung übrig haben, oder umgekehrt Unternehmen, die viel für Produktverbesserung aufwenden, wenig Geld für Marketing haben. Vielleicht besteht aber auch ein wechselseitiger Zusammenhang. Wenn etwas mehr Geld für Marketing ausgegeben wird, ist weniger für Produktverbesserung über. Wird dann weniger Geld für Produktverbesserungen ausgegeben, wird wiederum mehr für Marketing aufgewendet usw.

Kausalität ist eine Frage der Theorie bzw. von theoretischen Überlegungen. Wissen über die Kausalität haben wir, wenn wir aus der Theorie eindeutig ableiten können, dass eine Variable X eine Variable Y beeinflusst. Dann und nur dann wissen wir etwas über die Richtung. Ein Beispiel hierfür ist ein Stein, der ins Wasser fällt. Wir halten einen Stein, lassen ihn los, dieser fällt ins Wasser, im Wasser entstehen daraufhin Wellen. Die Wellen auf der Wasseroberfläche sind eine direkte Folge des Steins. Noch einmal, Korrelation sagt nichts über Kausalität aus.

Darüber hinaus ist noch eine weitere Sache wichtig. Viele Korrelationen beruhen auf dem Einfluss von Drittvariablen, Variablen, die hinter der Korrelation zwischen den Variablen X und Y stehen.

In Abb. 6.6 ist eine solche Situation dargestellt. Es existiert eine gefundene Korrelation zwischen den Variablen X und Y, diese beruht aber nicht auf einer Korrelation zwischen X und Y, sondern Variable X ist mit Variable Z korreliert und Variable Y ebenso. Über die Korrelation zwischen X mit Z und Y mit Z kommt die Korrelation zwischen X und Y zustande. Wir sprechen von einer Scheinkorrelation. Ein klassisches Beispiel für eine Scheinkorrelation ist die im Zeitraum der Industrialisierung beobachtete positive Korrelation zwischen der Anzahl an Störchen und der Geburtenrate. Die Anzahl der Störche ging zurück und die Geburtenrate ebenso. Das heißt aber nicht, dass es einen Zusammenhang zwischen Störchen und Geburten gibt. Die Variable, die dahinter steckt, ist die Industrialisierung. Die Industrialisierung hat dazu geführt, dass Personen reicher wurden und weniger Kinder bekamen. Gleichzeitig hat die einhergehende zunehmende Umweltverschmutzung die Anzahl an Störchen reduziert. Ein anderes Beispiel ist eine gefundene positive Korrelation zwischen der Menge an Eis, die jeden Sommer konsumiert wird, und der Anzahl an Personen, die in einem Sommer ertrinken. Je mehr Eis konsumiert wird, desto mehr Personen ertrinken und umgekehrt. Das bedeutet nicht, dass Eis Essen das Risiko zu ertrinken erhöht oder „dass Ertrunkene mehr Eis verzehren". Dahinter steht die Qualität des Sommers. Ist es heißer, essen die Leute mehr Eis, gehen aber auch mehr baden und entsprechend gibt es mehr Todesfälle durch Ertrinken. Wenn wir also eine Korrelation zwischen zwei Variablen entdecken, müssen wir sehr genau überprüfen, ob wir nicht eine

Abb. 6.6 Der Einfluss von Drittvariablen auf die Korrelation zwischen zwei Variablen

Tab. 6.3 Korrelationskoeffizienten und Skalenniveau der Variablen

Variable X	Variable Y	Korrelationskoeffizient	Beispiel aus dem Datensatz Daten_ Wachstum.xlsx
Metrisch	Metrisch	Bravais-Pearson Korrelationskoeffizient	Korrelation zwischen Wachstumsrate und Marketing
Metrisch	Ordinal	Spearman Rangkorrelationskoeffizient	Korrelation zwischen Wachstumsrate und Selbsteinschätzung
Metrisch	Nominal	Punktbiseriale Korrelation	Korrelation zwischen Wachstumsrate und Geschlecht
Ordinal	Ordinal	Spearman Rangkorrelationskoeffizient	Korrelation zwischen Selbsteinschätzung und Bildung
Ordinal	Nominal	Biseriale Rangkorrelation	Korrelation zwischen Selbsteinschätzung und Geschlecht
Nominal	Nominal	Kontingenzkoeffizient	Korrelation zwischen Motiv und Geschlecht
Nominal (0/1)	Nominal (0/1)	Vierfelderkoeffizient	Korrelation zwischen Branche und Geschlecht

Scheinkorrelation gefunden haben. Damit sind wir wieder bei der Theorie. Nur diese kann uns sagen, ob es sich um eine echte Korrelation handelt.

Berechnen wir eine Korrelation, so nutzen wir bei metrischen Daten den Korrelationskoeffizienten von Bravais-Pearson, bei ordinalen Daten den Rangkorrelationskoeffizienten von Spearman und bei nominalen Daten entweder den Vierfelderkoeffizient oder den Kontingenzkoeffizient. Was aber tun wir, wenn gemischte Daten vorliegen, wenn z. B. die eine Variable metrisch ist, die andere ordinal? Wenn eine Variable metrisch und die andere ordinal ist, dann können wir den Rangkorrelationskoeffizienten von Spearman verwenden. Ist die eine Variable metrisch, die andere nominal, dann ist die punktbiseriale Korrelation zu berechnen. Es bleibt nur noch die Situation, dass eine Variable ordinal ist, die andere nominal. In so einem Falle verwenden wir die biseriale Rangkorrelation (Tab. 6.3).

6.8 Checkpoints

- *Korrelationen geben Auskunft darüber, ob es einen Zusammenhang zwischen zwei Variablen gibt, sie sagen nichts über Kausalität aus.*
- *Es kann sein, dass gefundene Korrelationen auf den Einfluss von Drittvariablen zurückzuführen sind. Korrelationen müssen theoretisch begründbar sein.*
- *Der Korrelationskoeffizient von Bravais-Pearson ist dazu geeignet, den linearen Zusammenhang zwischen zwei metrischen Variablen zu berechnen.*
- *Vor der Berechnung des Korrelationskoeffizienten von Bravais-Pearson sollte das Streudiagramm gezeichnet werden, um zu überprüfen, ob ein linearer Zusammenhang existiert.*

- *Der Korrelationskoeffizient von Spearman wird benutzt, um den Zusammenhang zwischen zwei ordinalen Variablen zu berechnen.*
- *Soll die Korrelation zwischen zwei nominalen Variablen berechnet werden, so ist der Vierfelderkoeffizient oder der Kontingenzkoeffizient zu verwenden.*
- *Für die Berechnung von Korrelationen zwischen Variablen mit unterschiedlichen Skalenniveaus stehen weitere spezialisierte Korrelationskoeffizienten zur Verfügung.*

6.9   Berechnung der Korrelationskoeffizienten mit Excel

Berechnung des Korrelationskoeffizienten von Bravais-Pearson mit Excel unter der Registerkarte Formeln mit dem Befehl Funktion einfügen

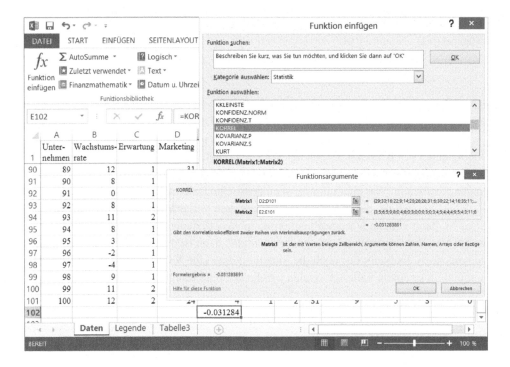

Zur Berechnung des Korrelationskoeffizienten von Bravais-Pearson steht uns unter der Registerkarte Formel die Funktion KORREL zur Verfügung. Wir wählen unter Funktion einfügen den Befehl KORREL aus und geben im darauf folgenden Fenster Funktionsargumente den Wertebereich für die erste Variable bei Matrix1 ein, den Wertebereich für die zweite Variable bei Matrix2.

Berechnung des Korrelationskoeffizienten von Bravais-Pearson mit Excel unter der Registerkarte Daten und dem Befehl Datenanalyse

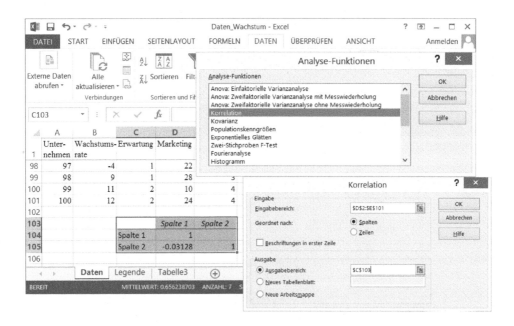

Der Korrelationskoeffizient von Bravais-Pearson lässt sich zudem unter der Registerkarte Daten und der Schaltfläche Datenanalyse berechnen. Innerhalb des Fensters Analyse-Funktionen wählen wir den Befehl Korrelationen aus und geben im anschließenden Fenster den Wertebereich ein (die Variablen müssen in nebeneinanderliegenden Spalten eingegeben sein). Anschließend definieren wir den Ausgabebereich und erhalten so die Korrelation zwischen den beiden Variablen.

Bestimmung des Ranges einer ordinalen Variable mit Excel

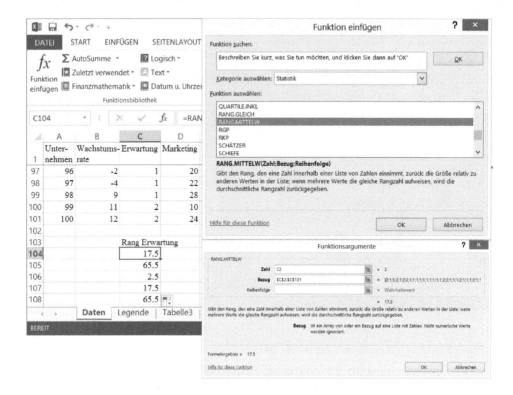

Für die Berechnung des Rangkorrelationskoeffizienten von Spearman steht uns in Excel keine Funktion zur Verfügung. Excel kann aber die Ränge bestimmen. Hierfür wählen wir unter der Registerkarte Formeln die Funktion RANG.MITTELW. Mit Hilfe dieser Funktion bestimmen wir zunächst die Ränge, berechnen dann die benötigten Werte und setzen diese in unsere Formel für den Rangkorrelationskoeffizienten von Spearman ein (siehe Abschnitt: Der Korrelationskoeffizient von Spearman für ordinale Variablen). Im Fenster sehen wir die Rangbestimmung für die Variable Erwartung.

Zeichnen einer Pivot-Tabelle mit Excel

Ebenso fehlt eine Funktion zur Berechnung des Vierfelderkoeffizienten und des Kontingenzkoeffizienten. Um uns die Arbeit zu erleichtern, können wir mit Hilfe der Schaltfläche PivotTable unter der Registerkarte Einfügen eine Tabelle mit den beobachteten Häufigkeiten erstellen. Haben wir das getan, so ist wie zuvor in den jeweiligen Abschnitten beschrieben vorzugehen.

Um eine Pivot-Tabelle mit Excel zu erstellen, bietet es sich an, zunächst den gesamten benötigen Wertebereich zu markieren.

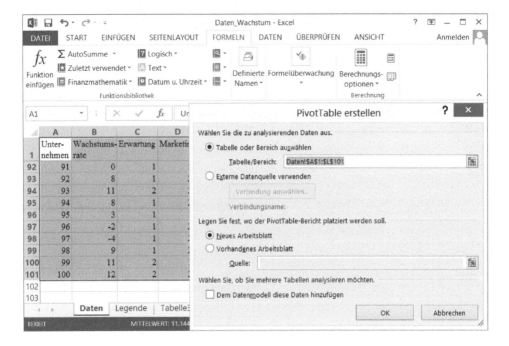

Anschließend klicken wir unter der Registerkarte einfügen unter Tabellen auf Pivot-Table und definieren im Fenster PivotTable erstellen am besten, dass die Pivot-Tabelle in einem neuen Arbeitsblatt erstellt wird. Wir klicken auf OK und erhalten folgendes Fenster:

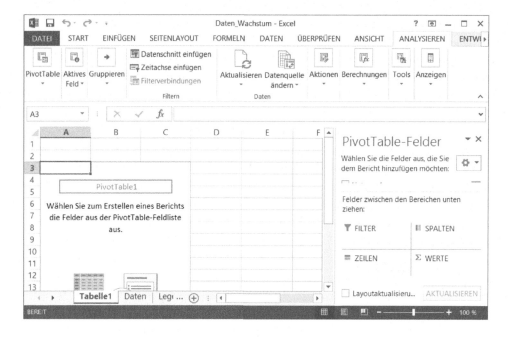

In diesem Fenster klicken wir die Variablen an, für die wir die Kreuztabelle erstellen wollen. Bei uns sind das die Variablen Branche und Motiv (dieses Beispiel haben wir oben beim Kontingenzkoeffizient im Text verwendet). Anschließend gestalten wir die Tabelle durch Ziehen und Klicken, bis wir eine Kreuztabelle erhalten (an dieser Stelle verweise ich auf die Hilfefunktion von Excel).

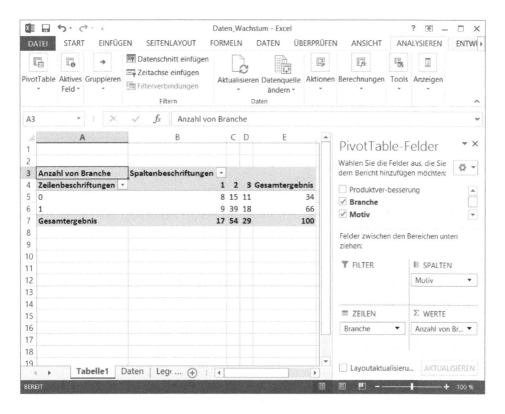

Nun fehlt noch, mit Hilfe dieser Werte den Kontingenzkoeffizienten zu berechnen.

6.10   Anwendung

6.1.   Welcher Korrelationskoeffizient ist bei welchen Skalenniveaus zu benutzen?

6.2.   Warum sind theoretische Überlegungen notwendig, bevor eine Korrelation zwischen zwei Variablen berechnet wird?

6.3.   Warum sagt ein Korrelationskoeffizient nichts über Kausalität aus?

6.4.   Betrachte die folgenden drei Streudiagramme (nach Anscombe 1973). In welchem der Fälle kann der Korrelationskoeffizient von Bravais-Pearson ohne Probleme berechnet werden? Warum, warum nicht?

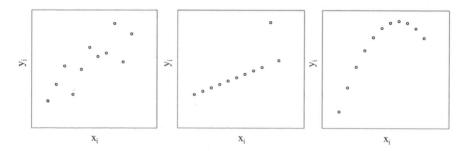

6.5.   Zeichne und berechne für die ersten acht Unternehmen unseres Datensatzes Daten_Wachstum.xlsx von Hand das Streudiagramm und den Korrelationskoeffizienten für die Variable Wachstumsrate und Marketing und interpretiere das Ergebnis.

6.6.   Zeichne und berechne mit Hilfe von Excel für unseren Datensatz Daten_Wachstum.xlsx für die Variablenpaare Wachstumsrate und Marketing, Wachstumsrate und Produktverbesserung, Wachstumsrate und Erfahrung sowie Wachstumsrate und Alter das Streudiagramm und den Korrelationskoeffizienten von Bravais und Pearson und interpretiere das Ergebnis.

6.7.   Berechne für die ersten zehn Unternehmen unseres Datensatzes Daten_Wachstum.xlsx von Hand den Rangkorrelationskoeffizienten von Spearman für die Variablen Wachstumsrate und Selbsteinschätzung und interpretiere das Ergebnis.

6.8.   Berechne mit Hilfe von Excel den Rangkorrelationskoeffizienten von Spearman für die Variablen Wachstumsrate und Selbsteinschätzung unseres Datensatzes Daten_Wachstum.xlsx und interpretiere das Ergebnis.

6.9.   Berechne für unseren Datensatz Daten_Wachstum.xlsx für die Variablen Geschlecht und Branche den Vierfelderkoeffizienten und interpretiere das Ergebnis.

6.10.   Berechne für unseren Datensatz Daten_Wachstum.xlsx für die Variablen Geschlecht und Gründungsmotiv den Kontingenzkoeffizienten und interpretiere das Ergebnis.

Verhältniszahlen: Die Chance, Neues aus altem Wissen zu erzeugen

Bisher haben wir Variablen analysiert, die uns vorliegen. Was aber ist, wenn uns die Information noch nicht vorliegt, sondern in unseren Daten versteckt ist. Wir können dann aus unseren existierenden Variablen die Information erzeugen, indem wir Variablen in eine Beziehung zueinander setzen. Sehen wir uns noch einmal unsere Variable Wachstumsrate an. Mit ihr beschreiben wir das durchschnittliche Gewinnwachstum der Unternehmungen in Prozent. Dieses dürfte weitgehend, aber nicht ganz, unabhängig von der Unternehmensgröße sein. Sehen wir uns aber den Gewinn eines Unternehmens pro Jahr in absoluten Zahlen an, dann spielt die Unternehmensgröße eine viel bedeutendere Rolle. Es macht einen Unterschied, ob ein Unternehmen mit zehn Mitarbeitern CHF 500'000 Gewinn macht, oder ein Unternehmen mit 100 Mitarbeitern. In absoluten Zahlen ist der Gewinn gleich hoch. Relativ aber, pro Mitarbeiter, liegt er bei dem kleineren Unternehmen bei CHF 50'000 pro Mitarbeiter, bei dem größeren Unternehmen bei nur CHF 5'000 pro Mitarbeiter. Wir haben eine Verhältniszahl gebildet, die es uns erlaubt, die Unternehmen zu vergleichen:

$$\text{Gewinn pro Kopf} = \frac{\text{Gewinn in CHF}}{\text{Mitarbeiter}}$$

Verhältniszahlen sind Quotienten aus zwei Zahlen. Mit ihnen können wir Personen und andere Untersuchungsobjekte inhaltlich, räumlich oder zeitlich vergleichen. In der Statistik unterscheiden wir dabei zwischen Beziehungszahlen, Gliederungszahlen und Messzahlen. Im Folgenden werden wir diese kennenlernen und ihre Anwendung diskutieren. Wir greifen dabei nicht auf unseren Datensatz zurück, sondern zeigen verschiedene Situationen, bei denen Verhältniszahlen zum Einsatz kommen.

© Springer-Verlag Berlin Heidelberg 2016
F. Kronthaler, *Statistik angewandt*, Springer-Lehrbuch, DOI 10.1007/978-3-662-47114-2_7

7.1 Die Beziehungszahl – der Quotient aus zwei unterschiedlichen Größen

Eine Beziehungszahl wird gebildet, wenn wir zwei unterschiedliche Größen zueinander in Beziehung setzen:

$$BZ = \frac{\text{Größe A}}{\text{Größe B}}$$

Wenn es sinnvoll ist, multiplizieren wir die Zahl mit 100 und erhalten so eine Prozentangabe.

Eine der bekanntesten Beziehungszahlen ist vermutlich das Bruttoinlandsprodukt pro Kopf. Dieses wird aus dem Bruttoinlandsprodukt eines Landes geteilt durch die Bevölkerungszahl eines Landes gebildet. So wird der durchschnittliche Reichtum der Bevölkerung in verschiedenen Ländern vergleichbar gemacht. In nachstehender Tabelle sind das Bruttoinlandsprodukt, die Bevölkerung und die daraus gebildete Beziehungszahl Bruttoinlandsprodukt pro Kopf für ausgewählte Länder dargestellt (Tab. 7.1).

Absolut gesehen scheint die USA in der Tabelle die reichste Nation zu sein, gefolgt von China, Deutschland, der Schweiz und Südafrika. Relativ zur Bevölkerung ergibt sich ein anderes Bild, die Schweizer Bevölkerung ist am reichsten, mit großem Abstand folgen die USA, Deutschland, China und Südafrika. Je nachdem, ob wir mit absoluten oder mit relativen Zahlen agieren, ergibt sich ein anderes Bild.

Weitere Beispiele für Beziehungszahlen sind

- die KFZ-Dichte, Anzahl zugelassener Fahrzeuge zur Bevölkerung,
- die Geburtenziffer, Anzahl lebend Geborener zur Bevölkerung,
- die Arztdichte, Anzahl Ärzte zur Bevölkerung oder zur Fläche eines Landes,
- die Eigenkapitalrentabilität, Gewinn zu Eigenkapital,
- Produktivität, Arbeitsergebnis zu geleisteten Arbeitsstunden oder
- Bierverbrauch pro Kopf.

Tab. 7.1 Bruttoinlandsprodukt pro Kopf ausgewählter Länder – Vergleich mit Hilfe einer Beziehungszahl. (Weltbank 2015, Daten heruntergeladen von www.data.worldbank.org/ am 27.03.2015)

Land	BIP (in $, 2013)	Bevölkerung (2013)	BIP/Kopf (in $, 2013)
China	9'240'270'452'047	1'357'380'000	6'807
Deutschland	3'730'260'571'357	80'621'788	46'269
Südafrika	350'630'133'297	52'981'991	6'618
Schweiz	685'434'185'074	8'081'482	84'815
USA	16'768'100'000'000	316'128'839	53'042

Die Möglichkeiten eine Beziehungszahl zu bilden sind vielfältig und es hängt von der Fragestellung ab, welche zwei Zahlen zueinander in Beziehung gesetzt werden. Wollen wir z. B. eine Aussage über die Arztdichte eines Landes machen, müssen wir uns überlegen, ob es sinnvoll ist, die Anzahl an Ärzten pro Fläche zu berechnen oder pro Bevölkerung. Je nachdem welche Vorgehensweise wir wählen, kommen wir vermutlich zu anderen Aussagen.

7.2   Die Gliederungszahl – der Quotient aus einer Teilzahl und einer Gesamtzahl

Eine Gliederungszahl bilden wir, wenn wir eine Teilgröße zur Gesamtgröße in Beziehung setzen:

$$GZ = \frac{\text{Teilmasse}}{\text{Gesamtmasse}}$$

In der Regel multiplizieren wir die Zahl noch mit 100 und wir erhalten die Prozent, die die Teilmasse an der Gesamtmasse ausmacht.

In der nächsten Tabelle sehen wir als Beispiel die Exportquote ausgewählter Länder (Tab. 7.2).

Bei der Exportquote wird der exportierte Warenwert ins Verhältnis zum Bruttoinlandsprodukt gesetzt. Die Zahl verdeutlicht, welches Land mehr von den im Land produzierten Waren exportiert. Wir sehen, dass die Exportquote in der Schweiz am höchsten ist, gefolgt von Deutschland. Die Exportquote der USA ist mit Abstand am kleinsten. Einer der Gründe hierfür ist, dass die USA einen großen Heimatmarkt besitzt und daher die Unternehmen im Inland relativ viele Güter absetzen können. Sie sind damit weniger auf Exportmärkte angewiesen.

Tab. 7.2 Exportquote ausgewählter Länder – Vergleich mit Hilfe einer Gliederungszahl. (Weltbank 2015, Daten heruntergeladen von www.data.worldbank.org/ am 27.03.2015)

Land	Exporte (in $, 2013)	BIP (in $, 2013)	Exporte/BIP (in % 2013)
China	2'440'533'155'296	9'240'270'452'047	26.4
Deutschland	1'699'676'550'262	3'730'260'571'357	45.6
Südafrika	109'201'665'441	350'630'133'297	31.1
Schweiz	494'530'106'621	685'434'185'074	72.1
USA	2'262'200'000'000	16'768'100'000'000	13.5

Weitere Beispiele für Gliederungszahlen sind

- Knabenwahrscheinlichkeit, Anzahl neugeborene Jungen zu Anzahl Neugeborene insgesamt,
- Exportquote eines Unternehmens, Exportumsatz zum Gesamtumsatz,
- volkswirtschaftliche Sparquote, volkswirtschaftliche Ersparnis zum Bruttoinlandsprodukt,
- Eigenkapitalquote eines Unternehmens, Eigenkapital zum Gesamtkapital,
- Marketinganteil, Aufwand für Marketing zum Gesamtaufwand.

Auch hier sehen wir, dass die Möglichkeiten Gliederungszahlen zu bilden vielfältig sind und je nach Fragestellung andere Gliederungszahlen gebildet werden können.

7.3 Die dynamische Messzahl

Als letzte Verhältniszahl wollen wir noch kurz auf die dynamische Messzahl eingehen. Diese nutzen wir, um Entwicklungen im Zeitablauf anzusehen und miteinander zu vergleichen:

$$\text{MZ}_t = \frac{\text{Größe zum Beobachtungszeitpunkt}}{\text{Größe zum Basiszeitpunkt } t}$$

Auch diese Zahl multiplizieren wir in der Regel mit 100 und erhalten die Veränderung zu einem Basiszeitpunkt, den wir gewählt haben, in Prozent.

In der kommenden Tabelle sehen wir die Bevölkerungsentwicklung von China, Deutschland und der Schweiz absolut gemessen und mit Hilfe der dynamischen Messzahl zum Basiszeitpunkt Jahr 2000 (Tab. 7.3).

Mit Hilfe der dynamischen Messzahl ist es uns ein Leichtes, die Entwicklung der Bevölkerung der drei Länder zu vergleichen. Wir sehen, dass die Bevölkerung in China seit 2000 gegenüber dem Basisjahr um 7.5 % zugenommen hat, die Bevölkerung in Deutschland um 1.9 % abgenommen, die Bevölkerung in der Schweiz um 12.5 % zugenommen hat. Die Schweiz hat somit in diesem Zeitraum relativ das höchste Bevölkerungswachstum verzeichnet. Genauso können andere Zeitreihen mit Hilfe der dynamischen Messzahl verglichen werden, z. B. das Wirtschaftswachstum von Ländern, das Unternehmenswachstum verschiedener Unternehmen, die Entwicklung von Aktien und vieles mehr.

Tab. 7.3 Bevölkerungswachstum ausgewählter Länder – Vergleich mit Hilfe einer dynamischen Messzahl. (Weltbank 2015, Daten heruntergeladen von www.data.worldbank.org/ am 27.03.2015)

Jahr	China		Deutschland		Schweiz	
	Bevölkerung	MZ_{2000}	Bevölkerung	MZ_{2000}	Bevölkerung	MZ_{2000}
2000	1'262'645'000	100.0	82'211'508.0	100.0	7'184'250	100.0
2001	1'271'850'000	100.7	82'349'925.0	100.2	7'229'854	100.6
2002	1'280'400'000	101.4	82'488'495.0	100.3	7'284'753	101.4
2003	1'288'400'000	102.0	82'534'176.0	100.4	7'339'001	102.2
2004	1'296'075'000	102.6	82'516'260.0	100.4	7'389'625	102.9
2005	1'303'720'000	103.3	82'469'422.0	100.3	7'437'115	103.5
2006	1'311'020'000	103.8	82'376'451.0	100.2	7'483'934	104.2
2007	1'317'885'000	104.4	82'266'372.0	100.1	7'551'117	105.1
2008	1'324'655'000	104.9	82'110'097.0	99.9	7'647'675	106.5
2009	1'331'260'000	105.4	81'902'307.0	99.6	7'743'831	107.8
2010	1'337'705'000	105.9	81'776'930.0	99.5	7'824'909	108.9
2011	1'344'130'000	106.5	81'797'673.0	99.5	7'912'398	110.1
2012	1'350'695'000	107.0	80'425'823.0	97.8	7'996'861	111.3
2013	1'357'380'000	107.5	80'621'788.0	98.1	8'081'482	112.5

7.4 Checkpoints

- *Verhältniszahlen setzen zwei Größen zueinander in Beziehung. Wir können damit aus vorhandenen Daten neues Wissen generieren.*
- *Beziehungszahlen setzen unterschiedliche Größen zueinander in Beziehung.*
- *Gliederungszahlen setzen Teilgrößen in Relation zu einer Gesamtgröße.*
- *Dynamische Messzahlen können wir nutzen, um die Entwicklung einer Größe über die Zeit zu analysieren.*

7.5 Anwendung

7.1. Finde drei Sachverhalte, die mit Hilfe einer Beziehungszahl analysiert werden können.

7.2. Finde drei Sachverhalte, die mit Hilfe einer Gliederungszahl analysiert werden können.

7.3. Finde drei Sachverhalte, die mit Hilfe einer dynamischen Messzahl analysiert werden können.

7.4. Analysiere die Entwicklung des Bruttoinlandsproduktes pro Kopf für die folgenden Länder. Benutze als Basisjahr das Jahr 2003.

Bruttoinlandsprodukt pro Kopf (in $, aktuelle Preise)			
Jahr	China	Deutschland	Schweiz
2002	1'135	25'170.8	41'337
2003	1'274	30'318.5	47'961
2004	1'490	34'121.7	53'256
2005	1'731	34'649.9	54'799
2006	2'069	36'399.6	57'347
2007	2'651	41'760.8	63'225
2008	3'414	45'634.5	72'120
2009	3'749	41'668.8	69'669
2010	4'433	41'723.4	74'277
2011	5'447	45'870.6	87'998
2012	6'093	43'931.7	83'295
2013	6'807	46'268.6	84'815

Quelle: Weltbank 2015, Daten heruntergeladen von www.data.worldbank.org/ am 27.03.2015

Von Wenigen zu Allen oder von der Stichprobe zur Grundgesamtheit

Wir wissen bereits viel über unsere beobachteten Unternehmen. Wir kennen ihr durchschnittliches Verhalten, wir wissen um ihre Streuung, wir haben Korrelationen zwischen Variablen berechnet und wissen damit über den Zusammenhang zwischen verschiedenen Variablen Bescheid. Gilt dieses Wissen über die beobachteten Unternehmen aber auch für alle neu gegründeten Unternehmen? Bisher haben wir ja nur wenige Unternehmen analysiert. Es könnte sein, dass die Ergebnisse nur für diese bestimmten Unternehmen gelten. Die zentrale Frage ist daher, ob unsere bisherigen Ergebnisse auf alle neu gegründeten Unternehmen übertragbar sind. Technisch gesprochen geht es um die Frage, ob die Stichprobenergebnisse auch für die Grundgesamtheit gelten. In den nächsten vier Kapiteln werden wir uns genau mit dieser Frage beschäftigen. Wie können wir mit Hilfe des Wissens über Wenige, der Stichprobe, etwas über Alle, der Grundgesamtheit, sagen? Die Antwort darauf zu geben, ist das Ziel der nächsten vier Kapitel. Wir beschäftigen uns noch einmal mit unseren Daten, klären dieses kleine, verrückte Ding Hypothese – viele Leute, auch Dozenten haben oft eine völlig falsche Vorstellung davon –, sehen uns an, wie der Zufall verteilt ist und denken mit dem Hypothesentest um die Ecke. Es wird jetzt richtig spannend.

Von Daten und der Wahrheit

8

8.1 Wie kommen wir zu unseren Daten oder: Primär- oder Sekundärdaten?

Es ist jetzt an der Zeit, noch einmal über unsere Daten zu sprechen. Warum haben wir diese und wie kommen wir zu diesen? Daten haben wir, um ein Problem zu lösen oder eine Fragestellung zu beantworten. Am Anfang steht daher immer ein Problem bzw. eine Fragestellung. Wir wollen etwas wissen, zum Beispiel:

- Wie hoch ist die durchschnittliche Wachstumsrate von neu gegründeten Unternehmen?
- Wie hoch ist das durchschnittliche Alter von Unternehmensgründern?
- Gründen mehr Frauen oder mehr Männer ein Unternehmen?
- Gibt es einen Zusammenhang zwischen Marketingaktivitäten und dem Wachstum neu gegründeter Unternehmen?

oder

- Wie viel Gramm Fleisch enthält ein Cheeseburger von McBurger?

Als erstes müssen wir also das Problem und daraus abgeleitet die Fragestellung definieren. Dann können wir darüber nachdenken, welche Daten wir brauchen, um das Problem zu lösen und die Fragestellung zu beantworten. Sind das Problem und die Fragestellung nicht eindeutig definiert, laufen wir normalerweise in zwei Fallen. Entweder wir erheben Daten, die wir nicht benötigen, haben einen Mehraufwand und erzeugen Datenfriedhöfe oder aber wir erheben zu wenige Daten und stellen am Ende fest, dass die Daten, die wir benötigen, nicht erhoben worden sind.

Haben wir das Problem und die Fragestellung eindeutig definiert und sind wir uns im Klaren, welche Daten wir benötigen, gilt es, diese Daten zu besorgen. Hierfür gibt es zwei Möglichkeiten. Entweder hat die Daten bereits jemand anderes erhoben und wir können

© Springer-Verlag Berlin Heidelberg 2016
F. Kronthaler, *Statistik angewandt*, Springer-Lehrbuch, DOI 10.1007/978-3-662-47114-2_8

Tab. 8.1 Datenquellen für Sekundärdaten

Institution	Internetadresse	Datenebene
Bundesamt für Statistik Schweiz BfS	http://www.bfs.admin.ch/	Daten zur Schweiz und zu den Regionen der Schweiz
Statistisches Amt der Europäischen Union	http://epp.eurostat.ec.europa.eu/portal/page/	Daten zur Europäischen Union und zu den Mitgliedsstaaten
OECD	http://www.oecd.org/statistics/	Vor allem Daten zu den Mitgliedsstaaten der Organisation für Entwicklung und Zusammenarbeit
Weltbank	http://data.worldbank.org/	Daten zu nahezu allen Ländern auf der Welt
Internationaler Währungsfonds IMF	http://imf.org/external/data.htm	Vor allem Finanz- und Wirtschaftsdaten zu nahezu allen Ländern auf der Welt

sie nutzen, oder wir müssen die Daten selbst erheben. Im ersten Fall sprechen wir von Sekundärdaten, im zweiten Fall von Primärdaten oder auch von einer Primärerhebung, wir erheben die Daten spezifisch für unsere Fragestellung.

Datenerhebung ist teuer und zeitintensiv, d. h. immer wenn Daten bereits vorhanden sind, sollten wir sie nutzen. Es gibt eine ganze Reihe seriöser Datenanbieter, nicht zuletzt

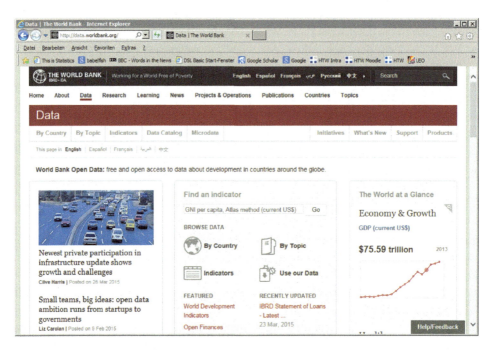

Abb. 8.1 Die Daten der Weltbank (27.03.2015)

Tab. 8.2 Auszug WDI-Daten zu den Gründungsbedingungen auf der Welt ab 2004. (Weltbank 2015, Daten heruntergeladen von www.data.worldbank.org/ am 27.03.2015)

Country Name	2004	2005	2006	2007	2008	2009	2010	2011	2012	2013	2014
Aruba											
Andorra											
Afghanistan	9	9	9	9	9	7	7	7	7	5	7
Angola	83	83	83	83	68	68	66	66	66	66	66
Albania	39	40	38	36	9	6	6	6	5	5	5
Arab World	42	40	38	32	20	20	20	19	21	19	19
United Arab Emirates	19	19	19	18	18	15	15	13	8	8	8
Argentina	30	30	30	30	31	26	25	25	25	25	25
Armenia	18	18	17	17	17	14	14	8	8	4	3
American Samoa											
Antigua and Barbuda		25	21	21	21	21	21	21	21	21	21
Australia	3	3	3	3	3	3	3	3	3	3	3
Austria	25	25	25	25	25	25	25	25	25	25	22
Azerbaijan	121	113	51	36	10	10	8	8	8	7	5
Burundi	13	13	13	13	13	13	13	13	7	5	5
Belgium	34	34	27	4	4	4	4	4	4	4	4
Benin	34	34	34	34	34	34	34	32	29	18	12
Burkina Faso	40	40	34	18	16	14	14	13	13	13	13
Bangladesh	52	52	44	68	67	44	27	27	27	22	20

INDICATOR_CODE	INDICATOR_NAME	SOURCE_NOTE
IC.REG.DURS	Time required to start a business (days)	Time required to start a business is the number of calendar days needed to complete the procedures to legally operate a busines...

staatliche und überstaatliche Institutionen. Auf der Staatsebene sind das vor allem die statistischen Landesämter und das statistische Bundesamt, in der EU das Statistische Amt der Europäischen Union und auf der überstaatlichen Ebene die OECD, die Weltbank und der Internationale Währungsfonds (Tab. 8.1).

Sehen wir uns mit der Weltbank kurz ein Beispiel an. Dieses zeigt uns, welche Fülle an Informationen bereit liegt. Die Weltbank stellt für uns Online unter der Internetadresse www.data.worldbank.org über 8'000 Variablen in Zeitreihen ab 1960 für nahezu alle Länder der Welt zur Verfügung. Die Bandbreite reicht von Armut, Klimawandel, Landwirtschaft und ländlicher Entwicklung bis zur wirtschaftlichen und gesellschaftlichen Entwicklung (Abb. 8.1).

Beispielsweise interessieren wir uns (um nahe an unserem Datensatz zu bleiben) für die Gründungsbedingungen von Unternehmen in unterschiedlichen Ländern weltweit. Wir wollen wissen, wie die Gründungsbedingungen der Schweiz im Vergleich zu anderen Ländern auf der Welt sind. In der Datenbank der Weltbank finden wir diesbezüglich die

Variable „Time required to start a business (days)“. Wir laden uns die Daten als Excel-Datei herunter und müssen sie jetzt „nur noch“ analysieren (Tab. 8.2).

Neben den staatlichen und überstaatlichen Institutionen gibt es eine ganze Reihe halbstaatlicher und halbprivater Institutionen, die uns Daten anbieten. Bekannt sind z. B. Transparency International, das Freedom House oder das World Economic Forum. Transparency International erhebt z. B. den Corruption Perception Index, der uns Hinweise darauf gibt, wie groß das Problem der Korruption in den einzelnen Ländern der Welt ist.

Bevor wir selbst Daten erheben, lohnt es sich in jedem Fall, Daten zu recherchieren. Gibt es keine Daten, die wir nutzen können, müssen wir die Daten selbst erheben. Wir müssen eine Primärdatenerhebung durchführen.

8.2   Die Zufallsstichprobe – Der beste Schätzer für unsere Grundgesamtheit

Stehen wir vor der Aufgabe, selbst Daten zu erheben, sind zunächst folgende Aspekte zu klären: 1) wer ist die Grundgesamtheit bzw. über wen wollen wir eine Aussage treffen, 2) führen wir eine Vollerhebung oder eine Stichprobenerhebung durch, 3) wenn wir eine Stichprobenerhebung durchführen, wie erreichen wir, dass die Stichprobe repräsentativ für die Grundgesamtheit ist und 4) wie groß soll die Stichprobe sein.

Erstens ist zu klären, wer oder was die Grundgesamtheit ist. Die Grundgesamtheit sind alle Personen oder Objekte, über die wir eine Aussage machen wollen. Das können zum Beispiel alle Cheeseburger sein, die produziert werden oder nur die Cheeseburger, die McBurger produziert. In unserem Fall sind die Grundgesamtheit alle neu gegründeten Unternehmen.

Wenn wir die Grundgesamtheit kennen, haben wir zwei Möglichkeiten der Datenerhebung. Erstens, können wir Daten zu allen Personen oder Objekten der Grundgesamtheit erheben, wir machen eine Vollerhebung. Zweitens können wir uns auf eine Teilmenge aus allen Personen oder Objekten beschränken, wir führen eine Stichprobenerhebung durch. In der Regel wird es aus Zeit- und Kostengründen nicht möglich sein, eine Vollerhebung durchzuführen. Alleine in der Schweiz haben wir circa 10'000 Unternehmensgründungen pro Jahr. Erheben wir zu allen 10'000 Gründungen Daten, ist dies erstens sehr teuer und zweitens sehr zeitintensiv, es dauert mindestens ein Jahr. Außerdem haben wir selbst dann nicht alle Gründungen erhoben, sondern nur für einen Ausschnitt von einem Jahr. Aus allen genannten Gründen greifen wir normalerweise auf eine Stichprobenerhebung zurück, d. h. wir nehmen aus der Grundgesamtheit eine Teilmenge heraus und erheben für diese die benötigten Daten. In unserem Fall haben wir eine Stichprobe von 100 Unternehmen aus unserer Grundgesamtheit gezogen.

Wir wollen aber nicht, wie eingangs erwähnt, die Stichprobe beschreiben, sondern eine Aussage über die Grundgesamtheit machen. Damit das möglich ist, muss die Stichprobe die Grundgesamtheit repräsentieren bzw. repräsentativ für die Grundgesamtheit sein. Die Frage, die sich stellt ist also, wie erreichen wir eine Repräsentativität der Stichprobe? Das zentrale Kriterium ist hierfür, dass wir die Personen oder Objekte, die in der Stichprobe enthalten sind, zufällig aus der Grundgesamtheit ziehen. Technisch gesprochen muss jedes Element der Grundgesamtheit dieselbe Wahrscheinlichkeit besitzen, in die Stichprobe aufgenommen zu werden. Stellen wir uns 20 Personen vor, aus denen wir 5 Personen auswählen wollen. Wenn wir diese fünf zufällig auswählen, d. h. wenn jede Person der Grundgesamtheit von 20 Personen dieselbe Wahrscheinlichkeit hat, in die Stichprobe aufgenommen zu werden, dann ist die Stichprobe repräsentativ für die Grundgesamtheit. Machen wir einen Fehler bei der Zufallsauswahl, haben z. B. Frauen eine höhere Wahrscheinlichkeit ausgewählt zu werden, dann ist die Stichprobe verzerrt und wir können keine Aussage mehr über die Grundgesamtheit treffen.

Freak-Wissen
Wir haben verschiedene Möglichkeiten, aus einer Grundgesamtheit eine repräsentative Stichprobe auszuwählen. Die Einfachste ist die Ziehung einer einfachen Zufallsstichprobe. Jedes Element der Grundgesamtheit hat dieselbe Wahrscheinlichkeit, in die Stichprobe gewählt zu werden. Daneben gibt es noch die geschichtete Zufallsstichprobe und die Zufallsziehung nach dem Klumpenverfahren. Bei Ersterem ordnet man die Grundgesamtheit zunächst in Schichten ein, z. B. nach dem Alter oder dem Geschlecht, und zieht dann aus jeder Schicht eine Zufallsstichprobe. Bei Letzterem unterteilt man die Grundgesamtheit zunächst in Teilmengen und wählt dann zufällig Teilmengen aus.

Besitzt jedes Element der Grundgesamtheit dieselbe Wahrscheinlichkeit, in die Stichprobe aufgenommen zu werden, dann ist unsere Stichprobe repräsentativ für die Grundgesamtheit und die erhaltenen Werte der Stichprobe, z. B. die Stichprobenmittelwerte, sind die besten Schätzer, die wir für die Grundgesamtheit haben. Für uns bedeutet das beispielsweise, dass da durchschnittliche Alter der Unternehmensgründer von 34.25 Jahren, welches wir für unsere 100 Unternehmen berechnet haben, der beste geschätzte Wert für die Grundgesamtheit ist. Technisch gesprochen ist der Erwartungswert der Stichprobe gleich dem Mittelwert der Grundgesamtheit:

$$E(\bar{x}) = \mu$$

wobei

$E(\bar{x})$ der Wert ist, den wir im Mittel bei Ziehung einer Stichprobe erwarten würden und
μ der Mittelwert der Grundgesamtheit.

Denken wir noch einmal kurz darüber nach. Der Wert, den wir aus unserer Stichprobe erhalten, ist der beste Wert, den wir erhalten können. Er ist allerdings nicht der einzige

Abb. 8.2 Gedankenspiel zur Stichprobenziehung von 5 aus 20

Wert, sondern er variiert mit der Stichprobe. Um das zu verstehen, müssen wir wiederum das Beispiel unserer 20 Personen heranziehen. Stellen wir uns vor, wir ziehen zufällig 5 Personen aus unserer Grundgesamtheit von 20 Personen. Insgesamt haben wir hierfür 15'504 Möglichkeiten. In folgender Abbildung sind 4 Möglichkeiten illustriert. Wir können zufällig die rot markierten Personen erwischen, die Blauen, die Gelben oder die Grünen oder wir können die Farben mischen. Wenn wir kurz darüber nachdenken, fällt uns sehr schnell auf, dass unterschiedlichste Kombinationsmöglichkeiten existieren, wie gesagt sind es 15'504 (Abb. 8.2).

Nun wollen wir weiterdenken und für die unterschiedlichen Stichproben die durchschnittliche Körpergröße berechnen, z. B. die durchschnittliche Körpergröße der Roten, der Gelben, usw. Es ist relativ deutlich, dass wir je nach Stichprobe eine andere durchschnittliche Körpergröße erhalten. Da 15'504 verschiedene Stichproben möglich sind, gibt es auch 15'504 mögliche Stichprobenmittelwerte. Wir ziehen aber nicht alle möglichen Stichproben, sondern nur eine. Von dieser einen sagen wir, dass es der beste Schätzer für die Grundgesamtheit ist. Wenn wir eine andere Stichprobe erhalten würden, würden wir entsprechend auch einen anderen Schätzer erhalten. Damit haben wir ein Problem. Wir sind uns nicht sicher, was der wahre Wert der Grundgesamtheit ist. Die Lösung ist, dass wir die Unsicherheit integrieren, indem wir keine Punktschätzung machen, sondern eine Bandbreite bzw. ein Intervall angeben, in dem sich der wahre Wert der Grundgesamtheit mit einer gewissen Sicherheit befindet. Um das Intervall zu berechnen, müssen wir uns erst über etwas klar werden. Wenn wir alle 15'504 Stichproben ziehen und entsprechend alle möglichen 15'504 Stichprobenmittelwerte berechnen, können wir aus den 15'504 Stichprobenmittelwerten wiederum einen „Super"-Mittelwert bestimmen. Um diesen Mittelwert streuen alle anderen möglichen Mittelwerte der Stichproben. Wenn alle Stichprobenmittelwerte vorliegen, können wir die Standardabweichung der Stichprobenmittelwerte ausrechnen. Wir brauchen jedoch gar nicht alle Stichprobenmittelwerte, sondern nur die Werte einer Stichprobe. Man könnte zeigen (wir verzichten hier allerdings darauf), dass sich die Standardabweichung der Stichprobenmittelwerte wie folgt berech-

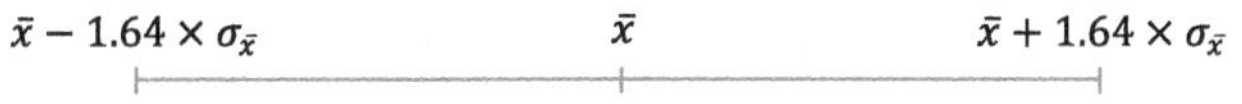

$$\bar{x} - 1.64 \times \sigma_{\bar{x}} \qquad\qquad \bar{x} \qquad\qquad \bar{x} + 1.64 \times \sigma_{\bar{x}}$$

├─────────────────────────────┼─────────────────────────────┤

Abb. 8.3 Grafische Illustration des 90 %-Konfidenzintervalls für Mittelwerte

nen lässt:

$$\sigma_{\bar{x}} = \frac{s}{\sqrt{n}}$$

$\sigma_{\bar{x}}$ ist die Standardabweichung der Stichprobenmittelwerte, wir bezeichnen diese auch als Standardfehler des Mittelwertes,

$s = \sqrt{\frac{\sum(x_i - \bar{x})^2}{n-1}}$ ist gleich der Standardabweichung in der Stichprobe und

n ist gleich der Anzahl an Beobachtungen.

Aus dem Mittelwert der Stichprobe und dem Standardfehler des Mittelwertes lässt sich das Intervall bestimmen, in welchem schätzungsweise der wahre Wert der Grundgesamtheit liegt. Wir sprechen vom Vertrauensintervall bzw. Konfidenzintervall. In der Regel wenden wir drei Intervalle an, das 90, 95 und 99 % Konfidenzintervall:

$$KIV_{90\%} = [\bar{x} - 1.64 \times \sigma_{\bar{x}}; \bar{x} + 1.64 \times \sigma_{\bar{x}}]$$
$$KIV_{95\%} = [\bar{x} - 1.96 \times \sigma_{\bar{x}}; \bar{x} + 1.96 \times \sigma_{\bar{x}}]$$
$$KIV_{99\%} = [\bar{x} - 2.58 \times \sigma_{\bar{x}}; \bar{x} + 2.58 \times \sigma_{\bar{x}}]$$

Gemeint ist hier, dass das Konfidenzintervall mit einer 90, 95, 99 prozentigen Wahrscheinlichkeit den wahren Wert der Grundgesamtheit überdeckt. Grafisch lässt sich das Konfidenzintervall wie in Abb. 8.3 oben dargestellt veranschaulichen.

Berechnen wir das 90, 95 und 99 % Konfidenzintervall für unser Beispiel. Wir wissen bereits, dass das durchschnittliche Alter der Unternehmensgründer, also der Stichprobenmittelwert, 34.25 Jahre beträgt. Die Standardabweichung haben wir ebenfalls bereits mit 7.62 Jahren berechnet und die Anzahl an Beobachtungen ist 100. Damit lassen sich die Konfidenzintervalle wie folgt angeben:

$$KIV_{90\%} = \left[34.25 - 1.64 \times \frac{7.62}{\sqrt{100}}; \bar{x} + 1.64 \times \frac{7.62}{\sqrt{100}}\right] = [33.00 : 35.50]$$

33.00   34.25   35.50

├─────────────────────────────┼─────────────────────────────┤

$$KIV_{95\%} = \left[34.25 - 1.96 \times \frac{7.62}{\sqrt{100}}; \bar{x} + 1.96 \times \frac{7.62}{\sqrt{100}}\right] = [32.76 : 35.74]$$

32.76	34.25	35.74

$$KIV_{99\%} = \left[34.25 - 2.58 \times \frac{7.62}{\sqrt{100}}; \bar{x} + 2.58 \times \frac{7.62}{\sqrt{100}}\right] = [32.28 : 36.22]$$

32.28	34.25	36.22

Wir können damit folgende Aussage treffen. Das berechnete Konfidenzintervall von 33.00 bis 35.50 überdeckt mit einer Wahrscheinlichkeit von 90 % den wahren Wert der Grundgesamtheit. Wollen wir die Sicherheit erhöhen, wird das Konfidenzintervall breiter. Wenn wir zu 99 % sicher sein wollen, dass das Konfidenzintervall den wahren Wert überdeckt, dann reicht das Konfidenzintervall von 32.28 bis 36.22.

Wir können diese Informationen zudem nutzen, um etwas über die benötigte Stichprobengröße auszusagen, also darüber, wie viele Personen oder Objekte wir beobachten müssen. Für oben beschriebene Konfidenzintervalle lässt sich die Konfidenzintervallbreite ermitteln. Diese ist 2-mal der Abstand vom Mittelwert zur oberen bzw. unteren Intervallgrenze. Für das 95 % Konfidenzintervall ist die Konfidenzintervallbreite beispielsweise

$$KIB_{95\%} = 2 \times 1.96 \times \sigma_{\bar{x}} = 2 \times 1.96 \times \frac{s}{\sqrt{n}}.$$

Lösen wir nach n auf, erhalten wir die Formel, mit der wir die benötigte Stichprobengröße ausrechnen können:

$$n = \frac{2^2 \times 1.96^2 \times s^2}{KIB_{95\%}^2}$$

wobei

n die Stichprobengröße ist,
s die Standardabweichung der Stichprobe und
$KIB_{95\%}$ die Konfidenzintervallbreite des 95 %-Konfidenzintervalls ist.

Dabei können wir folgendes beobachten. Erstens hängt unsere Stichprobengröße von der Konfidenzintervallbreite ab, die wir zulassen. Zweitens hängt sie von der Standardabweichung der Stichprobe bzw. von der Standardabweichung in der Grundgesamtheit ab. Ursprünglich hatten wir die Standardabweichung der Stichprobe als Schätzung für die Standardabweichung in der Grundgesamtheit eingesetzt. Diese müssen wir aus Erfahrungswerten oder aus Voruntersuchungen schätzen. Drittens hängt die Stichprobengröße davon ab, wie groß wir unseren Vertrauensbereich wählen. Bei 90 % nehmen wir statt 1.96 die 1.64, bei 99 % die 2.58. Viertens und das ist das Erstaunliche, hängt die Stichprobengröße nicht von der Größe der Grundgesamtheit ab. Die Größe der Grundgesamtheit kann, sofern die Grundgesamtheit nicht sehr klein ist, vernachlässigt werden. Wenn die Grundgesamtheit sehr klein ist, werden wir in der Regel eine Vollerhebung durchführen, und das Problem der Stichprobenziehung stellt sich nicht.

Wenden wir die Formel auf unser Beispiel an. Wir wollen das durchschnittliche Alter der Unternehmensgründer mit einer 95 %igen Sicherheit schätzen und die Konfidenzintervallbreite soll nicht größer als 3 Jahre sein. Wir wissen aus Voruntersuchungen, dass die Standardabweichung in der Grundgesamtheit circa 8 Jahre beträgt. Setzen wir die Werte ein, so erhalten wir die benötigte Stichprobengröße:

$$n = \frac{2^2 \times 1.96^2 \times s^2}{\mathrm{KIB}_{95\%}^2} = \frac{2^2 \times 1.96^2 \times 8^2}{3^2} = 109.3$$

Das heißt, um den gegebenen Rahmen einzuhalten, müssen wir eine Zufallsstichprobe von circa 109 Beobachtungen ziehen. Dann erhalten wir den wahren Wert in der Grundgesamtheit mit einer 95 %igen Sicherheit in einem Intervall von 3 Jahren.

Die eben gemachten Überlegungen zum Mittelwert können wir leicht auf Anteilswerte übertragen. Es gibt lediglich ein paar kleine Änderungen. Bei einer repräsentativen Stichprobe ist der Erwartungswert für den Anteilswert der Stichprobe gleich dem Anteilswert der Grundgesamtheit:

$$E\left(p\right) = \pi$$

mit

$E\left(p\right)$ ist der Anteilswert, den wir im Mittel bei der Ziehung der Stichprobe erwarten und
π ist der Anteilswert der Grundgesamtheit.

Die Standardabweichung für die Stichprobenanteilswerte beziehungsweise der Standardfehler des Anteilswertes kann folgendermaßen berechnet werden:

$$\sigma_p = \sqrt{\frac{p\left(1 - p\right)}{n}}$$

mit

σ_p ist gleich der Standardfehler des Anteilswertes und
p ist der Anteilswert der Stichprobe.

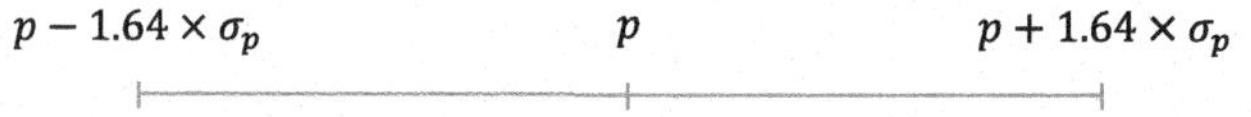

$$p - 1.64 \times \sigma_p \qquad\qquad p \qquad\qquad p + 1.64 \times \sigma_p$$

Abb. 8.4 Grafische Illustration des 90 %-Konfidenzintervalls für Anteilswerte

Das 90 %-Konfidenzintervall berechnet sich aus dem berechneten Stichprobenanteilswert p und dem Standardfehler des Anteilswertes (Abb. 8.4). Wollen wir anstelle des 90 %-Konfidenzintervalls das 95 %-Konfidenzintervall berechnen, nehmen wir anstatt der 1.64 wieder die 1.96 beziehungsweise beim 99 %-Konfidenzintervall die 2.58.

Lasst uns dies noch an einem Beispiel erläutern. Unserem Datensatz können wir leicht entnehmen, dass 35 % der Unternehmen von einer Frau gegründet wurden. In Dezimalschreibweise ist damit

$$p = 0.35.$$

Setzen wir den Anteilswert in unsere Formel für den Standardfehler des Anteilswertes ein, ergibt sich ein Standardfehler von gerundet 4.8 Prozentpunkte:

$$\sigma_p = \sqrt{\frac{p\,(1-p)}{n}} = \sqrt{\frac{0.35\,(1-0.35)}{100}} = 0.048$$

Das 90 %-Konfidenzintervall hat damit die Intervallgrenzen von 27.1 % und 42.9 %.

$$KIV_{90\%} = [0.35 - 1.64 \times 0.048; 0.35 + 1.64 \times 0.048] = [0.271; 0.429]$$

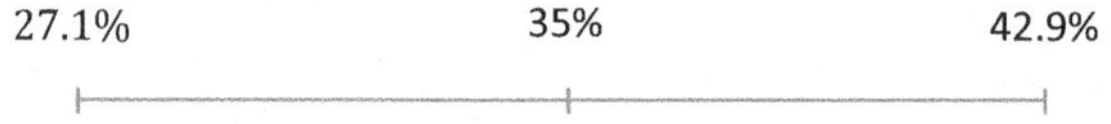

$$27.1\% \qquad\qquad 35\% \qquad\qquad 42.9\%$$

Damit liegt der wahre Anteil der Gründerinnen an den Unternehmensgründungen mit einer Sicherheit von 90 % zwischen 27.1 % und 42.9 %. Erhöhen wir die Sicherheit auf 95 % beziehungsweise auf 99 %, wird das Konfidenzintervall breiter. Beim 95 %-Konfidenzintervall sind die Intervallgrenzen 25.6 % und 44.4 %, beim 99 %-Konfidenzintervall 22.6 % und 47.4 %.

Sieht man sich die Konfidenzintervalle an, so hat man aufgrund deren Breite vielleicht den Eindruck, dass wir bezüglich des Anteilswertes in der Grundgesamtheit relativ unpräzise sind. Wollen wir eine präzisere Aussage, müssen wir die Stichprobe vergrößern.

Wie groß die Stichprobe sein muss, hängt wiederum von der Konfidenzintervallbreite ab, die wir zulassen wollen. Wir nutzen also wieder die oben genannte Formel, mit dem kleinen Unterschied, dass wir den Standardfehler des Anteilswertes einsetzen. Im Folgenden steht die Formel für die Stichprobengröße eines Vertrauensbereichs von 90 %. Wollen wir stattdessen eine Sicherheit von 95 % bzw. 99 % erreichen, ersetzen wir die Zahl 1.64

durch 1.96 bzw. 2.58.

$$\text{KIB}_{90\%} = 2 \times 1.64 \times \sigma_p = 2 \times 1.64 \times \sqrt{\frac{p\,(1-p)}{n}}$$

Lösen wir die Formel nach n auf, so erhalten wir die Formel für die Stichprobengrösse bei einem Vertrauensbereich von 90 %.

$$n = \frac{2^2 \times 1.64^2 \times p\,(1-p)}{\text{KIB}_{90\%}^2}$$

Verdeutlichen wir das wiederrum an einem Beispiel. Nehmen wir an, die Konfidenzintervallbreite des 90 %-Konfidenzintervalls soll 6 Prozentpunkte nicht überschreiten. Es fehlt uns noch der Anteilswert p, um die Formel vollständig ausfüllen zu können. Bevor wir die Stichprobe gezogen haben, kennen wir den Anteilswert noch nicht. Wir müssen diesen mit Hilfe von Überlegungen und vorangegangenen Studien festlegen. Für unser Beispiel wollen wir annehmen, dass der Anteil an Gründerinnen in etwa bei 30 % liegt. Setzen wir nun die Werte ein, dann ergibt sich eine Stichprobengröße von

$$n = \frac{2^2 \times 1.64^2 \times p\,(1-p)}{\text{KIB}_{90\%}^2} = \frac{2^2 \times 1.64^2 \times 0.3(1-0.3)}{0.06^2} = 627.6.$$

Um mit einer Sicherheit von 90 % sagen zu können, dass der wahre Anteilswert der Grundgesamtheit in einem 6 prozentpunktebreiten Konfidenzintervall liegt, müssen wir also wir also eine Stichprobe von $n = 627.6$ Unternehmensgründungen ziehen.

Wir haben gesehen, die Größe der Stichprobe hängt im Wesentlichen davon ab, wie präzise wir in unserer Aussage sein wollen. Dies müssen wir im Vorfeld der Stichprobenziehung festlegen.

8.3 Von der Wahrheit

Eine gute Ziehung der Stichprobe ist nur eine Seite der Münze, wenn man etwas über die Grundgesamtheit erfahren will. Ebenso wichtig ist, dass wir tatsächlich das erheben, was wir wissen wollen und dass wir das zuverlässig machen. Technisch gesprochen sprechen wir dabei von Validität und Reliabilität der Daten.

Validität bedeutet in einfachen Worten, dass die Daten tatsächlich das messen, was Gegenstand der Untersuchung ist. Manchmal ist das einfach, manchmal weniger. Wenn uns z. B. die Gewinnentwicklung von jungen Unternehmen interessiert, dann können wir den Unternehmensgewinn in Geldeinheiten erheben und die Sache ist relativ klar. Wenn wir etwas über den Wohlstandsunterschied von Ländern wissen wollen, dann ist die Sache nicht mehr ganz so einfach. Oft verwendet man zur Messung des Wohlstandes eines Landes das Konzept des Bruttoinlandproduktes. Das Bruttoinlandsprodukt misst vereinfacht ausgedrückt die Waren und Dienstleistungen, die in einem Land erzeugt werden und

zum Konsum zur Verfügung stehen. Daher wird es oft als Proxy für den Wohlstand eines Landes genommen. Proxy ist der technische Ausdruck für eine Variable, welche uns
näherungsweise über den Gegenstand, an dem wir interessiert sind, Auskunft gibt. Viele
Menschen bezweifeln aber, dass das Bruttoinlandsprodukt eine gute Variable ist, um über
den Wohlstand eines Landes etwas auszusagen. International wird zum Beispiel auch der
Human Development Indikator verwendet. Dieser Indikator ist ein zusammengesetztes
Maß, in welchen neben dem Bruttoinlandsprodukt zum Beispiel auch die Lebenserwartung in einem Land, die medizinische Versorgung und weitere Indikatoren eingehen. Die
Regierung von Bhutan verwendet das „Bruttoglücksprodukt". Auch wenn es vielleicht
komisch erscheint, aber Glück kann vielleicht auch ein Proxy für Wohlstand sein. Es
ist relativ leicht einsichtig, dass je nach Indikator unterschiedliche Ergebnisse zustande kommen, wenn wir etwas über den Wohlstand in verschiedenen Ländern aussagen.
Stellen wir uns vor, wir müssen Glück messen. Die Aufgabe wäre dann zunächst, zu definieren, was Glück ist. Dann müssen wir einen Proxy finden, der uns tatsächlich Glück
misst.

Wie können wir dafür Sorge tragen, dass wir ein geeignetes Maß finden, welches uns
tatsächlich über das Auskunft gibt, was wir wissen wollen. Der einfachste Weg ist, zu
einem Experten zu gehen und zu fragen, welches Maß verwendet werden kann. Wenn
wir also etwas zur Innovationstätigkeit von Unternehmen wissen wollen und selbst keine
Innovationsexperten sind, dann gehen wir zu einer Person, die sich seit längerem mit Un-
ternehmensinnovationen auseinandersetzt. Wenn keiner zur Verfügung steht, dann bleibt
nichts anderes übrig, als sich selbst in die Literatur einzulesen, um herauszufinden, wie
Innovation im Unternehmenskontext näherungsweise gemessen werden kann. Es wird sicher nicht nur eine Möglichkeit geben. Sich selbst in die Literatur einzulesen ist übrigens
immer empfohlen, man reduziert die Abhängigkeit von anderen bzw. kann deren Aussagen besser verstehen und einschätzen.

Haben wir dafür gesorgt, dass wir eine valide Variable bzw. ein valides Konstrukt zur
Beantwortung unserer Fragestellung haben, dann müssen wir sicherstellen, dass wir zuverlässig messen, wir müssen für die Reliabilität der Daten sorgen. Reliabilität bedeutet
einfach ausgedrückt, dass wir das wahre Ergebnis messen und dass wir, auch wenn wir
öfter messen, immer wieder zum selben Ergebnis kommen. Nehmen wir als einfaches
Beispiel an, dass wir die Intelligenzquotienten der Unternehmensgründer messen wollen.
Wir müssen uns zunächst vergegenwärtigen, dass jede Untersuchung mit Fehlern behaftet
ist. Nehmen wir also an, wir greifen uns einen Unternehmensgründer heraus und erheben für ihn den Intelligenzquotienten. Wir haben mittlerweile auch ein Konstrukt, einen
schriftlichen Test, der uns die Messung erlaubt. Nehmen wir ferner an, dass der wahre
Intelligenzquotient dieses Gründers 115 Punkte ist. Diesen Wert kennen wir nicht, wir versuchen ihn ja zu ermitteln. Unser Testergebnis indiziert, dass der Intelligenzquotient 108
ist. Wir haben dann einen Fehler von 7 Punkten gemacht. Dieser Fehler kann zustande
kommen, weil der Gründer gerade müde war, weil er abgelenkt war, weil die Raumtempe-
ratur zu hoch war, etc. Daraus folgt, wir müssen Bedingungen schaffen, die dafür sorgen,
dass der Fehler so klein wie möglich ist. Je kleiner der Fehler, desto zuverlässiger ist die

Messung. Die Herstellung von Reliabilität erfordert, dass wir dafür sorgen, dass wir den wahren Wert erheben und dass wir das mit einem möglichst kleinen Fehler machen.

Validität und Reliabilität sind eng miteinander verwandt. Wenn wir eines von beiden nicht berücksichtigen, ist unsere Untersuchung wertlos. Wir können dann unsere Fragestellung nicht beantworten. Stellen wir uns vor, wir tragen für Validität Sorge, berücksichtigen aber die Reliabilität nicht. Dann messen wir zwar das Richtige, wir messen es aber nicht korrekt. Wenn wir die Reliabilität berücksichtigen, aber nicht die Validität der Daten, messen wir zwar zuverlässig und korrekt, aber die falsche Sache. Die Daten sind dann mit Blick auf unsere Fragestellung wertlos. Wir könnten dann höchstens eine andere Fragestellung, die zu den Daten passt, beantworten. Mit Blick auf unsere Untersuchung bedeutet dass, das wir zunächst für Validität sorgen müssen und dann für Reliabilität.

8.4 Checkpoints

- *Am Anfang der Datenerhebung und Datenanalyse steht die eindeutige Definition der Problemstellung bzw. der Fragestellung.*
- *Bevor eine Primärdatenerhebung durchgeführt wird, sollten wir prüfen, ob die benötigten Daten bzw. brauchbare Daten bereits vorliegen.*
- *Die Grundgesamtheit sind alle Personen oder Objekte, über die wir eine Aussage machen wollen.*
- *Repräsentativität der Stichprobe erreichen wir durch eine Zufallsziehung der Elemente oder Objekte aus der Grundgesamtheit.*
- *Die Stichprobenwerte einer repräsentativen Stichprobe sind der beste Schätzer für die Grundgesamtheit.*
- *Das Konfidenzintervall präzisiert die Punktschätzung, indem zusätzlich noch ein Intervall angegeben wird.*
- *Die Stichprobengröße errechnet sich aus der Breite des Konfidenzintervalls, der Standardabweichung in der Grundgesamtheit und des definierten Vertrauensbereichs.*
- *Validität einer Variable bedeutet, dass die Variable ein guter Proxy für den Gegenstand des Interesses ist.*
- *Reliabilität bedeutet, dass wir die wahren Werte für die Stichprobe erhoben und zuverlässig gemessen haben.*

8.5   Anwendung

8.1. Welche Schritte und welche Reihenfolge der Schritte müssen wir bei der Datener-hebung beachten?

8.2. Suche die aktuellen Daten zur Zahl der Einwohner in den Ländern der Welt im Internet. Wie viel Einwohner haben China, Indien, die Schweiz, Deutschland und die USA aktuell?

8.3. Erkläre, was die Grundgesamtheit ist, was eine Stichprobe ist und welche Eigen-schaft erfüllt sein muss, damit wir von der Stichprobe auf die Grundgesamtheit schließen können.

8.4. Wie hoch ist die Wachstumsrate der Unternehmen im Durchschnitt und wie groß ist das 90 %-, das 95 %- und das 99 %-Konfidenzintervall?

8.5. Berechne die benötigte Stichprobengröße, wenn wir die durchschnittliche Wachs-tumsrate der Unternehmen mit einer 95 % Sicherheit schätzen wollen und die Kon-fidenzintervallbreite nicht größer als 2 Prozentpunkte sein soll. Aus Voruntersu-chungen wissen wir, dass die Standardabweichung in der Grundgesamtheit circa 5 Prozentpunkte beträgt.

8.6. Wie viele Prozent der Unternehmensgründungen in unserem Datensatz Daten_Wachstum.xlsx sind Industrieunternehmen und wie groß ist das 90 %-, das 95 %- und das 99 %-Konfidenzintervall?

8.7. Wie groß müsste die Stichprobe sein, wenn wir den Anteil der Industriegründungen in der Grundgesamtheit mit einer 90 % Sicherheit in einer Konfidenzintervallbreite von 8 Prozentpunkten schätzen wollen. Aus Vorüberlegungen wissen wir, dass der Anteil der Industriegründungen an den Unternehmensgründungen circa bei 25 Pro-zent liegt.

8.8. Was bedeutet Validität und Reliabilität?

8.9. Welche der beiden Aussagen ist korrekt: 1) Reliabilität ist möglich, ohne dass Vali-dität erreicht wird oder 2) Validität ist möglich, ohne dass Reliabilität erzeugt wird. Erkläre kurz.

8.10. Suche den Artikel von Costin, F., Greenough, W.T. & R.J. Menges (1971): Stu-dent Ratings of College Teaching: Reliability, Validity, and Usefulness, Review of Educational Research 41(5), pp. 511–535 und erörtere, wie in diesem Artikel die Konzepte Validität und Reliabilität diskutiert werden.

Hypothesen: Nur eine Präzisierung der Frage

9.1 Das kleine, große Ding der (Forschungs-)Hypothese

Hypothese ist ein Begriff, der im Forschungsprozess immer wieder benutzt wird, der aber vielen Personen unklar ist. Auch Dozenten haben verschiedentlich eine völlig falsche Vorstellung von dem, was eine Hypothese ist. Eine Hypothese ist grundsätzlich etwas ganz Einfaches. Salopp ausgedrückt ist es nur eine Übersetzung der Fragestellung in eine testbare Aussage. Gleichzeitig ist eine Hypothese aber auch etwas ganz Großartiges. Mit einer Hypothese erzeugen wir statistisch abgesichertes Wissen.

Wir wollen das an einem Beispiel betrachten. Wir strapazieren wieder das Burgerbeispiel. Unsere Fragestellung lautet wie folgt: Wie viel Gramm Fleisch enthält ein Burger von McBurger? Mit vorangegangenem Kapitel können wir diese Frage mit einer Punkt- und Intervallschätzung beantworten. Wenn wir Vorkenntnisse haben, lässt sich die Frage präzisieren und als Aussage formulieren. Lasst uns annehmen, dass McBurger angibt, ein Burger enthält im Schnitt 100 g Fleisch. Mit dieser Information können wir unsere Frage in eine Aussage übersetzen. Die Aussage bzw. Hypothese, die getestet werden kann, lautet dann wie folgt: Ein Burger von McBurger enthält im Durchschnitt 100 g Fleisch. Eine Hypothese entsteht durch die Präzisierung einer Fragestellung.

Wir kommen von der Frage:
Wie viel Gramm Fleisch enthält ein Burger von McBurger?
über Vorkenntnisse zur ...
Hypothese: Ein Burger von McBurger enthält im Durchschnitt 100 g Fleisch.

Der Vorteil der Hypothese gegenüber der Fragestellung liegt darin, dass sie präziser ist und damit getestet werden kann. Was bedeutet das konkret? Im vorangegangen Kapitel haben wir eine Punktschätzung und eine Intervallschätzung gemacht, um die Fragestellung zu beantworten. Nach der Datenerhebung hätten wir vielleicht festgestellt, dass der Mittelwert der Stichprobe 98 g ist und das 95 %-Konfidenzintervall von 96 g bis 100 g reicht.

© Springer-Verlag Berlin Heidelberg 2016
F. Kronthaler, *Statistik angewandt*, Springer-Lehrbuch, DOI 10.1007/978-3-662-47114-2_9

Hätten wir damit die Aussage von McBurger abgelehnt? Wir wissen es nicht wirklich. Wir haben die Aussage nicht überprüft, sondern Wissen darüber erzeugt, wie viel Fleisch ein Burger von McBurger enthält. Mit Hilfe einer Hypothese können wir die Aussage überprüfen. Wir nutzen dabei (wie wir in den folgenden Kapiteln noch sehen werden), das aus der Stichprobe erzeugte Wissen. Wenn wir feststellen, dass die Aussage nicht stimmt, können wir McBurger damit konfrontieren und je nach Ergebnis mehr oder weniger Fleisch verlangen.

Wie kommen wir von der Fragestellung zur Hypothese? Hypothesen entstehen nicht aus dem Bauch. Wir bilden diese über bereits existierendes Wissen in Form von Studien und Theorien. Wir sollten das am Beispiel unserer Unternehmensgründungen ansehen. Die Fragestellung, die uns interessiert, lautet folgendermaßen. Wie alt sind unsere Unternehmensgründer im Durchschnitt? Wir recherchieren die Literatur zu Unternehmensgründungen und stoßen dabei auf bereits in der Vergangenheit durchgeführte Studien. Außerdem stoßen wir auf Theorien zu Unternehmensgründungen, die besagen, dass Unternehmensgründer vor der jeweiligen Gründung ausreichend Berufserfahrung gesammelt haben und nicht mehr am Anfang sondern in der Mitte ihrer Berufskarriere stehen. Aufgrund dieses bereits existierenden Wissens formulieren wir unsere Hypothese. Diese könnte wie folgt aussehen: Unternehmensgründer sind im Durchschnitt 40 Jahre alt.

Wir kommen von der Frage:
Wie alt sind Unternehmensgründer im Durchschnitt?
über existierende Studien und Theorien zur . . .
Hypothese: Unternehmensgründer sind im Durchschnitt 40 Jahre alt.

Lasst uns noch einmal kurz zusammenfassen: Eine Hypothese ist eine mit Hilfe der Theorie und Vorkenntnissen formulierte testbare Aussage. Im Forschungsprozess können wir die Hypothese auch als Forschungshypothese bezeichnen.

9.2 Die Nullhypothese H_0 und die Alternativhypothese H_A

Wir wissen nun, was eine Hypothese ist. Im Forschungsprozess verwendet man zwei unterschiedliche Arten von Hypothesen, die Nullhypothese und die Alternativhypothese. Die Nullhypothese ist dabei immer die testbare Aussage, die Alternativhypothese ist immer das Gegenteil der Nullhypothese. Betrachten wir zur Verdeutlichung noch einmal unser Burgerbeispiel.

Forschungshypothese: Ein Burger von McBurger enthält im Durchschnitt 100 g Fleisch.

Teilen wir diese Aussage auf in die Nullhypothese und die Alternativhypothese, dann ergeben sich die zwei folgenden Aussagen.

H_0: Ein Burger von McBurger enthält im Durchschnitt 100 g Fleisch.
H_A: Ein Burger von McBurger enthält im Durchschnitt weniger oder mehr als 100 g Fleisch.

Für die Nullhypothese schreiben wir kurz H_0 und für die Alternativhypothese H_A. Manchmal wird die Alternativhypothese auch mit H_1 bezeichnet.

Bei unseren Unternehmensgründern lautete die Forschungshypothese wie folgt.

Forschungshypothese: Unternehmensgründer sind im Durchschnitt 40 Jahre alt.

Teilen wir diese Aussage wieder in die Nullhypothese und die Alternativhypothese auf, dann erhalten wir die zwei folgenden Aussagen.

H_0: Unternehmensgründer sind im Durchschnitt 40 Jahre alt.
H_A: Unternehmensgründer sind im Durchschnitt jünger oder älter als 40 Jahre.

Die Unterscheidung zwischen Nullhypothese und Alternativhypothese brauchen wir aus zwei Gründen, erstens aus Gründen der Präzision. Wir müssen wissen, was passiert, wenn wir die Hypothese getestet haben und ablehnen oder nicht ablehnen. Testen wir für das zweite Beispiel H_0 und nehmen an, dass wir H_0 ablehnen. Wir können dann die Aussage treffen, Unternehmensgründer sind jünger oder älter als 40 Jahre. Wenn wir H_0 nicht ablehnen treffen wir die Aussage, Unternehmensgründer sind durchschnittlich 40 Jahre alt.

Zweitens ist es meistens nicht möglich, unsere aus Vorkenntnissen und Theorien gebildete Hypothese zu testen. Wir müssen dann den Umweg über die Nullhypothese gehen. Um dies zu verdeutlichen, werden wir das Beispiel vom durchschnittlichen Alter der Unternehmensgründer erweitern. Uns interessiert folgende Fragestellung. Sind Gründer und Gründerinnen bei der Unternehmensgründung gleich alt? Wir recherchieren die Literatur, finden Studien und Theorien und bilden daraus unsere Forschungshypothese. Diese lautet dann z. B. folgendermaßen.

Forschungshypothese: Gründer und Gründerinnen sind bei der Unternehmensgründung nicht gleich alt.

Können wir diese Hypothese testen? Was bedeutet nicht gleich alt? Reicht es aus, wenn wir in unserer Stichprobe einen Unterschied von 0.5 Jahren finden oder muss der Unterschied 5 Jahre sein? Man sieht, die Aussage ist unpräzise und kann damit nicht getestet werden, nicht gleich alt ist nicht genau definiert. Testbar ist aber die Aussage, dass Gründer und Gründerinnen bei der Unternehmensgründung gleich alt sind. Gleich alt ist klar definiert, der Unterschied sind null Jahre. Unsere Forschungshypothese, Gründer und Gründerinnen sind bei der Unternehmensgründung unterschiedlich alt, ist nicht testbar, das Gegenteil aber ist testbar. In diesem Fall formulieren wir das Gegenteil der Forschungshypothese als Nullhypothese. Wenn wir die Nullhypothese aufgrund unserer Stichprobe ablehnen, nehmen wir das Gegenteil, die Forschungshypothese an.

H_0: Gründer und Gründerinnen sind bei der Unternehmensgründung gleich alt.

H_A: Gründer und Gründerinnen sind bei der Unternehmensgründung nicht gleich alt.

Als nächstes wollen wir unser Unternehmensgründerbeispiel heranziehen, um das Prinzip anhand einer angenommenen Korrelation zwischen zwei Variablen zu erläutern. Hierfür verwenden wir folgende Fragestellung. Gibt es einen Zusammenhang zwischen dem Anteil am Umsatz, den junge Unternehmen für Marketing aufwenden und dem Anteil am Umsatz, den junge Unternehmen für Produktverbesserung aufwenden? Wir recherchieren die Literatur und formulieren aufgrund der Ergebnisse folgende Hypothese.

Forschungshypothese: Es gibt einen Zusammenhang zwischen dem Anteil am Umsatz, den junge Unternehmen für Marketing aufwenden und dem Anteil am Umsatz, den junge Unternehmen für Produktverbesserung aufwenden.

Diese Hypothese impliziert eine Korrelation zwischen den beiden Variablen Marketing und Produktverbesserung. Was bedeutet Korrelation aber genau? Muss der gefundene Korrelationskoeffizient 0.2, 0.5 oder 0.7 sein? Die Aussage ist unpräzise. Präzise aber ist die Aussage darüber, dass es keinen Zusammenhang zwischen dem Anteil am Umsatz, den junge Unternehmen für Marketing aufwenden und dem Anteil am Umsatz, den junge Unternehmen für Produktverbesserung aufwenden, gibt. Kein Zusammenhang bedeutet, der Korrelationskoeffizient ist genau null. Die Nullhypothese ist damit wiederum das Gegenteil der Forschungshypothese.

H_0: Es gibt keinen Zusammenhang zwischen dem Anteil am Umsatz, den junge Unternehmen für Marketing aufwenden und dem Anteil am Umsatz, den junge Unternehmen für Produktverbesserung aufwenden.

H_A: Es gibt einen Zusammenhang zwischen dem Anteil am Umsatz, den junge Unternehmen für Marketing aufwenden und dem Anteil am Umsatz, den junge Unternehmen für Produktverbesserung aufwenden.

9.3 Hypothesen, ungerichtet oder gerichtet?

Die Nullhypothese und die Alternativhypothese können wir ungerichtet oder gerichtet formulieren. Ob wir eine Nullhypothese und eine Alternativhypothese gerichtet oder ungerichtet formulieren, hängt davon ab, wie viel wir über den Forschungsgegenstand wissen. Wissen wir viel, können wir die Nullhypothese und die Alternativhypothese gerichtet formulieren, wissen wir weniger, begnügen wir uns mit einer ungerichteten Null- und Alternativhypothese. Am besten zeigen wir das wieder an unseren beiden eben genannten Beispielen. Wir haben bisher in beiden Fällen die Hypothesen ungerichtet formuliert. Das eine Mal benannten wir einen bzw. keinen Unterschied im Alter zwischen Unternehmensgründern und Unternehmensgründerinnen. Im zweiten Fall formulierten wir keinen bzw. einen Zusammenhang zwischen dem Aufwand für Marketing und dem Aufwand für

Produktverbesserungen. Wir haben in beiden Fällen keine Richtung postuliert, d. h. wir haben nicht vermerkt ob Männer oder Frauen älter sind oder ob die Korrelation positiv oder negativ ist. Fügen wir diese Information hinzu, dann kommen wir zu einer gerichteten Nullhypothese und Alternativhypothese. Um gerichtete Hypothesen zu formulieren, brauchen wir also mehr Informationen bzw. mehr Wissen. Stellen wir uns vor, unsere Literaturrecherche hat in beiden Fällen zu einem höheren Informationsgrad geführt, z. B. vermuten wir, dass Frauen bei der Gründung älter sind als Männer bzw. dass zwischen beiden Variablen eine negative Korrelation besteht, dann können wir unsere Forschungshypothese, Nullhypothese und Alternativhypothese wie folgt formulieren.

Forschungshypothese: Unternehmensgründerinnen sind bei Gründung älter als Unternehmensgründer.

Daraus ergeben sich folgende Null- und Alternativhypothese, wobei die Forschungshypothese zur Alternativhypothese wird.

H_0: *Unternehmensgründerinnen sind bei Gründung jünger oder gleich alt wie Unternehmensgründer.*
H_A: *Unternehmensgründerinnen sind bei Gründung älter als Unternehmensgründer.*

Im zweiten Beispiel lautet die Forschungshypothese wie folgt.

Forschungshypothese: Es gibt einen negativen Zusammenhang zwischen dem Anteil am Umsatz, den junge Unternehmen für Marketing aufwenden und dem Anteil am Umsatz, den junge Unternehmen für Produktverbesserung aufwenden.

Auch hier wird die Forschungshypothese zur Alternativhypothese.

H_0: *Es gibt keinen bzw. einen positiven Zusammenhang zwischen dem Anteil am Umsatz, den junge Unternehmen für Marketing aufwenden und dem Anteil am Umsatz, den junge Unternehmen für Produktverbesserung aufwenden.*
H_A: *Es gibt einen negativen Zusammenhang zwischen dem Anteil am Umsatz, den junge Unternehmen für Marketing aufwenden und dem Anteil am Umsatz, den junge Unternehmen für Produktverbesserung aufwenden.*

Zusammenfassend lässt sich sagen, dass bei ungerichteten Hypothesen die Richtung nicht bestimmt ist, während bei gerichteten Hypothesen auch die Richtung spezifiziert ist. Die Nullhypothese beinhaltet dabei nicht nur das Gegenteil der Nullhypothese, sondern auch die Gleichheit in der Beziehung.

9.4   Was macht eine gute Hypothese aus?

Nun müssen wir uns noch kurz darüber klar werden, was eine gute Hypothese ausmacht. Grundsätzlich sollte eine gute Hypothese folgende Kriterien erfüllen. Erstens sollte sie eine direkte Erweiterung der Forschungsfrage sein. Hypothesen müssen immer in Bezug zur Problemstellung bzw. Fragestellung stehen. Mit ihrer Hilfe wollen wir die Problemstellung lösen bzw. Antworten auf unsere Frage finden. Zweitens muss sie als Aussage, nicht als Fragestellung formuliert werden. Fragestellungen sind nicht überprüfbar, klare, präzise Aussagen hingegen schon. Wenn wir die Aussage formulieren, dass ein Burger 100 g Fleisch enthält, kann diese Aussage überprüft werden. Drittens reflektiert eine gute Hypothese die existierende Literatur und Theorie. Fast immer sind wir nicht die Ersten, die zu einer bestimmten Fragestellung eine Untersuchung durchführen oder Überlegungen anstellen. Vor uns haben sich schon viele andere mit ähnlichen Fragestellungen beschäftigt. Das dabei entstandene Wissen hilft uns, unsere Fragestellung zu beantworten und unsere Hypothese so präzise wie möglich zu fassen. Eine gute Hypothese hat immer einen starken Bezug zur existierenden Literatur. Viertens muss eine Hypothese kurz und aussagekräftig sein. Wenn die Hypothese keine Aussage enthält, dann kann auch nichts überprüft werden. Je länger und damit in der Regel auch umständlicher eine Hypothese ist, desto schwieriger wird es, die Hypothese präzise zu fassen, und die Aussage eindeutig zu formulieren. Fünftens und letztens muss die Hypothese überprüfbar sein. Stellen wir uns vor, wir haben folgende Forschungshypothese formuliert. Frauen sind die besseren Unternehmensgründer als Männer. Bei dieser Hypothese ist nicht klar, was mit besser gemeint ist. Haben Frauen das bessere Geschäftsmodell? Beherrschen Frauen den Prozess der Unternehmensgründung besser? Wachsen von Frauen gegründete Unternehmen schneller? usw. Wir wissen nicht konkret, was wir testen sollen. Dagegen ist folgende Formulierung der Forschungshypothese deutlich präziser und damit auch testbar. Von Frauen gegründete Unternehmen erzielen in den ersten fünf Jahren ein höheres Umsatzwachstum als von Männern gegründete Unternehmen. Hier ist klar, dass wir das Umsatzwachstum vergleichen müssen.

9.5   Checkpoints

- *Eine Hypothese ist eine Aussage über einen Gegenstand basierend auf der Theorie oder auf Erfahrung.*
- *Im Forschungsprozess unterscheiden wir zwischen Nullhypothese H_0 und Alternativhypothese H_A. Die Nullhypothese ist die testbare Aussage, die Alternativhypothese ist immer das Gegenteil zur Nullhypothese.*
- *Wir können unsere Hypothesen ungerichtet und gerichtet formulieren. Die Formulierung einer gerichteten Hypothese setzt einen höheren Kenntnisstand voraus als die Formulierung einer ungerichteten Hypothese.*

- *Eine gute Hypothese erfüllt folgende Kriterien: Sie ist eine direkte Erweiterung der Fragestellung, ist als Aussage formuliert, reflektiert die existierende Literatur und sie ist kurz und bündig sowie testbar.*

9.6 Anwendung

9.1. Formuliere für folgende Forschungsfragen die ungerichteten Null- und Alternativhypothesen.
- Gibt es einen Zusammenhang zwischen dem Umsatzwachstum eines neu gegründeten Unternehmens und dem Anteil am Umsatz der für Produktverbesserung aufgewendet wird?
- Gibt es einen Unterschied in der Branchenberufserfahrung zwischen Gründern und Gründerinnen, welchen diese bei Gründung mitbringen?
- Gibt es einen Zusammenhang zwischen Rauchen und Lebenserwartung?

9.2. Formuliere für obige Forschungsfragen jeweils eine gerichtete Null- und Alternativhypothese.

9.3. Geh in die Bibliothek und suche drei Fachartikel (welche Daten beinhalten) aus deinem Fachbereich. Beantworte für jeden Fachartikel folgende Fragen: Wie ist die vollständige Zitierweise? Was ist die Fragestellung des Artikels? Wie lautet die Forschungshypothese? Ist diese explizit formuliert? Was ist die Nullhypothese? Ist diese explizit formuliert? Formuliere zudem für diejenigen Artikel, in denen die Hypothese nicht explizit formuliert ist, die Forschungshypothese.

9.4. Evaluiere die Hypothesen, die du in Aufgabe 3 gefunden hast, mit Blick auf die fünf Kriterien, die eine gute Hypothese erfüllen sollte.

9.5. Warum nimmt die Nullhypothese in der Regel keine Beziehung zwischen den Variablen bzw. keinen Unterschied zwischen Gruppen an?

9.6. Bei Interesse lese die Erzählung „Die Waage der Baleks" von Heinrich Böll und formuliere zur Geschichte mit Blick auf die Waage eine Hypothese. Denke darüber nach, wie der Junge seine Vermutung testet.

Normalverteilung und andere Testverteilungen 10

Wir wissen nun, was eine Hypothese ist und dass wir diese nutzen, Forschungsfragen zu beantworten bzw. Aussagen zu testen. Wir wissen aber noch nicht, wie das Testen funktioniert. Um dies zu verstehen, müssen wir uns zunächst klar machen, dass der Zufall nicht ganz zufällig ist. Wir werden sehen, dass der Zufall normal-, aber auch anders verteilt sein kann. Das bedeutet ganz konkret, wir können eine Aussage darüber treffen, wie zufällig der Zufall eintritt. Interessant, nicht? Im Folgenden setzen wir uns mit der Verteilung des Zufalls auseinander. Wir werden sehen, dass die Normalverteilung eine nicht ganz unbedeutende Testverteilung beim Hypothesentest ist. Wir werden aber auch noch andere Testverteilungen kennenlernen. Es bleibt spannend.

10.1 Die Normalverteilung

Die Normalverteilung ist aus zwei Gründen interessant. Erstens sind in der Realität viele Variablen zumindest näherungsweise normalverteilt. Zweitens ermöglicht uns die Normalverteilung einen intuitiven Zugang zur Verteilung des Zufalls. Wenn wir die Normalverteilung verstanden haben, ist der Umgang mit anderen Testverteilungen ebenfalls kein Problem mehr.

Lasst uns erst die Normalverteilung beschreiben. Die Normalverteilung ist glockenförmig, mit einem Maximum. Um das Maximum herum ist sie symmetrisch. Ihre Enden laufen asymptotisch auf die *x*-Achse zu (Abb. 10.1).

Das Maximum der Normalverteilung liegt in der Mitte der Kurve. Symmetrisch bedeutet, dass wir die Normalverteilung in der Mitte falten können und dann beide Seiten genau aufeinanderliegen. Aus beiden Gründen fallen der arithmetische Mittelwert, der Median und der Modus zusammen. Der Modus liegt in der Mitte, da er der häufigste Wert ist. Der Median liegt in der Mitte, da die Verteilung symmetrisch ist und er die Verteilung genau in zwei Hälften teilt. Schließlich liegt der Mittelwert in der Mitte, da wir links und rechts genau gleich viel und genau gleich große Werte haben. Asymptotisch bedeutet, dass sich

© Springer-Verlag Berlin Heidelberg 2016
F. Kronthaler, *Statistik angewandt*, Springer-Lehrbuch, DOI 10.1007/978-3-662-47114-2_10

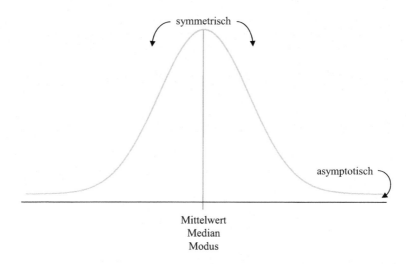

Abb. 10.1 Die Normalverteilung

die Enden immer mehr der x-Achse annähern, diese aber nie erreichen. Die Fläche unter der Normalverteilungskurve gibt an, wie wahrscheinlich es ist, dass ein bestimmter Wert einer normalverteilten Variable innerhalb eines Intervalls auftritt.

Konkret wollen wir das an zwei Variablen darstellen, von denen wir leicht annehmen können, dass sie normalverteilt sind: die Intelligenz von Personen und die Unternehmensgewinne der Unternehmen einer Branche. Betrachten wir Abb. 10.2 und fangen wir mit dem Intelligenzquotienten an. Wir behalten dabei im Auge, dass die Fläche unter der Normalverteilungskurve die Wahrscheinlichkeit wiedergibt, dass ein bestimmter Wert innerhalb eines Intervalls auftritt.

In der Abbildung sind auf der y-Achse die Anzahl der Personen abgetragen und auf der x-Achse der Intelligenzquotient, wobei wir links die Personen mit einem niedrigen Intelligenzquotienten, rechts die Personen mit einem hohen Intelligenzquotienten und in der Mitte die Personen mit einem mittleren Intelligenzquotienten haben. Aus Erfahrung wissen wir, dass sehr kluge Leute und sehr dumme Leute sehr selten vorkommen. Die Kurve spiegelt das wieder. Die Flächen weit links und weit rechts unter der Normalverteilungskurve sind sehr klein, die Kurve verläuft hier nahe der x-Achse. Personen, die durchschnittlich intelligent sind, kommen dagegen sehr häufig vor. Die zentrale Fläche unter der Normalverteilungskurve ist sehr groß. Entsprechend verhält es sich auch mit den Unternehmensgewinnen. Wir haben viele Unternehmen, die einen durchschnittlichen Gewinn erzielen, wenige die außerordentlich gut performen und auch wenige mit außerordentlich schlechten Leistungen. Entsprechend sind die Flächen rechts und links unter der Normalverteilungskurve klein, die zentrale Fläche in der Mitte groß.

Lasst uns das noch detaillierter ansehen. Wir können die Normalverteilung leicht in Intervalle unterteilen. In der folgenden Abbildung haben wir dies für eine Normalverteilung

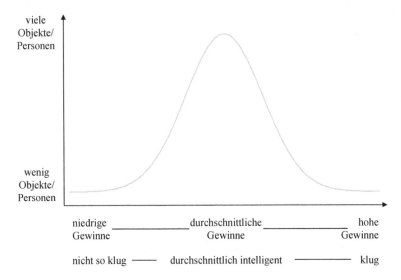

Abb. 10.2   Die Normalverteilung und Verteilung der Beobachtungen

mit dem Mittelwert 100 und der Standardabweichung von 20 getan. 100 ist der Mittelwert, 120 bzw. 80 sind 1 Standardabweichung (1 × 20) vom Mittelwert entfernt, 140 bzw.
60 sind 2 Standardabweichungen (2 × 20) vom Mittelwert entfernt und 160 bzw. 40 sind
3 Standardabweichungen (3 × 20) vom Mittelwert entfernt (Abb. 10.3).

Betrachten wir die Abbildung, so sehen wir, dass die beiden zentralen Intervalle von
80 bis 100 und von 100 bis 120 jeweils eine Fläche von 34.13 % bzw. gemeinsam die
doppelte Fläche von 68.26 % der gesamten Fläche unter der Normalverteilungskurve aufweisen. Anders ausgedrückt beträgt die Fläche von minus einer Standardabweichung bis

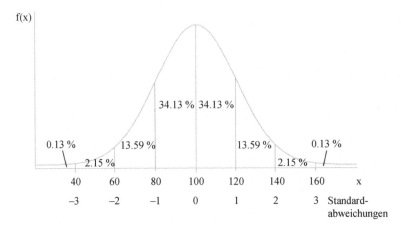

Abb. 10.3   Flächen der Normalverteilung und Standardabweichung

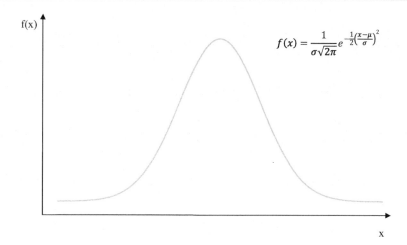

$$f(x) = \frac{1}{\sigma\sqrt{2\pi}} e^{-\frac{1}{2}\left(\frac{x-\mu}{\sigma}\right)^2}$$

Abb. 10.4 Die Funktion der Normalverteilung

zu einer Standardabweichung 68.26 % der Gesamtfläche. Was bedeutet das konkret? Es bedeutet, dass Werte zwischen einer Standardabweichung von −1 bis 1 eine Wahrscheinlichkeit von 68.26 % besitzen. Mit Blick auf unser Beispiel mit dem Intelligenzquotienten können wir die Aussage treffen, dass 68.26 % der Personen einen Intelligenzquotienten zwischen 80 und 120 Punkten besitzen. Übertragen wir das auf unsere Stichprobenziehung und greifen aus allen Personen eine beliebige Person heraus, dann finden wir mit 68.26 % Wahrscheinlichkeit jemanden, dessen Intelligenzquotient sich in diesem Intervall bewegt. Genau so können wir weitermachen. Die Wahrscheinlichkeit, eine Person zu finden, deren Intelligenzquotient sich im Intervall von 120 bis 140 Punkten bzw. zwischen einer und zwei Standardabweichungen bewegt, liegt bei 13.59 %, bei einen Intelligenzquotienten zwischen 140 und 160 bzw. zwischen zwei und drei Standardabweichungen liegt sie bei 2.15 % und bei mehr als 160 Punkten bzw. über drei Standardabweichungen vom Mittelwert liegt sie bei 0.13 %. Genauso können wir natürlich auch mit den Abweichungen links vom Mittelwert verfahren.

Bisher haben wir eine ganz spezielle Normalverteilung, die Normalverteilung mit Mittelwert 100 und Standardabweichung 20 angesehen. Ein kleines Problem dabei ist, dass wir nicht nur eine Normalverteilung haben, sondern eine Vielzahl an Normalverteilungen. Wir müssen also noch weitergehen und die Normalverteilung noch einmal im Detail betrachten.

In Abb. 10.4 haben wir die Funktion der Normalverteilungskurve eingetragen. Diese ist

$$f(x) = \frac{1}{\sigma\sqrt{2\pi}} e^{-\frac{1}{2}\left(\frac{x-\mu}{\sigma}\right)^2}$$

wobei

$f(x)$ der Funktionswert an der Stelle x ist, d. h. der Wert auf der y-Achse an der Stelle des jeweiligen x-Wertes,

σ ist die Standardabweichung der Normalverteilung,

π die Kreiskonstante mit ihrem Wert von 3.141 . . . ,

e   die Eulersche Zahl mit ihrem Wert von 2.718 . . .

Daraus ergibt sich, dass das Aussehen unserer Normalverteilung nur von zwei Parametern abhängt, dem Mittelwert und der Standardabweichung. Mit diesen zwei Werten können wir eine Normalverteilung eindeutig definieren. Daher kann eine normalverteilte Variable folgendermaßen charakterisiert werden:

$$X \sim N(\mu, \sigma)$$

Die Variable X, z. B. unser Intelligenzquotient oder unsere Unternehmensgewinne, ist annähernd normalverteilt (das Schlangenzeichen steht für annähernd) mit dem Mittelwert μ und der Standardabweichung σ. Annähernd, da in der Realität eine Variable nie hundertprozentig normalverteilt sein wird.

Wenn sich der Mittelwert bzw. die Standardabweichung verändern, verändert sich auch das Aussehen der Normalverteilung.

Konkret führen eine Vergrößerung des Mittelwertes zu einer Rechtsverschiebung der Normalverteilungskurve und eine Vergrößerung der Standardabweichung zu einer Verbreiterung dieser. Das lässt sich in Abb. 10.5 leicht erkennen. Die Normalverteilungskurve $N(130, 20)$ liegt weiter rechts als $N(100, 20)$, die Normalverteilungskurve $N(100, 25)$ ist

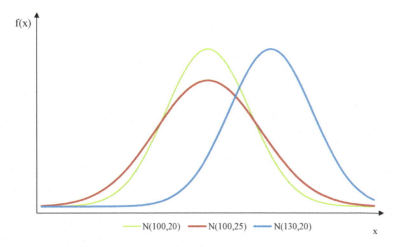

Abb. 10.5 Gegenüberstellung der Normalverteilungen $N(100, 20)$, $N(100, 25)$ und $N(130, 20)$

breiter als $N(100, 20)$ und $N(130, 20)$. Da sowohl der Mittelwert als auch die Standardabweichung theoretisch jeden möglichen Wert annehmen können, gibt es nicht nur eine Normalverteilung, sondern unendlich viele.

10.2   Der z-Wert und die Standardnormalverteilung

Wir haben gesehen, dass wir nicht nur eine Normalverteilungskurve kennen, sondern dass es sehr viele Normalverteilungskurven gibt, deren Aussehen und Lage vom Mittelwert und von der Standardabweichung abhängen. Wir können aber jede dieser Normalverteilungen mit einer einfachen Transformation standardisieren, so dass sie einen Mittelwert von 0 und eine Standardabweichung von 1 haben. Die Transformationsregel lautet wie folgt:

$$z = \frac{x - \mu}{\sigma}$$

mit

z ist gleich der standardisierte Wert (kurz z-Wert),
x ist der zu standardisierende Wert der Verteilung,

Tab. 10.1 Standardisierung der Normalverteilung $N(100, 30)$

x-Wert	Transformation	z-Wert
10	$z = \frac{10-100}{30}$	-3
25	$z = \frac{25-100}{30}$	-2.5
40	$z = \frac{40-100}{30}$	-2
55	$z = \frac{55-100}{30}$	-1.5
70	$z = \frac{70-100}{30}$	-1
85	$z = \frac{85-100}{30}$	-0.5
100	$z = \frac{100-100}{30}$	0
115	$z = \frac{115-100}{30}$	0.5
130	$z = \frac{130-100}{30}$	1
145	$z = \frac{145-100}{30}$	1.5
160	$z = \frac{160-100}{30}$	2
175	$z = \frac{175-100}{30}$	2.5
190	$z = \frac{190-100}{30}$	3

μ ist gleich der Mittelwert der Verteilung,
σ ist gleich die Standardabweichung der Verteilung.

In Tab. 10.1 wenden wir die Transformationsregel auf die Normalverteilung $N(100, 30)$ mit dem Mittelwert von 100 und der Standardabweichung von 30 an. Anstatt dieser könnten wir auch jede andere Normalverteilung verwenden. Wir sehen, dass wir mit Hilfe der z-Transformation den Mittelwert von 100 auf 0 überführen und dass die neue Standardabweichung 1 ist.

Mit der Transformation haben wir die Normalverteilung $N(100, 30)$ in die Normalverteilung $N(0, 1)$ überführt. Letztere nennen wir auch Standardnormalverteilung, wobei auf der x-Achse nun nicht mehr die x-Werte, sondern die standardisierten z-Werte abgetragen sind. Ansonsten bleibt die Interpretation aber gleich. Im Intervall von -1 Standardabweichung (z-Wert von -1) und $+1$ Standardabweichung (z-Wert von $+1$) liegen 68.26 % der möglichen Fälle. Das heißt, die Wahrscheinlichkeit, dass wir einen standardisierten z-Wert im Intervall von -1 bis $+1$ auffinden ist 68.26 %, dass wir einen standardisierten z-Wert größer als 3 erhalten ist 0.13 %, usw. Vergleiche hierzu die Abb. 10.6.

Was bedeutet aber der z-Wert wirklich und warum brauchen wir ihn? Der z-Wert repräsentiert immer einen x-Wert einer beliebigen Normalverteilung. Mit seiner Hilfe können wir für jede beliebige Normalverteilung bestimmen, wie wahrscheinlich das Auftreten eines bestimmten x-Wertes ist. Ein Beispiel soll das verdeutlichen. Wir haben die Variable Intelligenzquotient und diese ist normalverteilt mit dem Mittelwert 100 und der Standardabweichung 10. Wir finden nun eine Person mit einem Intelligenzquotienten von 130. Der z-Wert, der die 130 repräsentiert, ist $z = \frac{130-100}{10} = 3.0$. Mit Hilfe dieses z-Wertes und der Standardnormalverteilung können wir eine Aussage darüber machen, wie wahrscheinlich es ist, eine Person mit dem Intelligenzquotienten von 130 und größer zu finden. Die Wahrscheinlichkeit liegt bei 0.13 % (vergleiche Abb. 10.6). Wir können uns auch fragen, wie groß die Wahrscheinlichkeit ist, eine Person mit einem Intelligenzquotienten zwischen 80

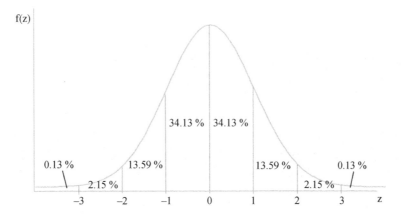

Abb. 10.6 Die Standardnormalverteilung $N(0, 1)$

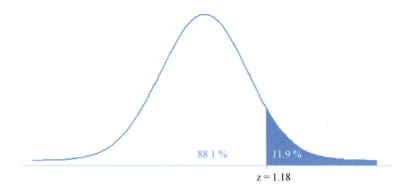

Abb. 10.7 Fläche unter der Standardnormalverteilung und z-Wert

und 90 Punkten zu finden. Die entsprechenden z-Werte sind $z = \frac{80-100}{10} = -2.0$ und $z = \frac{90-100}{10} = -1.0$ d. h. die Wahrscheinlichkeit, eine solche Person zu finden, liegt bei 13.59 %.

Zu jeder beliebigen Fläche der Standardnormalverteilung gehört automatisch ein bestimmter z-Wert. Mit Hilfe des z-Wertes können wir also die Fläche unter der Standardnormalverteilung bestimmen. Wie in Abb. 10.7 zu sehen ist, gehört z. B. zum z-Wert von 1.18 rechts vom z-Wert eine Fläche von 11.9 % an der Gesamtfläche und entsprechend links vom z-Wert 88.1 % an der Gesamtfläche.

Wird der z-Wert größer, so verkleinert sich die Fläche rechts vom z-Wert und die Fläche links vergrößert sich. Ebenso ist es umgekehrt.

Da die Berechnung der Fläche grundsätzlich sehr aufwändig ist, haben findige Köpfe für uns die Standardnormalverteilung, ihre Fläche und ihre z-Werte tabelliert (siehe Anhang 2). Wie wir im folgenden Kapitel sehen werden, ist der z-Wert für den Hypothesentest außerordentlich wichtig. Mit seiner Hilfe können wir, bei Normalverteilung einer Variable, aussagen, wie wahrscheinlich oder unwahrscheinlich das Auftreten eines bestimmten x-Wertes ist und (wie wir im nächsten Kapitel sehen werden) Hypothesen ablehnen oder nicht ablehnen.

10.3 Normalverteilung, t-Verteilung, χ^2-Verteilung und (oder doch lieber) F-Verteilung

Variablen sind aber nicht nur normalverteilt, sondern können auch anders verteilt sein. An dieser Stelle wollen wir daher noch drei weitere wichtige Verteilungen, die wir zum Testen benötigen vorstellen: die t-Verteilung, die χ^2-Verteilung (gesprochen Chi-Quadrat-Verteilung) und die F-Verteilung. Grundsätzlich nutzen wir diese Verteilungen genau wie die Standardnormalverteilung beim Testen. Auch hier sind die Flächen tabelliert (siehe Anhang 3, 4 und 5).

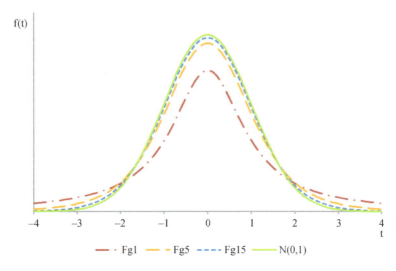

Abb. 10.8 Die *t*-Verteilungen im Vergleich zur Standardnormalverteilung

Die *t*-Verteilung zeigt sich wie die Standardnormalverteilung symmetrisch mit einem Maximum, einem Mittelwert von null und asymptotisch gegen die *x*-Achse zulaufenden Enden. Sie ist aber etwas breiter und flacher, wie breit und wie flach, hängt von der Anzahl der Freiheitsgrade (Fg) ab. Haben wir wenige Freiheitsgrade, ist die *t*-Verteilung flacher und breiter, haben wir mehr Freiheitsgrade, wird sie enger und spitzer. Ab circa 30 Freiheitsgraden geht die *t*-Verteilung in die Standardnormalverteilung über (vergleiche Abb. 10.8).

Auf die Bedeutung der Freiheitsgrade gehen wir später ein, wenn wir die *t*-Verteilung beim Testen benötigen. Wichtig ist hier noch zu sagen, dass wir die *t*-Verteilung in der praktischen Arbeit vor allem dann benötigen, wenn wir es mit kleinen Stichproben zu tun haben.

Neben der *t*-Verteilung stellt die χ^2-Verteilung eine weitere wichtige Testverteilung dar. Wir benötigen sie insbesondere beim Testen von nominalen Variablen. Wie bei der *t*-Verteilung gibt es nicht nur eine χ^2-Verteilung, sondern viele χ^2-Verteilungen, deren Aussehen von der Anzahl der Freiheitsgrade abhängt. Auf die Freiheitsgrade kommen wir zu sprechen, wenn wir die χ^2-Verteilung beim Testen benützen. In der Abb. 10.9 ist die χ^2-Verteilung für 5, 10, 15 und 20 Freiheitsgrade dargestellt.

Die letzte Verteilung, die wir uns noch kurz ansehen wollen, ist die *F*-Verteilung. Wir benötigen diese insbesondere beim Testen von Regressionsrechnungen. Wie bereits bei der *t*-Verteilung und der χ^2-Verteilung gibt es nicht nur eine *F*-Verteilung, sondern viele *F*-Verteilungen, die von der Anzahl an Freiheitsgraden abhängen. Der Unterschied ist lediglich, dass wir für die Freiheitsgrade nicht nur einen Wert, sondern zwei Werte haben. Auch hierauf gehen wir später bei der Regressionsanalyse ein. In der Abb. 10.10 ist die *F*-Verteilung für die Freiheitsgrade 5 und 10 sowie 15 und 15 abgetragen.

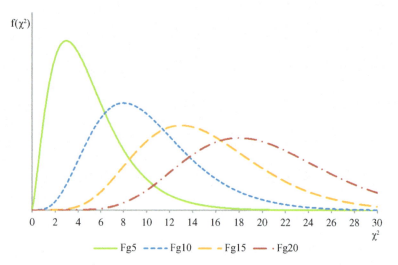

Abb. 10.9 Die χ^2-Verteilung für 5, 10, 15 und 20 Freiheitsgrade

Für unsere praktische Arbeit ist es wichtig zu verstehen, dass diese Verteilungen theoretische Verteilungen sind, die wir zum Testen benötigen. Wie wir später noch sehen werden, kommt dabei je nach Testverfahren die eine oder die andere Verteilung zum Zuge. Ferner ist wichtig zu wissen, dass die gesamte Fläche unter der Kurve immer 1 bzw. 100 % beträgt und dass Intervalle unter der Fläche angeben, wie wahrscheinlich das Auftretens eines bestimmten Wertes der x-Achse ist, z. B. wie wahrscheinlich das Auftreten eines F-

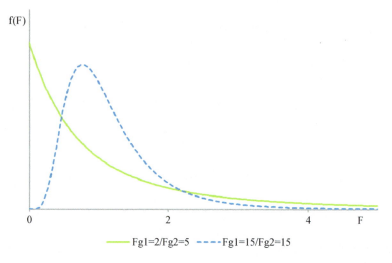

Abb. 10.10 Die F-Verteilung für die Freiheitsgrade Fg1 gleich 2 und Fg2 gleich 5 sowie für die Freiheitsgrade Fg1 gleich 15 und Fg2 gleich 15

Wertes größer als 4 ist. Vergleiche hierzu Abb. 10.10, hier sind die Fläche und damit die Wahrscheinlichkeit sehr klein.

10.4 Checkpoints

- *Die Normalverteilung ist glockenförmig, symmetrisch mit einem Maximum und ihre Enden laufen asymptotisch auf die x-Achse zu.*
- *Die Fläche unter der Normalverteilung gibt an, wie groß die Wahrscheinlichkeit ist, einen bestimmten Wert in einem bestimmten Intervall zu finden.*
- *Mit Hilfe der z-Transformation können wir jede beliebige Normalverteilung in die Standardnormalverteilung mit dem Mittelwert 0 und der Standardabweichung 1 überführen.*
- *Die Standardnormalverteilung ist eine wichtige Testverteilung und ihre Flächen und Werte sind tabelliert.*
- *Weitere wichtige Testverteilungen, deren Werte tabelliert sind, sind die t-Verteilung, die $\chi 2$-Verteilung und die F-Verteilung.*

10.5 Berechnung mit Excel

Excel bietet uns die Möglichkeit, die diskutierten Verteilungen zu zeichnen. Hierzu stehen folgende Funktionen zur Verfügung: NORM.VERT, T.VERT, CHIQU.VERT und F.VERT.

Zeichnen der Normalverteilungskurve N(100, 20) mit Excel

Um die Normalverteilungskurve mit dem Mittelwert 100 und Standardabweichung von 20 zu zeichnen, öffnen wir zunächst ein leeres Excel Tabellenblatt und geben in der ersten Tabellenspalte die möglichen x-Werte ein. In der zweiten Spalte gibt uns die Funktion NORM.VERT die Werte der Normalverteilungskurve wieder. Hierfür geben wir im Fenster NORM.VERT den x-Wert ein, für den wir den Funktionswert erhalten wollen, definieren ferner den Mittelwert und die Standardabweichung und geben bei Kumuliert die 0 ein. Letzteres bewirkt, dass wir die Wahrscheinlichkeitsdichtefunktion erhalten. Anschließend zeichnen wir die Grafik mit Hilfe der Registerkarte Einfügen und dem Befehl Liniendiagramm.

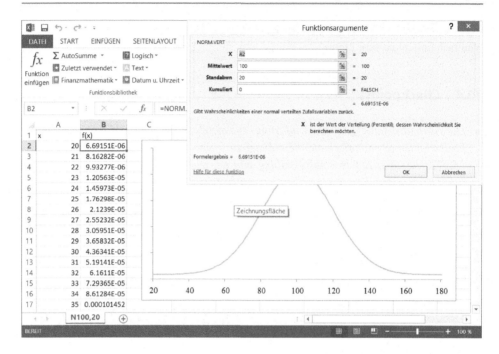

Das Zeichnen der t-Verteilung, der $\chi2$-Verteilung und der F-Verteilung funktioniert ähnlich. Wir müssen allerdings statt dem Mittelwert und der Standardabweichung die Freiheitsgrade definieren, für die wir die Verteilungsfunktionen erhalten wollen. Anbei drei Beispiele:

Zeichnen der t-Verteilungskurve mit 15 Freiheitsgraden mit Excel

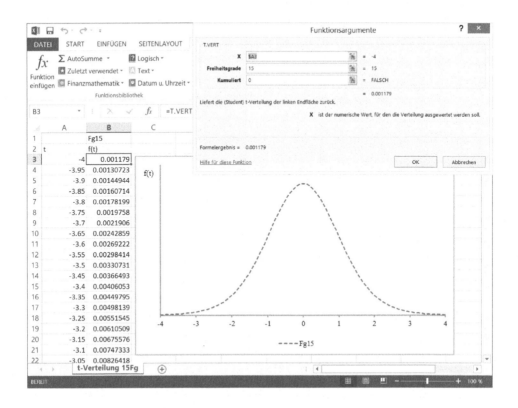

Zeichnen der χ^2-Verteilungskurve mit 10 Freiheitsgraden mit Excel

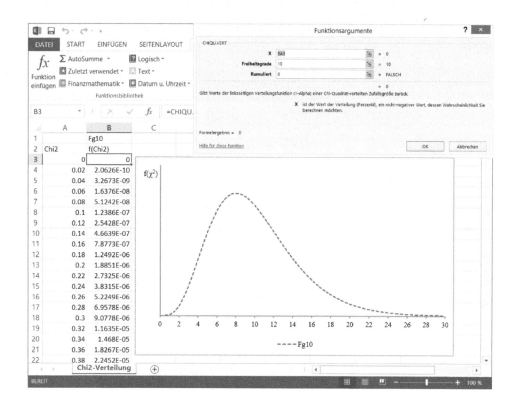

Zeichnen der F-Verteilungskurve mit zweimal 15 Freiheitsgraden mit Excel

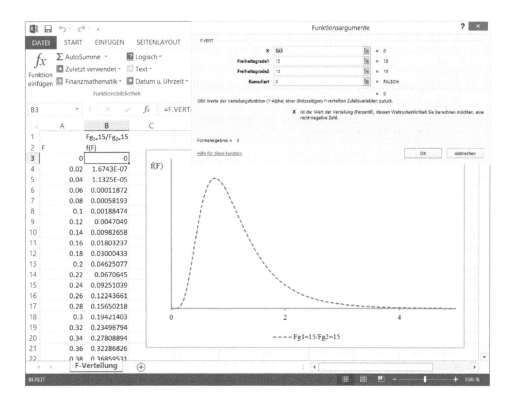

Mit Hilfe von Excel könnten wir auch Intervall-Flächen unter den Verteilungskurven berechnen lassen. Wir verzichten hier allerdings darauf, da die Flächen im Anhang 2 bis 5 tabelliert sind.

10.6   Anwendung

10.1. Zeichne mit Hilfe von Excel die Normalverteilungskurven $N(-20, 15)$, $N(20, 15)$ und $N(0, 25)$ und vergleiche diese.

10.2. Führe mit Hilfe der z-Transformation die Normalverteilung $N(20, 15)$ in die Standardnormalverteilung $N(0, 1)$ über. Wie hoch sind die z-Werte für folgende x-Werte: $-25, -20, -10, -7, 5, 20, 35, 47, 50, 60, 65$?

10.3. Wie groß ist die Fläche unter der Standardnormalverteilungskurve rechts von $z = 0.5$, $0.75, 1.0, 1.26$?

10.4. Wie groß ist die Fläche unter der Standardnormalverteilungskurve links von $z = -0.5, -0.75, -1.0, -1.26$?

10.5. Vergleiche die Lösungen aus Aufgabe 3 und Aufgabe 4. Was können wir feststellen?

10.6. Nehmen wir an, dass Alter unserer Unternehmensgründer ist normalverteilt mit dem Mittelwert 35 und der Standardabweichung 7.

- Wie groß ist die Wahrscheinlichkeit, dass wir einen Unternehmensgründer entdecken, der älter als 42 Jahre ist?
- Wie groß ist die Wahrscheinlichkeit, dass wir einen Unternehmensgründer jünger als 21 Jahre entdecken?
- Wie groß ist die Wahrscheinlichkeit, dass wir einen Unternehmensgründer im Alter zwischen 42 und 49 Jahren entdecken?

10.7. Wir müssen in einem Auswahlverfahren zu den besten 5 % der Studenten gehören, um ein Stipendium zu erhalten. Wir wissen, dass die Punkteverteilung im Test normalverteilt ist und dass in der Regel im Durchschnitt 80 Punkte mit einer Standardabweichung von 10.0 Punkten erzielt werden. Wie viele Punkte müssen wir erzielen, um zu den besten 5 % der Studierenden zu gehören?

Hypothesentest: Was gilt?

Wir wissen nun, was eine Hypothese ist, wir kennen ferner wichtige Testverteilungen. Was wir noch nicht wissen ist, wie wir mit Hilfe der Testverteilungen Hypothesen testen und Aussagen über unsere Grundgesamtheit erzeugen. Das Ziel dieses Kapitels ist es, genau das zu erlernen. Wir klären den Begriff statistische Signifikanz. Wenn wir diesen verstanden haben, können wir wissenschaftliche Studien lesen. Wir erläutern das Signifikanzniveau sowie den Fehler, der beim Testen zugelassen wird. Anschließend diskutieren wir die Schritte, die wir bei Durchführung eines jeden Hypothesentests durchlaufen müssen.

11.1 Was bedeutet statistische Signifikanz?

Statistische Signifikanz ist ein zentrales Konzept zum Testen von Hypothesen. Mit Hilfe dieses Konzeptes werden Hypothesen abgelehnt oder eben nicht und es wird statistisch abgesichertes Wissen erzeugt. Wie aber funktioniert das? Wir gehen noch einmal einen Schritt zurück und beginnen bei unseren Hypothesen. Wie wir bereits wissen, formulieren wir aus unserer Fragestellung mit Hilfe existierender Studien und Theorien eine Forschungshypothese und daraus unsere testbare Nullhypothese H_0 und unsere Alternativhypothese H_A.

Bemühen wir noch einmal das Beispiel des Alters unserer Unternehmensgründer.

Forschungsfrage: Wie alt sind die Unternehmensgründer im Durchschnitt?

Daraus haben wir über existierende Studien und Theorien folgende Null- und Alternativhypothese abgeleitet.

H_0: Unternehmensgründer sind im Durchschnitt 40 Jahre alt.

H_A: Unternehmensgründer sind im Durchschnitt jünger oder älter als 40 Jahre.

© Springer-Verlag Berlin Heidelberg 2016
F. Kronthaler, *Statistik angewandt*, Springer-Lehrbuch, DOI 10.1007/978-3-662-47114-2_11

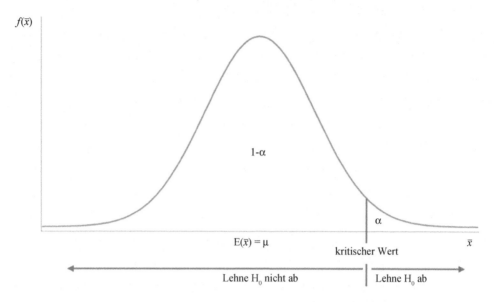

Abb. 11.1 Das Konzept der statistischen Signifikanz beim einseitigen Hypothesentest (Ablehnungs-bereich rechts)

Wir können die Null- und Alternativhypothese nun noch etwas kürzer formulieren.

$$H_0: \quad \mu = 40$$
$$H_A: \quad \mu \neq 40$$

Sehen wir uns die Kurzversion näher an. H_0 haben wir mit $\mu = 40$ beschrieben, was die Kurzversion folgender Aussage ist: Unternehmensgründer sind in der Grundgesamtheit im Durchschnitt 40 Jahre alt. μ steht dabei für den Mittelwert der Grundgesamtheit. Für H_A haben wir $\mu \neq 40$ geschrieben. Ausführlich bedeutet das, die Unternehmensgründer sind in der Grundgesamtheit ungleich 40 Jahre alt.

Unsere Hypothesen überprüfen wir mit dem Mittelwert der Stichprobe $\bar{x}$. Wenn unser Stichprobenergebnis $\bar{x}$ sehr stark von dem Wert, den wir für die Nullhypothese angenommen haben, abweicht und einen kritischen Wert übersteigt, so nehmen wir an, dass unsere Aussage über die Grundgesamtheit nicht stimmt. Wir lehnen diese ab und gehen dann von der Alternativhypothese aus.

Was aber ist eine zu starke Abweichung bzw. ein kritischer Wert? Am besten verdeutlichen wir das mit einer Abbildung zum Konzept der statistischen Signifikanz anhand des einseitigen Hypothesentests. Diesen benutzen wir, wenn uns gerichtete Hypothesen vorliegen (vergleiche Kap. 9 sowie Abb. 11.1).

In der Abbildung sehen wir die Verteilung unserer möglichen Stichprobenmittelwerte, kurz die Stichprobenverteilung. Wir wissen ja bereits, dass es nicht nur eine Stichprobe

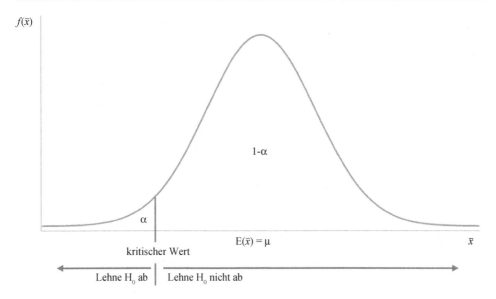

Abb. 11.2 Das Konzept der statistischen Signifikanz beim einseitigen Hypothesentest (Ablehnungsbereich links)

gibt, sondern viele mögliche Stichproben und damit viele mögliche Stichprobenmittelwerte. Auf der x-Achse haben wir die möglichen Stichprobenmittelwerte abgetragen. Auf der y-Achse sehen wir, wie häufig bestimmte Stichprobenmittelwerte vorkommen. Weiter wissen wir bereits, dass der Erwartungswert der Stichprobe gleich dem Mittelwert der Grundgesamtheit ist: $E(\bar{x}) = \mu$ (vergleiche hierzu Kap. 8). Wir sehen an der Abbildung, dass Werte nahe am Erwartungswert eine hohe Wahrscheinlichkeit haben, aufzutreten, vorausgesetzt unsere Nullhypothese ist korrekt. Werte weit weg vom Erwartungswert haben eine sehr kleine Wahrscheinlichkeit. Wenn die Wahrscheinlichkeit zu klein ist, d. h. wenn unser Stichprobenmittelwert eine kritische Größe überschreitet, dann nehmen wir an, dass unsere Nullhypothese nicht korrekt sein kann und lehnen diese ab. α ist dabei die Fläche der Stichprobenverteilung im Ablehnungsbereich, d. h. die Wahrscheinlichkeit, dass ein Wert gefunden wird, der größer als der kritische Wert ist.

Selbstverständlich kann es auch sein, dass der Ablehnungsbereich auf der linken Seite liegt und dass wir die Nullhypothese ablehnen, wenn ein kritischer Wert unterschritten wird (vergleiche die Abb. 11.2).

Bei ungerichteten Hypothesen müssen wir zweiseitig testen und unseren Ablehnungsbereich auf beide Seiten legen, wie das in folgender Abbildung zu sehen ist (Abb. 11.3).

Wir teilen unsere Fläche α in zwei Hälften, haben somit links und rechts jeweils $\alpha/2$ und damit links einen kritischen Wert, den wir unterschreiten können und rechts einen kritischen Wert, den wir überschreiten können. An dieser Stelle ist es sinnvoll, sich noch einmal näher mit der Fläche α auseinanderzusetzen.

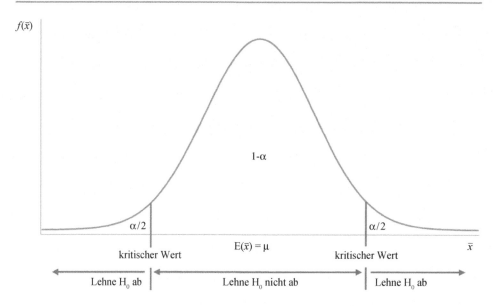

Abb. 11.3 Das Konzept der statistischen Signifikanz beim zweiseitigen Hypothesentest

11.2   Das Signifikanzniveau α

Wir hatten bereits gesagt, dass α die Fläche unter der Stichprobenverteilung im Ablehnungsbereich ist und die Wahrscheinlichkeit repräsentiert einen Wert zu finden, der größer als der kritische Wert ist. Wie klein muss aber die Wahrscheinlichkeit sein, dass wir unsere Nullhypothese ablehnen? In der Wissenschaft haben sich drei verschiedengroße Flächen durchgesetzt: $\alpha = 10\%$ *bzw.* $\alpha = 0.1$, $\alpha = 5\%$ *bzw.* $\alpha = 0.05$ sowie $\alpha = 1\%$ *bzw.* $\alpha = 0.01$. Das heißt, wir lehnen die Nullhypothese ab, wenn die Wahrscheinlichkeit, einen bestimmten Wert zu finden, kleiner gleich 10%, 5% oder 1% ist. Statt 10%, 5% oder 1% können wir auch 0.1, 0.05 oder 0.01 schreiben, wir nutzen dann keine Prozentwerte sondern die Dezimalschreibweise. Wir bezeichnen diese Flächen auch als das Signifikanzniveau α. Wenn unsere Stichprobe einen Wert ergibt, dessen Wahrscheinlichkeit kleiner 10%, 5% oder 1% ist, dann sprechen wir davon, dass wir unsere Nullhypothese zum Signifikanzniveau von 10%, 5% bzw. 1% ablehnen. Das Ergebnis ist statisch signifikant. Anders ausgedrückt, die Wahrscheinlichkeit, einen Stichprobenwert in dieser Höhe zu finden liegt bei 10%, 5% oder 1% und kleiner, wenn die Nullhypothese korrekt ist. α ist somit die Wahrscheinlichkeit, ab der wir unsere Nullhypothese ablehnen bzw. die Wahrscheinlichkeit des gefunden Stichprobenmittelwertes unter Gültigkeit der Nullhypothese.

α ist aber noch mehr. α ist auch die Fehlerwahrscheinlichkeit, mit der wir die Nullhypothese fälschlicherweise ablehnen. Sehen wir uns hierzu noch einmal Abb. 11.3 an. Auf der x-Achse sind alle Stichprobenmittelwerte abgetragen, die unter der Voraussetzung, dass unsere Nullhypothese richtig ist, möglich sind. Manche sind wahrscheinlicher,

Tab. 11.1 α-Fehler und β-Fehler beim Hypothesentest

	H₀ ist wahr	H₀ ist falsch
H₀ wird abgelehnt	α-Fehler	richtige Entscheidung
H₀ wird nicht abgelehnt	richtige Entscheidung	β-Fehler

manche sind unwahrscheinlicher. Werte links und rechts sind unwahrscheinlich, aber nicht unmöglich. Wenn wir aber einen Wert weit links oder weit rechts finden, dann lehnen wir die Nullhypothese ab, wohl wissend, dass der Wert unter Gültigkeit der Nullhypothese möglich, aber unwahrscheinlich ist. Das heißt, es besteht die Möglichkeit, dass wir bei unserer Testentscheidung einen Fehler machen. Dieser Fehler ist unser gewähltes Signifikanzniveau α.

Dieser mögliche Fehler hat einen großen Einfluss darauf, wie groß wir unser α wählen. Wenn die Auswirkungen einer falschen Ablehnung gravierend sind, wenn sozusagen Leben oder Tod davon abhängt, dann wählen wir ein kleines α, α gleich 1 % oder vielleicht sogar α gleich 0.1 %. Wenn die Auswirkungen weniger gravierend sind, erlauben wir ein größeres α, vielleicht α gleich 5 % oder 10 %. Lasst uns das noch einmal an einem Beispiel verdeutlichen. Ein Brückenbauer sagt uns, dass seine Brücke über einem Abgrund von 100 m Tiefe zu 90 prozentiger Sicherheit hält, wenn wir darüber gehen bzw. dass die Wahrscheinlichkeit, dass sie einstürzt lediglich bei 10 % liegt. Gehen wir über diese Brücke? Wohl eher nicht, die Wahrscheinlichkeit, dass die Brücke einstürzt, müsste deutlich geringer sein. Nehmen wir ein zweites Beispiel. In der Wettervorhersage erfahren wir, dass es morgen mit einer Wahrscheinlichkeit von 5 % regnet. Werden wir den Regenschirm zu Hause lassen? Sehr wahrscheinlich, wenn es tatsächlich regnet, werden wir eben nass, aber sonst passiert nichts. Wichtig an dieser Stelle ist, dass wir uns im Vorfeld des Hypothesentests Gedanken über die Auswirkungen einer fälschlichen Ablehnung der Nullhypothese machen und unser α entsprechend dieser Überlegungen wählen.

Warum aber wählen wir unser α nicht einfach grundsätzlich ganz klein? Hierfür gibt es zwei Gründe. Erstens wird die Ablehnung der Nullhypothese immer unwahrscheinlicher, je kleiner unser α wird. Zweitens können wir nicht nur den Fehler machen, dass wir unsere Nullhypothese fälschlicherweise verwerfen, sondern es könnte auch passieren, dass wir die Nullhypothese nicht ablehnen, obwohl sie falsch ist. Dies ist der zweite mögliche Fehler beim Hypothesentest, der β-Fehler. In obiger Tabelle sind beide Fehler dargestellt (Tab. 11.1).

Diese Tabelle ist so wichtig, dass wir sie noch detaillierter besprechen wollen. In der ersten Zeile steht, ob unsere Nullhypothese tatsächlich den Zustand der Grundgesamtheit wiedergibt, das heißt, ob H_0 wahr oder falsch ist. Wir wissen dies nicht. Unsere Nullhypothese ist lediglich eine Vermutung über das Verhalten in der Grundgesamtheit. Entsprechend kann unsere Nullhypothese sowohl korrekt als auch falsch sein. In der zweiten und dritten Zeile steht das Ergebnis des Hypothesentests. Sehen wir uns zunächst die zweite Zeile an. Das Ergebnis des Hypothesentests ist, dass wir unsere Nullhypothese

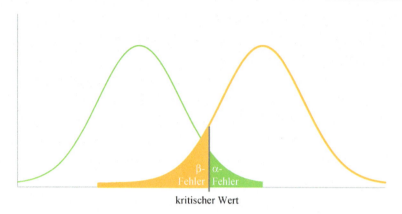

Abb. 11.4 Beziehung zwischen α-Fehler und β-Fehler

ablehnen. Dies ist dann richtig, wenn unsere Nullhypothese tatsächlich falsch ist. Wenn unsere Nullhypothese allerdings das Verhalten in der Grundgesamtheit richtig wiedergibt, dann haben wir eine falsche Testentscheidung getroffen. Wir haben die Nullhypothese fälschlicherweise verworfen. Sehen wir uns jetzt die dritte Zeile an. Das Stichprobenergebnis führt dazu, dass wir unsere Nullhypothese nicht ablehnen. Dies ist richtig, wenn unsere Nullhypothese korrekt ist. Wenn unsere Nullhypothese aber das Verhalten in der Grundgesamtheit nicht richtig wiedergibt, haben wir einen Fehler gemacht, den sogenannten β-Fehler.

Wichtig ist nun, dass der α-Fehler und der β-Fehler nicht voneinander unabhängig sind. Verkleinern wir den α-Fehler, vergrößern wir den β-Fehler und umgekehrt. In der Abb. 11.4 ist dieser Zusammenhang grafisch dargestellt. Wenn wir gedanklich die Fläche des α-Fehlers verkleinern, vergrößert sich die Fläche des β-Fehlers und umgekehrt.

Für die praktische Arbeit ist zudem wichtig, dass der β-Fehler relativ schwierig zu bestimmen ist. Um den β-Fehler zu bestimmen, brauchen wir Kenntnis darüber, wie die Nullhypothese korrekt zu formulieren ist, so dass sie die Grundgesamtheit repräsentiert. Diese Kenntnis haben wir aber nicht, sonst hätten wir keine falsche Nullhypothese formuliert. Aus diesem Grund begnügt man sich in der Praxis in der Regel mit dem Festlegen des α-Fehlers.

Aus dem Gesagten können wir aber noch eine wichtige Erkenntnis ziehen. Wenn wir den Hypothesentest durchführen und unsere Nullhypothese ablehnen oder auch nicht besteht die Wahrscheinlichkeit, dass wir einen Fehler gemacht haben, auch wenn wir nach allen Regeln der Kunst gearbeitet haben. Daraus folgt, dass eine Testentscheidung immer nur ein Hinweis auf das Verhalten der Grundgesamtheit ist, nie aber ein echter Beweis.

11.3 Schritte beim Durchführen des Hypothesentests

Bevor wir uns nun dem Hypothesentest zuwenden, gehen wir noch kurz die Schritte durch, die praktisch durchgeführt werden müssen. Der Hypothesentest besteht insgesamt aus den folgenden 5 Schritten:

1. Formulieren der Nullhypothese, der Alternativhypothese und des Signifikanzniveaus
2. Bestimmung der Testverteilung und der Teststatistik
3. Bestimmung des Ablehnungsbereiches und des kritischen Wertes
4. Berechnung des Testwertes
5. Entscheidung und Interpretation

1) *Formulieren der Nullhypothese, der Alternativhypothese und des Signifikanzniveaus* Der erste Schritt beim Hypothesentest besteht immer darin, aus der Forschungsfrage die Forschungshypothese und daraus die Nullhypothese und die Alternativhypothese zu formulieren. Wichtig, und es kann nicht oft genug betont werden, ist, dass die Hypothesen nicht aus dem Bauch heraus formuliert werden können, sondern dass sie das zum Thema vorhandene Wissen, die Theorien und die Studien reflektieren. Zudem müssen wir festlegen, zu welchem Signifikanzniveau wir die Nullhypothese ablehnen. Die Wahl des Signifikanzniveaus hängt dabei davon ab, welche Auswirkungen eine falsche Ablehnung der Nullhypothese hat.

2) *Bestimmung der Testverteilung und der Teststatistik* Wir hatten in Kap. 10 verschiedene Testverteilungen kennengelernt. Wichtig ist, dass wir, abhängig von der Nullhypothese, unterschiedliche Testsituationen haben, die mit unterschiedlichen Testverteilungen und Teststatistiken verbunden sind. Sobald wir das Wissen über die unterschiedlichen Testsituationen diskutiert haben, können wir die Nullhypothese automatisch mit einer bestimmten Testverteilung und Teststatistik verknüpfen.

3) *Bestimmung des Ablehnungsbereiches und des kritischen Wertes* In Kap. 10 haben wir gesehen, dass die Fläche unter den Testverteilungen anzeigt, wie wahrscheinlich das Auftreten eines bestimmten Wertes ist. Nachdem wir das Signifikanzniveau festgelegt haben und die Testverteilung kennen (Standardnormalverteilung, t-Verteilung, $\chi 2$-Verteilung oder F-Verteilung), sind wir in der Lage, den kritischen Wert und damit den Ablehnungsbereich zu bestimmen.

4) *Berechnung des Testwertes* Der nächste Schritt ist die Berechnung der Teststatistik und damit des Testwertes. Hierfür stellen wir den gefundenen Stichprobenwert dem unter der Nullhypothese erwarteten Wert gegenüber. Das Aussehen der Teststatistik hängt dabei von der Testsituation ab.

5) *Entscheidung und Interpretation* Der letzte Schritt beinhaltet die Testentscheidung und die Interpretation. Hierfür vergleichen wir den Testwert mit dem kritischen Wert. Fällt unser Testwert in den Ablehnungsbereich, lehnen wir die Nullhypothese zu unserem

Signifikanzniveau ab und wir arbeiten mit der Alternativhypothese weiter. Wichtig ist hierbei, dass unsere Testentscheidung kein Beweis für die Gültigkeit der Nullhypothese oder der Alternativhypothese ist. Wir erhalten aber einen guten Hinweis, wie sich die Grundgesamtheit wahrscheinlich verhält.

11.4 Wie wähle ich mein Testverfahren aus?

Oben haben wir bereits erwähnt, dass es verschiedene Testsituationen gibt. Diese hängen davon ab, was getestet werden soll und welches Skalenniveau die Daten haben. In Abb. 11.5 sind wichtige Testsituationen dargestellt und es ist abgebildet, welches Testverfahren in welcher Situation zum Zuge kommt.

Wichtig ist dabei zunächst, ob wir Gruppen untersuchen oder eine Beziehung zwischen Variablen. Bei ersteren gehen wir die linke Achse entlang und kommen zum Einstichprobentest, zum Test für unabhängige Stichproben und zum Test für abhängige Stichproben. Wenn wir eine Beziehung zwischen Variablen untersuchen, gehen wir die rechte Achse entlang und kommen je nach Datenniveau zu den verschiedenen Korrelationskoeffizienten bzw. zur Regression. Wir sind nun soweit und können starten. Im folgenden Kapitel beginnen wir mit unserer ersten Testsituation, dem Mittelwerttest.

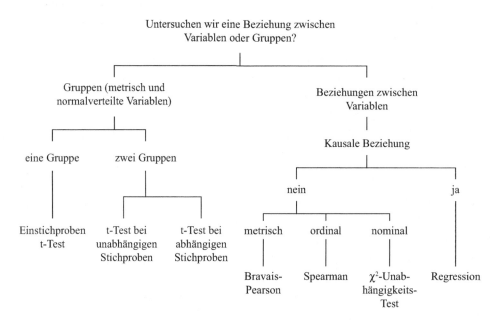

Abb. 11.5 Auswahl eines Testverfahrens

11.5 Checkpoints

- *Das Signifikanzniveau α ist die Wahrscheinlichkeit einen Wert größer als einen kritischen Wert zu finden und damit die Wahrscheinlichkeit bzw. Sicherheit zu der die Nullhypothese abgelehnt wird.*
- *α wird üblicherweise in der Größe von 10%, 5% oder 1% gewählt. Alternativ wird auch $\alpha = 0.1$, $\alpha = 0.05$ und $\alpha = 0.01$ geschrieben.*
- *Die Wahl von α hängt davon ab, was geschieht, wenn wir die Nullhypothese fälschlicherweise ablehnen. Sind die Auswirkungen gravierend, wählen wir ein kleineres α. Sind die Auswirkungen weniger gravierend, wählen wir ein größeres α.*
- *Beim Hypothesentest sind zwei Fehler möglich. Der α-Fehler ist die Wahrscheinlichkeit, mit der die Nullhypothese abgelehnt wird, obwohl sie wahr ist. Der β-Fehler ist die Wahrscheinlichkeit, mit der die Nullhypothese nicht abgelehnt wird, obwohl sie falsch ist.*
- *α-Fehler und β-Fehler sind miteinander verbunden. Verkleinert man den einen Fehler, vergrößert sich der andere und umgekehrt.*
- *Beim Hypothesentest sind fünf Schritte durchzuführen: 1) das Formulieren der Nullhypothese, der Alternativhypothese und des Signifikanzniveaus, 2) die Bestimmung der Testverteilung und der Teststatistik, 3) die Bestimmung des kritischen Wertes und des Ablehnungsbereiches, 4) die Berechnung des Testwertes und 5) die Entscheidung und Interpretation.*
- *Die Auswahl des Testverfahrens hängt von der Testsituation und dem Skalenniveau der Daten ab.*

11.6 Anwendung

11.1. Welche zwei Bedeutungen hat das Signifikanzniveau α?
11.2. Welche der folgenden Aussagen ist richtig:
- Eine Überschreitung des kritischen Wertes führt zur Ablehnung der Nullhypothese.
- Es ist möglich, den α-Fehler auf null zu setzen.
- Je kleiner der α-Fehler desto besser das Ergebnis.
- Die Auswahl des α-Fehlers hängt von den Auswirkungen ab, die eine falsche Verwerfung der Nullhypothese mit sich bringen.
11.3. Wann wird beidseitig, linksseitig oder rechtsseitig getestet?
11.4. Formuliere zu folgender Forschungsfrage sowohl die Nullhypothese als auch die Alternativhypothese für den beidseitigen Test, den linksseitigen Test und den rechtsseitigen Test. Wie alt sind Unternehmensgründer?

11.5. In welcher Beziehung zueinander stehen der α-Fehler und der β-Fehler?

11.6. Gehe in die Bibliothek und suche einen Fachartikel von Interesse, welcher mittels einer Stichprobe Wissen über die Grundgesamtheit erzeugt. Erkläre, wie der Autor mittels des Konzeptes der statistischen Signifikanz Wissen über die Grundgesamtheit erzeugt hat.

Teil IV
Verfahren zum Testen von Hypothesen

Zeit für die Anwendung des Hypothesentests

Nun beginnen wir mit dem Hypothesentest und erzeugen Informationen über die Grundgesamtheit. Wenn unsere Angaben über die 100 neu gegründeten Unternehmen Daten aus einer echten Stichprobe wären, würden wir nun durch diese Daten Informationen über alle neu gegründeten Unternehmen erzeugen.

Wir starten mit dem Mittelwerttest und den Tests auf Differenz von Mittelwerten für metrische Daten. Diese Testverfahren setzen voraus, dass die Daten metrisch und in der Grundgesamtheit normalverteilt sind. Die Voraussetzung der Normalverteilung ist insbesondere bei kleinen Stichproben von Bedeutung. Bei großen Stichproben sind die Verfahren relativ robust gegenüber einer Verletzung dieser Annahme. Im Anschluss diskutieren wir die Testverfahren in Bezug auf Korrelation bei metrischen, ordinalen und nominalen Variablen. Zum Schluss gehen wir noch auf weitere Testverfahren für nominale Daten ein.

Der Mittelwerttest

12

12.1 Einführung zum Mittelwerttest

Erinnern wir uns, im Kap. 3 haben wir den arithmetischen Mittelwert kennengelernt und berechnet. Beispielsweise haben wir für unsere Unternehmen herausgefunden, dass diese im Durchschnitt in den letzten 5 Jahren um 7.1 % gewachsen sind, dass sie für Marketing im Durchschnitt 19.81 % und für Produktverbesserung im Durchschnitt 4.65 % vom Umsatz aufwenden. Ferner wissen wir, dass die Unternehmensgründer im Durchschnitt 34.25 Jahre alt sind und dass sie über eine Branchenberufserfahrung von 7.42 Jahre verfügen. Wir haben erfahren, die Aussage gilt nur für die Stichprobe, nicht für die Grundgesamtheit. Damit geben wir uns aber nicht zufrieden. Wir wollen mit Hilfe des Hypothesentests eine Aussage über die Grundgesamtheit erzeugen. Konkret gehen wir beim Mittelwerttest der Frage nach, ob die Annahme zum Mittelwert in der Grundgesamtheit mit dem vorliegenden Stichprobenbefund verträglich ist.

12.2 Die Forschungsfrage und Hypothesen beim Mittelwerttest: Sind Unternehmensgründer im Durchschnitt 40 Jahre alt?

Damit wir unsere Annahme zum Mittelwert in der Grundgesamtheit prüfen können, müssen wir diese Annahme erst formulieren. Wie oben dargestellt, präzisieren wir die Forschungsfrage und formulieren mit Hilfe von bestehenden Studien und Theorien unsere Hypothese. Nehmen wir hierfür das Beispiel Alter der Unternehmensgründer zu Hilfe. Die Forschungsfrage lautet: Wie alt sind die Unternehmensgründer im Durchschnitt? Über Theorien und Studien generieren wir unsere Nullhypothese und unsere Alternativhypothese:

© Springer-Verlag Berlin Heidelberg 2016
F. Kronthaler, *Statistik angewandt*, Springer-Lehrbuch, DOI 10.1007/978-3-662-47114-2_12

H_0: *Unternehmensgründer sind im Durchschnitt 40 Jahre alt.*

H_A: *Unternehmensgründer sind im Durchschnitt jünger oder älter als 40 Jahre.* bzw.

$$H_0: \quad \mu = 40$$

$$H_A: \quad \mu \neq 40$$

Zudem legen wir noch das Signifikanzniveau fest, zu dem wir unsere Nullhypothese ablehnen. Eine falsche Ablehnung der Nullhypothese scheint keine Frage von Leben oder Tod zu sein. Gleichzeitig wollen wir einigermaßen sicher sein. Entsprechend legen wir das Signifikanzniveau auf 5 % fest:

$$\alpha = 5\% \quad \text{bzw.} \quad \alpha = 0.05$$

Noch einmal zur Erinnerung. Ein Signifikanzniveau von 5 % bedeutet, dass wir die Nullhypothese ablehnen, wenn wir einen Stichprobenbefund erhalten, der unter Gültigkeit der Nullhypothese eine Wahrscheinlichkeit kleiner 5 % hat.

12.3   Die Testverteilung und Teststatistik beim Mittelwerttest

Damit können wir uns mit dem zweiten Schritt beim Hypothesentest befassen. Wie wir bereits gehört haben, ist jeder Test mit einer bestimmten Testverteilung und Teststatistik verbunden. Beim Mittelwerttest mit einer großen Stichprobe $n > 30$ wählt man als Testverteilung die Standardnormalverteilung. Die Teststatistik vergleicht den Stichprobenmittelwert mit dem Mittelwert, den wir unter der Nullhypothese angenommen haben:

$$z = \frac{\bar{x} - \mu}{\sigma_{\bar{x}}}$$

wobei

z der z-Wert der Standardnormalverteilung ist,

$\bar{x}$ gleich dem Stichprobenmittelwert ist,

μ der unter der Nullhypothese angenommene Mittelwert der Grundgesamtheit ist,

$\sigma_{\bar{x}}$ gleich der Standardabweichung der Stichprobenverteilung mit $\sigma_{\bar{x}} = \frac{\sigma}{\sqrt{n}}$ ist, wobei

σ gleich der Standardabweichung in der Grundgesamtheit und

n gleich der Anzahl an Beobachtungen ist.

12.4   Der kritische Wert beim Mittelwerttest

Den kritischen Wert und damit den Ablehnungsbereich bestimmen wir mit Hilfe der Tabelle der Standardnormalverteilung. Dafür müssen wir wissen, ob wir einseitig oder zweiseitig testen und wie groß unser Signifikanzniveau ist. Wenn wir einseitig testen, legen wir das Signifikanzniveau entweder auf die linke oder auf die rechte Seite. Wenn wir zweiseitig testen, teilen wir das Signifikanzniveau auf beide Seiten auf. In unserem Beispiel testen wir beidseitig, da wir eine ungerichtete Nullhypothese, zum Signifikanzniveau von 5 % haben. Das heißt, wir haben im Ablehnungsbereich sowohl links als auch rechts eine Fläche von 2.5 % mit den kritischen Werten -1.96 und 1.96 (vergleiche Anhang 2).

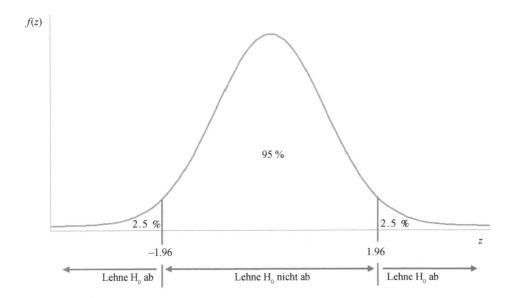

12.5   Der z-Wert

Nun müssen wir nur noch unseren z-Wert berechnen. Dies machen wir mit Hilfe der Teststatistik. Hierfür setzen wir den Mittelwert unserer Stichprobe, den Mittelwert aus der Nullhypothese und die Standardabweichung der Stichprobenverteilung ein. Wie wir bereits früher berechnet haben, ist der Mittelwert der Stichprobe $\bar{x} = 34.25$ Jahre. Für den Mittelwert der Nullhypothese setzen wir den unter H_0 angenommen Wert von $\mu = 40$ Jahre ein. Zur Bestimmung der Standardabweichung der Stichprobenverteilung brauchen wir noch die Standardabweichung in der Grundgesamtheit. Wir nehmen an, dass diese 8 Jahre beträgt und entsprechend erhalten wir für die Standardabweichung der Stichprobenverteilung folgenden Wert: $\sigma_{\bar{x}} = \frac{\sigma}{\sqrt{n}} = \frac{8.0}{\sqrt{100}} = 0.80$ Jahre. Unser z-Wert ist damit:

$$z = \frac{\bar{x} - \mu}{\sigma_{\bar{x}}} = \frac{34.24 - 40}{0.80} = -7.19$$

12.6 Die Entscheidung

Es fehlt nun nur noch die Entscheidung. Hierfür vergleichen wir unseren z-Wert mit den kritischen Werten. Wir sehen, dass unser z-Wert links vom kritischen Wert -1.96, also im Ablehnungsbereich liegt. Wir lehnen die Nullhypothese ab und kommen zur Interpretation. Wir können nun sagen, dass die Unternehmensgründer in der Grundgesamtheit ungleich 40 Jahre alt sind. Unser Stichprobenmittelwert deutet zudem darauf hin, dass die Unternehmensgründer im Durchschnitt jünger als 40 Jahre alt sind. Wir könnten jetzt noch das Konfidenzintervall berechnen, wie wir das schon im Kap. 8 getan haben. Wenn wir beispielsweise das 95 %-Konfidenzintervall bestimmen, zeigt sich, dass der wahre Wert mit einer Wahrscheinlichkeit von 95 % zwischen 32.68 und 35.82 Jahren liegt.

12.7 Der Mittelwerttest bei unbekannter Standardabweichung in der Grundgesamtheit oder bei kleiner Stichprobe n ≤ 30

Tendenziell haben wir das Problem, dass wir die Standardabweichung in der Grundgesamtheit nicht kennen. In diesem Fall ersetzen wir in der Formel der Standardabweichung der Stichprobenverteilung $\sigma_{\bar{x}} = \frac{\sigma}{\sqrt{n}}$ die Standardabweichung der Grundgesamtheit σ durch die Standardabweichung der Stichprobe s. Damit berechnet sich die Standardabweichung der Stichprobenverteilung neu folgendermaßen:

$$\sigma_{\bar{x}} = \frac{s}{\sqrt{n}}$$

mit

$\sigma_{\bar{x}}$ ist gleich der Standardabweichung der Stichprobenverteilung,
s ist gleich der Standardabweichung der Stichprobe und
n ist gleich der Anzahl an Beobachtungen.

Die Testverteilung ist dann nicht mehr die Standardnormalverteilung, sondern die t-Verteilung mit $F_{\mathrm{g}} = n - 1$ Freiheitsgraden. Dasselbe ist der Fall, wenn wir eine kleine Stichprobe haben. Wir sprechen beim Mittelwerttest von einer kleinen Stichprobe, wenn die Anzahl an Beobachtungen n kleiner gleich 30 ist ($n \leq 30$). Die kritischen Werte werden in beiden Fällen nicht der Standardnormalverteilungstabelle, sondern der t-Verteilungstabelle (Anhang 3) entnommen. Folglich ist der Prüfwert t-verteilt und die Teststatistik sieht wie folgt aus:

$$t = \frac{\bar{x} - \mu}{\sigma_{\bar{x}}}$$

Abgesehen davon ist die Vorgehensweise identisch. Wir wollen das am Beispiel einer kleinen Stichprobe demonstrieren. Wir nehmen an, dass wir nur 20 Beobachtungen bei sonst identischen Werten haben. Außerdem wollen wir einseitig testen. Um einseitig testen zu können, müssen wir die Hypothesen umformulieren. Die Nullhypothese und die Alternativhypothese sollen wie folgt aussehen.

H_0: *Unternehmensgründer sind im Durchschnitt älter oder gleich 40 Jahre alt.*
H_A: *Unternehmensgründer sind im Durchschnitt jünger als 40 Jahre alt.* bzw.

$$H_0: \quad \mu \geq 40$$
$$H_A: \quad \mu < 40$$

Das Signifikanzniveau lassen wir bei $\alpha = 5\,\%$ bzw. $\alpha = 0.05$.
Die Testverteilung ist t-verteilt mit $F_g = n - 1 = 20 - 1 = 19$ Freiheitsgraden und die Teststatistik ist:

$$t = \frac{\bar{x} - \mu}{\sigma_{\bar{x}}}$$

Der Ablehnungsbereich zum Signifikanzniveau von 5 % ist auf der linken Seite. Wir lehnen die Nullhypothese ab, wenn wir einen bestimmten Wert unterschreiten. Den kritischen Wert entnehmen wir der t-Verteilungstabelle, er liegt bei -1.729 (siehe Anhang 3).

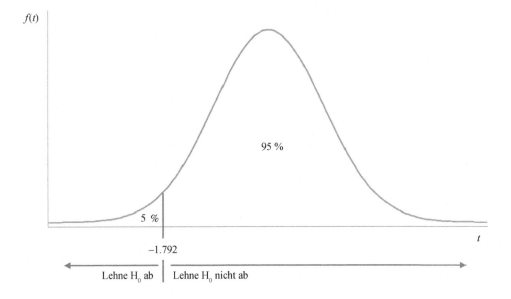

Die Teststatistik berechnet sich wie folgt:

$$t = \frac{\bar{x} - \mu}{\sigma_{\bar{x}}} = \frac{34.25 - 40}{0.80} = -7.19$$

Wenn wir die Berechnung der Teststatistik mit unserem ersten Beispiel vergleichen, sehen wir keinen Unterschied, außer, dass unser Prüfwert nun t-verteilt ist.

Vergleichen wir nun unseren berechneten t-Wert mit dem kritischen Wert, so sehen wir, dass wir diesen deutlich unterschreiten und dass wir uns im Ablehnungsbereich befinden. D. h. wir lehnen die Nullhypothese ab und arbeiten mit der Alternativhypothese weiter. Unsere Unternehmensgründer sind also im Durchschnitt jünger als 40 Jahre.

Wir haben gerade gesehen, dass bei einer kleinen Stichprobe der Prüfwert t-verteilt und die Testverteilung die t-Verteilung ist. In Kap. 10 haben wir gesehen, dass bei einer großen Anzahl an Beobachtungen die t-Verteilung in die Standardnormalverteilung übergeht. In Statistikprogrammen wird daher in der Regel nur die t-Verteilung als Testverteilung genutzt und man bezeichnet den Mittelwerttest oft auch als Einstichproben t-Test.

Freak-Wissen

Der besprochene Mittelwerttest setzt voraus, dass die Daten metrisch und normalverteilt sind. Was aber tun wir, wenn die Daten metrisch, aber nicht normalverteilt sind oder wenn unsere Daten ordinal sind. In einem solchen Fall steht uns der Wilcoxon-Test zur Verfügung. Auf diesen weichen wir vor allem dann aus, wenn wir eine kleine Stichprobe und nicht normalverteilte metrische Daten haben. Die Problemstellung, einen Mittelwerttest bei Ordinaldaten zu testen (wir nehmen den Median) kommt eher selten vor.

12.8   Checkpoints

- *Beim Mittelwerttest gehen wir der Frage nach, ob der angenommene Mittelwert der Grundgesamtheit mit unserem Stichprobenbefund verträglich ist.*
- *Bei großer Stichprobe und Kenntnis über die Standardabweichung in der Grundgesamtheit ist die Testverteilung die Standardnormalverteilung und unser Prüfwert ist standardnormalverteilt. Den kritischen Wert entnehmen wir entsprechend der Standardnormalverteilungstabelle.*
- *Bei kleiner Stichprobe oder Unkenntnis über die Standardabweichung in der Grundgesamtheit ist die Testverteilung die t-Verteilung und unser Prüfwert ist t-verteilt. Den kritischen Wert entnehmen wir entsprechend der t-Verteilungstabelle.*
- *Der Mittelwerttest wird oft auch als Einstichproben t-Test bezeichnet.*

12.9   Berechnung mit Excel

In Excel steht keine Funktion für den Mittelwerttest zur Verfügung. Die Berechnung der Teststatistik müssen wir wie oben dargestellt per Hand vornehmen. Über die Funktion NORM.S.VERT können wir uns aber die genaue Wahrscheinlichkeit berechnen lassen, mit der unser Prüfwert unter Gültigkeit der Nullhypothese vorkommt. Dies wollen wir anhand unseres Beispiels und des berechneten Prüfwertes von -7.19 kurz demonstrieren. Wenn wir die Funktion aufrufen, als z-Wert unseren Prüfwert eingeben und unter kumuliert die 1 eingeben, erhalten wir von Excel die Wahrscheinlichkeit der Fläche links vom Prüfwert wieder. Wie wir sehen, ist die Wahrscheinlichkeit sehr klein. Das heißt, die Wahrscheinlichkeit, einen solch niedrigen Prüfwert unter Gültigkeit der Nullhypothese zu erhalten, ist sehr viel kleiner als 2.5 %. Als Vergleich, zur Nachvollziehbarkeit sind zudem der z-Wert von -1.96 und die dazugehörige Fläche angegeben. Wie wir aus unserer Tabelle der Standardnormalverteilung ablesen können (Anhang 2), ist die Fläche links von diesem z-Wert 2.5 %.

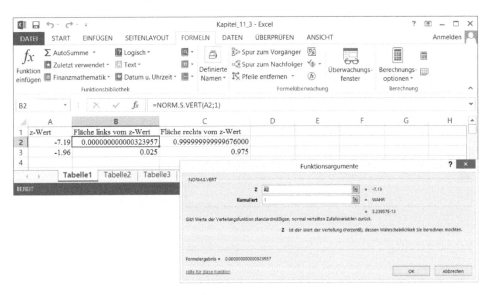

Entsprechend können wir mit der Funktion T.VERT die genaue Wahrscheinlichkeit berechnen lassen, mit der unser *t*-Wert unter Gültigkeit der Nullhypothese vorkommt. Wenn wir die Funktion aufrufen, unseren *t*-Wert eingeben, die Anzahl an Freiheitsgraden definieren und unter kumuliert die 1 eingeben, erhalten wir von Excel die Wahrscheinlichkeit der Fläche links vom *t*-Wert.

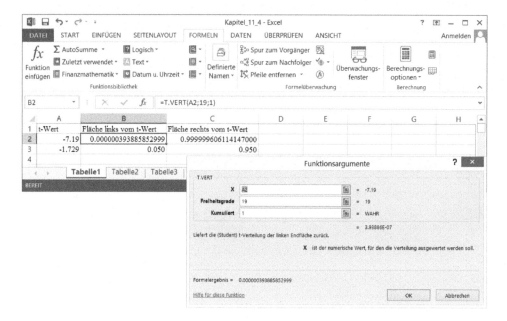

12.10 Anwendung

12.1. Wir interessieren uns für die Branchenberufserfahrung, die Unternehmensgründer im Durchschnitt mitbringen. Aufgrund von Vorüberlegungen und gelesenen Studien vermuten wir, dass diese vor Gründung eines Unternehmens in der Regel zehn Jahre Branchenberufserfahrung angesammelt haben. Wir formulieren entsprechend folgende Nullhypothese: Die durchschnittliche Branchenberufserfahrung beträgt 10 Jahre. Teste die Nullhypothese zum 10 % Signifikanzniveau unter Berücksichtigung aller relevanten Schritte.

12.2. Eines unserer Unternehmen ist in den letzten Jahren um durchschnittlich 5 % gewachsen. Uns interessiert nun, ob das Unternehmen im Vergleich zur Grundgesamtheit unterdurchschnittlich oder überdurchschnittlich gewachsen ist. Um dies zu testen, formulieren wir folgende Nullhypothese: Das durchschnittliche Wachstum der Jungunternehmen in der Grundgesamtheit in den letzten Jahren betrug 5 %. Teste die Nullhypothese zum 5 % Signifikanzniveau unter Berücksichtigung aller relevanten Schritte.

12.3. Nehmen wir an, dass unsere Stichprobe nur die ersten 25 Unternehmen unseres Datensatzes umfasst. Führe Aufgabe 2 für diese Problemstellung erneut durch.

12.4. Uns interessiert, ob der Anteil, den Unternehmen für Marketing aufwenden, in den letzten Jahren gesunken ist. Wir wissen, dass vor zehn Jahren der Aufwand durchschnittlich bei 15 % lag. Um dies zu testen, formulieren wir die Nullhypothese: Der durchschnittliche Aufwand für Marketing in der Grundgesamtheit der Jungunternehmer ist größer gleich 15 %. Teste die Nullhypothese zum 10 % Signifikanzniveau unter Berücksichtigung aller relevanten Schritte.

12.5. Wir wissen, dass Jungunternehmer vor zehn Jahren durchschnittlich 5 % ihres Umsatzes für Produktverbesserung aufgewandt haben. Wir vermuten, dass dieser Aufwand gestiegen ist, da in der Literatur die steigende Bedeutung von Innovationen diskutiert wird. Das wollen wir anhand folgender Nullhypothese überprüfen: Der durchschnittliche Aufwand für Produktverbesserung ist bei der Grundgesamtheit der Jungunternehmer kleiner gleich 5 % vom Umsatz. Teste die Nullhypothese zum 5 % Signifikanzniveau unter Berücksichtigung aller relevanten Schritte.

Der Test auf Differenz von Mittelwerten bei unabhängigen Stichproben

13

13.1 Einführung in den Test auf Differenz von Mittelwerten bei unabhängigen Stichproben

Im letzten Kapitel sind wir der Frage nachgegangen, wie alt unsere Unternehmensgründer im Durchschnitt sind und wir haben einen Mittelwerttest durchgeführt. Diese Fragestellung können wir erweitern. Beispielsweise können wir uns dafür interessieren, ob Frauen bei der Gründung eines Unternehmens älter sind als Männer. In diesem Fall vergleichen wir das durchschnittliche Gründungsalter von Frauen mit dem durchschnittlichen Gründungsalter von Männern. Wir vergleichen zwei Mittelwerte und testen, ob sich diese unterscheiden oder ob sie gleich sind. Immer dann, wenn wir zwei Mittelwerte aus zwei verschiedenen Gruppen vergleichen, führen wir den Test auf Differenz von Mittelwerten bei unabhängigen Stichproben durch. Weitere Beispiele aus unserem Datensatz wären die Fragen, ob Industrieunternehmen oder Dienstleistungsunternehmen ein durchschnittlich höheres Wachstum erzielen oder ob sich Frauen und Männer hinsichtlich der Branchenberufserfahrung unterscheiden.

13.2 Die Forschungsfrage und Hypothesen beim Test: Sind Frauen und Männer zum Zeitpunkt der Gründung gleich alt?

Zunächst ist wie immer die Forschungsfrage zu spezifizieren. Diese könnte folgendermaßen lauten. Gibt es Altersunterschiede zwischen Männern und Frauen bei der Gründung von Unternehmen? Um unsere Nullhypothese und unsere Alternativhypothese zu formulieren, lesen wir zunächst die Literatur. Mit Hilfe dieser kommen wir möglicherweise zum Schluss, dass sich Frauen und Männer im durchschnittlichen Gründungsalter unterscheiden. Unsere Nullhypothese lautet damit wie folgt:

© Springer-Verlag Berlin Heidelberg 2016
F. Kronthaler, *Statistik angewandt*, Springer-Lehrbuch, DOI 10.1007/978-3-662-47114-2_13

H_0: Frauen und Männer sind bei Gründung eines Unternehmens im Durchschnitt gleich alt.

H_A: Frauen und Männer sind bei Gründung eines Unternehmens im Durchschnitt nicht gleich alt.

Wir können dies auch kürzer folgendermaßen schreiben:

$$H_0: \quad \mu_1 - \mu_2 = 0$$
$$H_A: \quad \mu_1 - \mu_2 \neq 0$$

Übersetzt bedeutet dies für die Nullhypothese, in der Grundgesamtheit ist die Differenz zwischen Mittelwert der Gruppe eins μ_1 (z. B. Frauen) und Mittelwert der Gruppe zwei μ_2 (z. B. Männer) gleich null. D. h. die Mittelwerte sind in der Grundgesamtheit gleich. Die Alternativhypothese besagt, dass die Differenz zwischen den Mittelwerten der jeweiligen Gruppen ungleich null ist. Wir spezifizieren zudem noch das Signifikanzniveau mit 10 %.

$$\alpha = 10\% \quad \text{bzw.} \quad \alpha = 0.1$$

Jetzt können wir unseren Test durchführen.

13.3 Die Testverteilung und die Teststatistik

Die Testverteilung ist die t-Verteilung mit $F_g = n_1 + n_2 - 2$ Freiheitsgraden, wobei n_1 die Anzahl der Beobachtungen der Gruppe eins und n_2 die Anzahl der Beobachtungen der Gruppe zwei ist. Die Teststatistik lautet wie folgt:

$$t = \frac{\bar{x}_1 - \bar{x}_2}{\sigma_{\bar{x}_1, \bar{x}_2}}$$

wobei

t der t-Wert der t-Verteilung ist,

$\bar{x}_1$ und $\bar{x}_2$ die Stichprobenmittelwerte der jeweiligen Gruppen sind,

$\sigma_{\bar{x}_1, \bar{x}_2}$ die Standardabweichung der Stichprobenverteilung ist.

Wie wir sehen, vergleicht die Teststatistik die beiden Mittelwerte. Sind beide Mittelwerte gleich, ist der obere Teil der Gleichung, der Zähler, null und der t-Wert auch null. Je größer die Differenz der Mittelwerte ist, desto größer wird der t-Wert. Wir müssen uns nun noch die Standardabweichung der Stichprobenverteilung näher ansehen. Diese berechnet sich wie folgt:

$$\sigma_{\bar{x}_1, \bar{x}_2} = \sqrt{\left[\frac{(n_1 - 1)\, s_1^2 + (n_2 - 1)\, s_2^2}{n_1 + n_2 - 2} \right] \left[\frac{n_1 + n_2}{n_1 \times n_2} \right]}$$

mit

n_1 und n_2 als die Anzahl der Beobachtungen der jeweiligen Gruppe,

s_1 \qquad als die Standardabweichung der Stichprobe der ersten Gruppe und

s_2 \qquad als die Standardabweichung der Stichprobe der zweiten Gruppe.

Zugegeben, die Formel sieht etwas kompliziert aus, sie beinhaltet aber wie beim Mittelwerttest nur die Standardabweichung und die Anzahl der Beobachtungen der Stichprobe. Wir kennen nun die Teststatistik und die Testverteilung und können uns damit dem kritischen Wert und dem Ablehnungsbereich widmen.

13.4 Der kritische t-Wert

Den kritischen Wert bestimmen wir mit Hilfe der t-Verteilungstabelle und der Freiheitsgrade. Wie beim Mittelwerttest ist dabei wichtig, uns zu entscheiden, ob wir einseitig oder zweiseitig testen wollen und zu welchem Signifikanzniveau. In unserem Beispiel testen wir zweiseitig und haben ein Signifikanzniveau von $10\,\%$. D. h. wir haben sowohl links und rechts im Ablehnungsbereich eine Fläche von $5\,\%$. Die kritischen Werte entnehmen wir der t-Verteilungstabelle mit Hilfe unserer Freiheitsgrade. Lassen wir unsere Gründer die Gruppe 1 und unsere Gründerinnen die Gruppe 2 sein, dann ist $n_1 = 65$ und $n_2 = 35$, wir haben 65 Männer und 35 Frauen in der Stichprobe. Damit haben wir $F_g = n_1 + n_2 - 2 = 65 + 35 - 2 = 98$ Freiheitsgrade. Mit diesem Wissen gehen wir in die t-Verteilungstabelle und ermitteln unsere kritischen Werte von -1.66 und 1.66 (vergleiche Anhang 3).

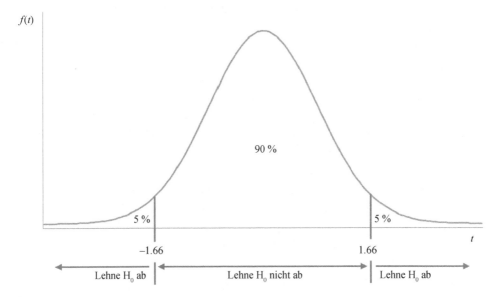

13.5   Der t-Wert und die Entscheidung

Nun brauchen wir nur noch unseren t-Wert zu berechnen, hierfür füllen wir unsere Teststatistik mit den benötigten Werten. Die Berechnung der Mittelwerte und der Standardabweichungen für unsere Gründer und Gründerinnen sollte kein Problem sein. Wir setzen die Werte ein und erhalten einen t-Wert in der Höhe von 0.93.

$$t = \frac{\bar{x}_1 - \bar{x}_2}{\sigma_{\bar{x}_1, \bar{x}_2}} = \frac{\bar{x}_1 - \bar{x}_2}{\sqrt{\left[\frac{(n_1-1)s_1^2 + (n_2-1)s_2^2}{n_1 + n_2 - 2}\right]\left[\frac{n_1 + n_2}{n_1 \times n_2}\right]}}$$

$$= \frac{34.77 - 33.29}{\sqrt{\left[\frac{(65-1)\times 7.55^2 + (35-1)\times 7.76^2}{65 + 35 - 2}\right]\left[\frac{65 + 35}{65 \times 35}\right]}} = \frac{1.48}{1.598} = 0.93$$

Mit Hilfe unseres t-Wertes können wir nun unsere Testentscheidung durchführen. Ein Vergleich mit den kritischen Werten zeigt uns, dass wir die Nullhypothese nicht ablehnen. Das heißt, in der Grundgesamtheit besteht kein Altersunterschied zwischen unseren Gründern und Gründerinnen, im Durchschnitt sind sie also in der Grundgesamtheit gleich alt.

13.6   Gleiche oder ungleiche Varianzen

In eben gezeigtem Beispiel sind wir einfach davon ausgegangen, dass die Streuung in der Variable Alter bei beiden Gruppen, Gründern und Gründerinnen, gleich ist. Wir können uns das natürlich ansehen, am besten mit Hilfe der Boxplots. Hierfür nutzen wir unsere Vorlage aus Kap. 4.

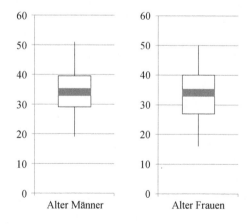

Gemäß den Boxplots scheint die Streuung bei den Frauen geringfügig höher zu sein, sowohl der Quartilsabstand als auch die Spannweite sind etwas größer, aber nicht viel. Dasselbe zeigt sich, wenn wir die Varianz vergleichen, diese beträgt bei den Gründern 57.06 und bei den Gründerinnen 60.27. Mit etwas Erfahrung lässt sich leicht erkennen, dass in diesem Fall die Varianzen in etwa gleich sind.

Freak-Wissen
Natürlich können wir auch testen, ob die Varianzen gleich sind, und zwar unter Verwendung des Levene-Tests auf Gleichheit der Varianzen. Dieser arbeitet mit der Nullhypothese, die Varianzen von beiden Gruppen sind gleich und der Alternativhypothese, die Varianzen von beiden Gruppen sind nicht gleich.

Die Streuung bei den untersuchten Gruppen muss aber nicht immer gleich sein. Wichtig für uns ist, dass sich die Testverfahren bei gleichen oder ungleichen Varianzen leicht unterscheiden. Wie wir sehen werden, bietet uns Excel die Möglichkeit, den Test auf Differenz von Mittelwerten bei gleichen oder ungleichen Varianzen zu berechnen. Das heißt, bevor wir unseren Test mit Excel durchführen, sollten wir uns die Streuung in den Stichproben ansehen. Sind wir uns unsicher bezüglich Gleichheit oder Ungleichheit der Varianzen, lassen wir Excel einfach den Test für beide Situationen rechnen und hoffen, dass sich die Ergebnisse nicht unterscheiden. Wenn sie das doch tun, müssen wir uns mit der Frage intensiver auseinandersetzen.

13.7   Berechnung mit Excel

Wie eben gesagt können wir den Test auf Differenz von Mittelwerten mit Hilfe von Excel berechnen. Wir müssen es nicht mit der Hand machen. Hierfür steht uns unter der Registerkarte Daten das Daten-Analyse Werkzeug von Excel mit den folgenden Befehlen zur Verfügung: Zweistichproben *t*-Test: Gleicher Varianzen und Zweistichproben *t*-Test: Ungleicher Varianzen (siehe folgende Abbildung).

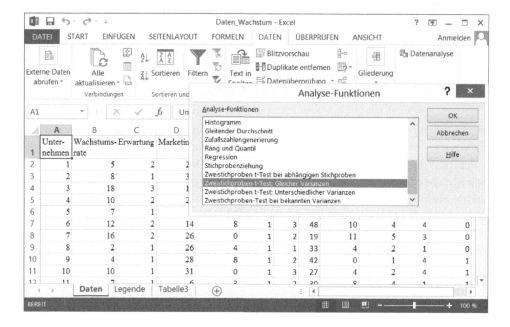

Lasst uns für unser obiges Beispiel den Test durchführen. Am besten sortieren wir hierfür zunächst unsere Daten nach Geschlecht. Wer nicht weiß, wie das geht, konsultiert die Hilfefunktion von Excel. Nach der Sortierung sehen wir in der folgenden Abbildung bei Geschlecht oben die Nullen stehen, die Einsen kommen weiter unten.

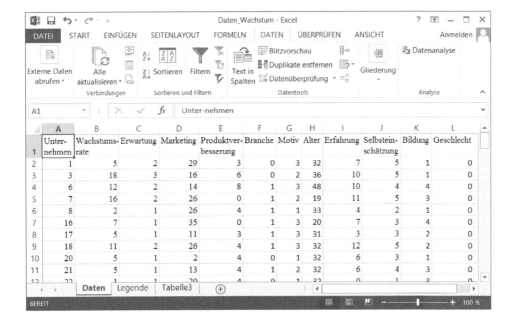

	A	B	C	D	E	F	G	H	I	J	K	L
1	Unter-nehmen	Wachstums-rate	Erwartung	Marketing	Produktver-besserung	Branche	Motiv	Alter	Erfahrung	Selbstein-schätzung	Bildung	Geschlecht
2	1	5	2	29	3	0	3	32	7	5	1	0
3	3	18	3	16	6	0	2	36	10	5	1	0
4	6	12	2	14	8	1	3	48	10	4	4	0
5	7	16	2	26	0	1	2	19	11	5	3	0
6	8	2	1	26	4	1	1	33	4	2	1	0
7	16	7	1	35	0	1	3	20	7	3	4	0
8	17	5	1	11	3	1	3	31	3	3	2	0
9	18	11	2	26	4	1	3	32	12	5	2	0
10	20	5	1	2	4	0	1	32	6	3	1	0
11	21	5	1	13	4	1	2	32	6	4	3	0
12	22	1	1	20	4	0	1	22	0	1	2	0

Anschließend klicken wir auf die Registerkarte Daten, dann auf Datenanalyse, zum Schluss auf unseren Befehl „Zweistichproben t-Test: Gleicher Varianzen" und wir erhalten die Eingabemaske für den Test auf Differenz von Mittelwerten bei gleichen Varianzen.

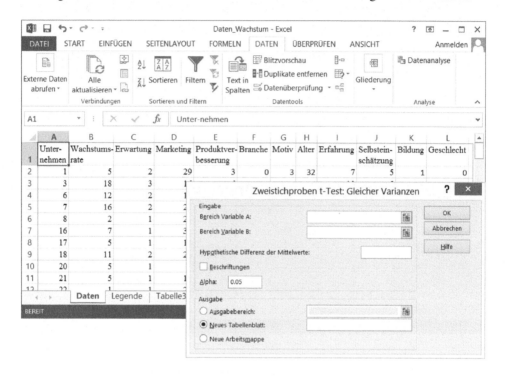

Die Eingabemaske gilt es jetzt auszufüllen. Im Eingabebereich geben wir für die Variable *A* die Werte der einen Gruppe, z. B. der Männer, für die Variable *B* die Werte der anderen Gruppe, z. B. der Frauen ein. In das Feld Hypothetische Differenz der Mittelwerte geben wir die Null ein. In unserer Nullhypothese gehen wir davon aus, dass die Differenz null ist. Bei Alpha geben wir unser Signifikanzniveau ein. Wenn wir z. B. zweiseitig zum 10 % Niveau testen, geben wir 0.1 ein. Beim Ausgabebereich spezifizieren wir den Bereich, in welchem wir das Testergebnis haben wollen. Wir spezifizieren z. B. ein neues Tabellenblatt und geben hierfür einen Namen ein. Die Eingabemaske sieht dann wie folgt aus:

Klicken wir auf OK, dann erhalten wir in einem neuen Tabellenblatt die Ergebnisse unseres Tests.

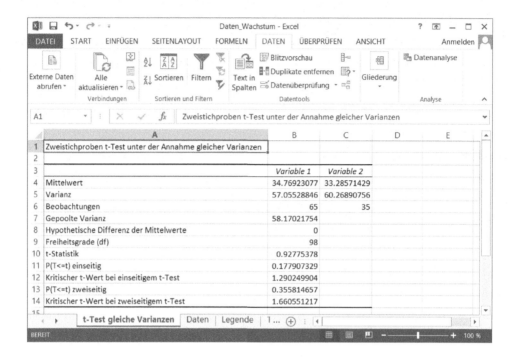

Wenn wir den Output mit unserem Beispiel von oben vergleichen, dürften uns die meisten Zahlen bekannt vorkommen. In Zeile 4 sehen wir die Mittelwerte der Stichprobe für die Gruppe 1 und die Gruppe 2. In unserem Fall ist das das durchschnittliche Alter der Männer und der Frauen. Darunter in Zeile 5 befindet sich die Varianz für die beiden Gruppen und noch einmal darunter in Zeile 6 die Anzahl der Beobachtungen. Wir haben 65 Männer in der Stichprobe und 35 Frauen. Die Zeile 7 „Gepoolte Varianz" können wir getrost ignorieren. In Zeile 8 finden wir die unter der Nullhypothese angenommene Differenz zwischen den beiden Mittelwerten von null. In Zeile 9 sind unsere Freiheitsgrade angegeben und in Zeile 10 befindet sich der mit Hilfe der Teststatistik berechnete t-Wert in Höhe von 0.928. Jetzt bleiben nur noch die untersten vier Zeilen übrig. In Zeile 12 und 14 finden wir die kritischen t-Werte für den einseitigen und zweiseitigen Test, ab dem wir unsere Nullhypothese ablehnen. Aus Zeile 11 und 13 erfahren wir die Wahrscheinlichkeit für den einseitigen und zweiseitigen Test, unseren berechneten t-Wert und größer zu erhalten, unter der Annahme, die Nullhypothese sei korrekt. P steht dabei für Probability (im Englischen Wahrscheinlichkeit). Wir konzentrieren uns auf Zeile 13, da wir zweiseitig testen. Wir sehen, dass die Wahrscheinlichkeit, den berechneten t-Wert von 0.928 bei Gültigkeit der Nullhypothese zu erhalten, gleich 0.356 bzw. 35.6 % ist. Die Wahrscheinlichkeit ist damit deutlich höher als unser spezifiziertes Signifikanzniveau von 10 %, ab dem wir die

Nullhypothese ablehnen würden. D. h. wir lehnen unsere Nullhypothese nicht ab. Zu diesem Ergebnis kommen wir auch, wenn wir den berechneten t-Wert mit dem kritischen t-Wert vergleichen.

Damit sind wir in der Lage, den Output zu interpretieren und wir können unseren Test auf Differenz von Mittelwerten bei unabhängigen Stichproben und metrisch normalverteilten Daten mit Hilfe von Excel durchführen.

Freak-Wissen

Sind unsere Daten metrisch, aber nicht normalverteilt, können wir bei einer großen Stichprobe $n_1 + n_2 > 50$ auch das beschriebene Testverfahren anwenden. Dieses ist dann relativ robust gegen eine Verletzung der Voraussetzung normalverteilter Daten. Bei metrischen, aber nicht normalverteilten Daten und einer kleinen Stichprobe $n_1 + n_2 \leq 50$ sowie bei ordinalen Daten steht uns der Mann-Whitney Test zur Verfügung.

13.8 Checkpoints

- *Beim Test auf Differenz von Mittelwerten bei unabhängigen Stichproben gehen wir der Frage nach, ob sich zwei Gruppen in ihrer Grundgesamtheit hinsichtlich eines Mittelwertes unterscheiden.*
- *Der Test auf Differenz von Mittelwerten bei unabhängigen Stichproben wird oft auch als Zweistichproben t-Test bezeichnet.*
- *Je nachdem, ob die Varianzen bei beiden Gruppen gleich oder ungleich sind, führen wir den Test für gleiche Varianzen oder ungleiche Varianzen durch.*
- *Bei einer kleinen Stichprobe und metrischen, aber nicht normalverteilten Daten und bei ordinalen Daten greifen wir auf den Mann-Whitney Test zurück.*

13.9   Anwendung

13.1. Wir fragen uns, ob Männer und Frauen bei Gründung eines Unternehmens gleich alt sind. Theoretische Überlegungen und bisherige Studien bringen uns dazu anzunehmen, dass Männer im Durchschnitt älter als Frauen sind. Führe den Test mit Hand zum 10 % Signifikanzniveau unter Berücksichtigung aller relevanten Schritte durch.

13.2. Uns interessiert, ob Dienstleistungsunternehmen oder Industrieunternehmen in den letzten fünf Jahren ein höheres Wachstum verzeichnet haben. Studien und theoretische Überlegungen deuten darauf hin, dass es einen Unterschied geben müsste. Führe den Test unter Berücksichtigung aller relevanten Schritte mit Hilfe von Excel zum 5 % Signifikanzniveau durch.

13.3. Uns interessiert, ob Industrieunternehmen oder aber Dienstleistungsunternehmen relativ mehr Geld für Produktverbesserungen aufwenden. Studien und theoretische Überlegungen deuten darauf hin, dass Industrieunternehmen einen höheren Anteil vom Umsatz für Produktverbesserungen aufwenden. Führe den Test mit Hilfe von Excel unter Berücksichtigung aller relevanten Schritte zum 1 % Signifikanzniveau durch.

13.4. Wir fragen uns, ob Männer und Frauen bei Gründung eines Unternehmens mehr Branchenberufserfahrung mitbringen. Existierende Studien deuten darauf hin, dass es einen Unterschied gibt. Wir führen den entsprechenden Hypothesentest unter Berücksichtigung aller relevanten Schritte mit Hilfe von Excel durch.

13.5. Uns interessiert, ob Gründer oder Gründerinnen mehr für Marketing aufwenden. Theoretische Überlegungen führen dazu anzunehmen, dass Männer mehr Geld für Marketing aufwenden als Frauen. Wir führen den entsprechenden Hypothesentest unter Berücksichtigung aller relevanten Schritte mit Hilfe von Excel durch.

Der Test auf Differenz von Mittelwerten bei abhängigen Stichproben

14

14.1 Einführung in den Test auf Differenz von Mittelwerten bei abhängigen Stichproben

Beim Mittelwerttest für unabhängige Stichproben haben wir untersucht, ob sich zwei unabhängige Gruppen bezüglich eines Sachverhaltes unterscheiden. Wir haben zwei verschiedene Gruppen untersucht und diese dann verglichen. Beim Test auf Differenz von Mittelwerten bei abhängigen Stichproben untersuchen wir ein und dieselbe Gruppe zweimal und fragen uns, ob eine bestimmte Maßnahme einen Einfluss auf die Gruppe hat. Wir können uns beispielsweise fragen, ob Alkohol einen Einfluss auf die Fahrtüchtigkeit von Personen hat, oder ob ein Medikament den Gesundheitszustand von Personen verbessert. Wir untersuchen die Person vor und nach der Maßnahme, vergleichen anschließend die Ergebnisse und fragen damit nach der Wirkung der Maßnahme. Im Unternehmenskontext wird das Verfahren zum Beispiel eingesetzt, um die Wirkung einer Werbemaßnahme zu evaluieren, z. B. um zu fragen, welchen Einfluss eine Werbemaßnahme auf die Einstellung von Personen zu einem bestimmten Produkt oder Unternehmen ausübt. Man könnte aber auch untersuchen, wie Energy-Drinks die Leistungsfähigkeit von Sportlern beeinflusst.

14.2 Das Beispiel: Schulung von Unternehmensgründern in der Vorgründungsphase

Die Fragestellung, die der Test erfordert, beinhaltet eine der wenigen Situationen, die unser Datensatz nicht abdeckt. Daher müssen wir einen neuen Datensatz Daten_Schulung.xlsx einführen. Stellen wir uns vor, dass der Verband der Jungunternehmer e. V. Schulungen durchführt. Diese Schulungen sind dazu gedacht, potentielle Gründer in der Phase vor der Gründung ihres Unternehmens darin zu unterstützen, das Marktpotential ihres Unternehmens richtig einzuschätzen. Um zu überprüfen, ob die Schulung einen Einfluss auf die Wahrnehmung der Kursteilnehmer hat, werden diese vor und nach

© Springer-Verlag Berlin Heidelberg 2016
F. Kronthaler, *Statistik angewandt*, Springer-Lehrbuch, DOI 10.1007/978-3-662-47114-2_14

Tab. 14.1 Daten Erwarteter Umsatz vor und nach der Schulung

Teilnehmer	Pre	Post	Diff	d_i^2
1	165	155	10	100
2	210	185	25	625
3	150	150	0	0
4	130	145	-15	225
5	150	165	-15	225
6	110	115	-5	25
7	330	310	20	400
8	220	215	5	25
9	165	175	-10	100
10	200	175	25	625
11	230	220	10	100
12	275	255	20	400
13	240	215	25	625
14	200	180	20	400
15	155	140	15	225
16	210	175	35	1225
17	195	180	15	225
18	195	200	-5	25
19	140	155	-15	225
20	145	135	10	100
21	160	160	0	0
22	175	165	10	100
23	185	170	15	225
24	110	100	10	100
25	140	125	15	225

Durchführung des Kurses bezüglich des erwarteten Umsatzes ihres noch zu gründenden Unternehmens befragt. Aus dieser Befragung ergibt sich der dargestellte Datensatz (Tab. 14.1).

Die Legende zum Datensatz findet sich in der Tab. 14.2.

Wie wir dem Datensatz und der Legende entnehmen können, enthält Spalte B den Umsatz, den die potentiellen Gründer mit Hilfe ihrer Geschäftsidee erwarteten, bevor sie die Schulung durchgeführt haben. Spalte C enthält den Umsatz, den sie nach der Schulung erwarten. In Spalte D ist die Differenz abgetragen. In Spalte E haben wir bereits die quadrierte Differenz berechnet, da wir diese gleich benötigen werden.

Tab. 14.2 Legende zu den Daten Erwarteter Umsatz vor und nach der Schulung

Excel-Tabelle „Legende":

	A	B	C	D	E	F
1	Variablenname	Variablenbeschreibung	Werte	Fehlende Werte	Skala	
2	Teilnehmer	Teilnehmer der Schulung		n.d.	metrisch	
3	Pre	Erwarteter Umsatz vor Schulung	in 1000 Fr.	n.d.	metrisch	
4	Post	Erwarteter Umsatz nach Schulung	in 1000 Fr.	n.d.	metrisch	
5	Diff	Differenz Umsatz vor und nach Schulung	in 1000 Fr.	n.d.	metrisch	
6	Quelle: Eigene Erhebung 2013.					

14.3 Die Forschungsfrage und die Hypothesen beim Test: Hat die Schulung einen Einfluss auf die Einschätzung des Marktpotentials?

Die Forschungsfrage in unserem Beispiel lautet folgendermaßen: Hat die Schulung einen Einfluss auf die Einschätzung der potentiellen Unternehmensgründer hinsichtlich des Marktpotentials ihrer geplanten Unternehmen? Die Nullhypothese und die Alternativhypothese lauten dabei wie folgt:

H_0: Die Schulung hat keinen Einfluss auf die Einschätzung der potentiellen Unternehmensgründer hinsichtlich des Marktpotentials ihrer geplanten Unternehmen.
H_A: Die Schulung hat einen Einfluss auf die Einschätzung der potentiellen Unternehmensgründer hinsichtlich des Marktpotentials ihrer geplanten Unternehmen.

Oder wir schreiben einfach kürzer:

$$H_0: \quad \mu_{\text{Pre}} - \mu_{\text{Post}} = 0$$
$$H_A: \quad \mu_{\text{Pre}} - \mu_{\text{Post}} \neq 0$$

Hier noch zwei Anmerkungen: Erstens haben wir die Null- und Alternativhypothese ungerichtet formuliert, da wir keine Aussage bezüglich der Richtung des Einflusses gemacht haben. Zweitens erkennen wir, dass wir die Mittelwerte vor und nach der Schulung/Maßnahme vergleichen. μ_{Pre} ist der Mittelwert vor dem Test und μ_{Post} ist der Mittelwert nach dem Test.

Lasst uns zudem noch das Signifikanzniveau festlegen. In diesem Fall wollen wir beidseitig zum 10 % Signifikanzniveau testen:

$$\alpha = 10\,\% \quad \text{bzw.} \quad \alpha = 0.1$$

14.4   Die Teststatistik

Die Teststatistik beim Test auf Differenz von Mittelwerten bei abhängigen Stichproben lautet wie folgt:

$$t = \frac{\sum d_i}{\sqrt{\frac{n \sum d_i^2 - (\sum d_i)^2}{n-1}}}$$

mit

d_i ist gleich der Differenz zwischen dem Wert vor und nach der Maßnahme und

n ist gleich der Größe der Stichprobe bzw. der Anzahl an beobachteten Personen oder Objekten.

Wir sehen, dass der Testwert t-verteilt ist und dass wir mit Hilfe der Teststatistik die Differenz zwischen den Werten vor und nach der Maßnahme vergleichen. Sollte die Maßnahme keinen Einfluss ausüben, so wären die Werte vor und nach der Maßnahme gleich, die Differenz also null und damit wäre auch der Zähler des Bruches in der Teststatistik null. Daraus folgt, dass auch der t-Wert bei null läge und wir unsere Nullhypothese somit nicht ablehnen würden.

14.5   Der kritische t-Wert

Nun müssen wir noch die kritischen t-Werte bestimmen. Wir wissen ja bereits, dass diese davon abhängen, ob wir zweiseitig oder einseitig testen, wie hoch das spezifizierte Signifikanzniveau ist und wie viele Freiheitsgrade wir haben. In unserem Fall haben wir 25 Beobachtungen. Die Anzahl an Freiheitsgraden beim Test auf Differenz von Mittelwerten bei abhängigen Stichproben beträgt $F_g = n - 1$, d. h. wir haben $F_g = 25 - 1 = 24$ Freiheitsgrade. Damit sind die kritischen t-Werte gleich -1.711 und 1.711.

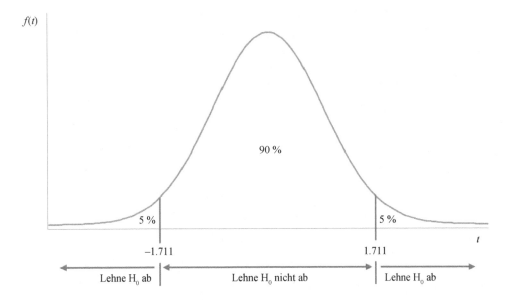

14.6   Der t-Wert und die Entscheidung

Nun bleibt uns nur noch übrig, die Teststatistik zu berechnen und die Entscheidung herbeizuführen. Hierfür setzen wir in die Teststatistik die Summe der Differenzen und die Summe der quadrierten Differenzen sowie die Anzahl an beobachteten Paarwerten ein. Wir erhalten:

$$t = \frac{\sum d_i}{\sqrt{\frac{n \sum d_i^2 - (\sum d_i)^2}{n-1}}} = \frac{220}{\sqrt{\frac{25 \times 6'550 - 220^2}{25-1}}} = 3.17$$

Vergleichen wir den berechneten t-Wert mit unseren kritischen Werten, so sehen wir, dass wir die Nullhypothese ablehnen und mit der Alternativhypothese weiterverfahren. Das heißt, die Schulung hat einen Einfluss auf die Einschätzung des Marktpotentials der potentiellen Unternehmensgründer. Um zu bestimmen, ob der Einfluss positiv oder negativ wirkt, vergleichen wir am besten die Stichprobenmittelwerte vor und nach der Maßnahme. In unserem Fall lag der Mittelwert vor der Schulung bei 183.4 bzw. CHF 183'400, nach der Schulung lag er bei 174.6 bzw. CHF 174'600. Das heißt, die Schulung bewirkt, dass die potentiellen Gründer das Marktpotential etwas konservativer einschätzen.

14.7   Die Berechnung mit Excel

Zur Berechnung mit Excel steht uns unter der Registerkarte Daten das Daten-Analyse Werkzeug von Excel mit folgendem Befehl zur Verfügung: „Zweistichproben *t*-Test bei abhängigen Stichproben (siehe folgende Abbildung).

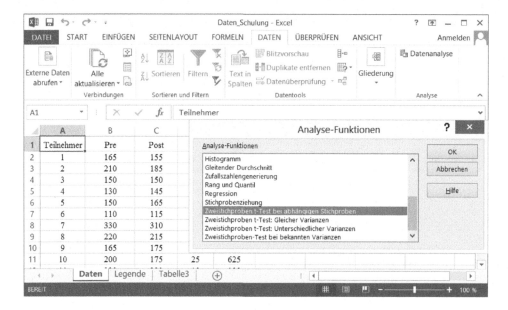

Um den Test für unser Beispiel durchzuführen, markieren wir den Befehl, klicken auf OK und erhalten folgendes Fenster:

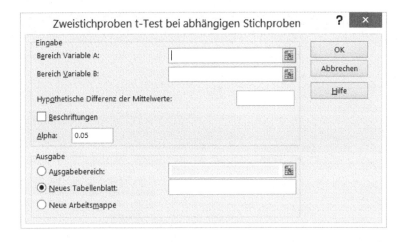

Die Eingabemaske gilt es jetzt zu füllen. Im Eingabebereich geben wir für die Variable *A* die Werte vor der Schulung ein, für Variable *B* die Werte nach der Schulung. In das Feld Hypothetische Differenz der Mittelwerte geben wir eine Null ein. In unserer Nullhypothese gehen wir davon aus, dass die Differenz null ist. Bei Beschriftungen setzen wir ein Häkchen, dieses bewirkt, dass der Variablenname bei der Ausgabe des Testergebnisses sichtbar wird. Bei Alpha geben wir unser Signifikanzniveau ein. Wenn wir z. B. zweiseitig zum 10 % Niveau testen, geben wir 0.1 ein. Im Ausgabebereich spezifizieren wir den Bereich, in welchem wir das Testergebnis haben wollen. Wir spezifizieren z. B. ein neues Tabellenblatt und geben hierfür einen Namen ein. Die Eingabemaske sieht dann wie folgt aus:

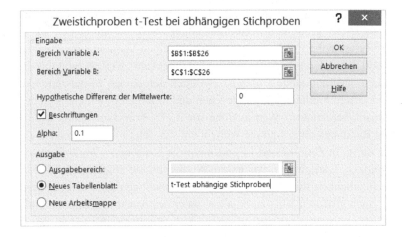

Wir klicken auf OK und erhalten in einem neuen Tabellenblatt die Ergebnisse unseres Tests.

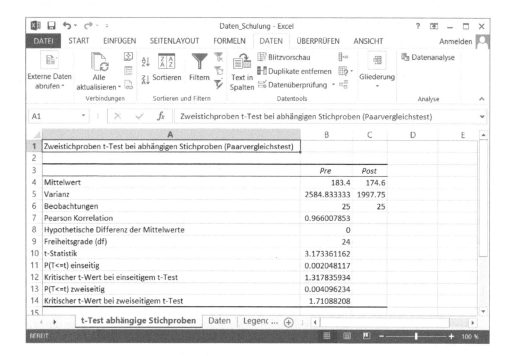

Die meisten Zahlen dürften uns bekannt sein. In Zeile 4 sehen wir die Mittelwerte vor und nach der Schulung. Die Varianzen der Zeile 5 hatten wir nicht berechnet. Wir brauchen diese auch nicht. In Zeile 6 sehen wir die Anzahl an Beobachtungen. Auch hier ein Hinweis, wir brauchen nicht die Anzahl an Beobachtungen pro Variable sondern die Anzahl an Paarvergleichen, insgesamt 25. In Zeile 7 sehen wir den Pearson Korrelations-koeffizienten. Dieser gibt uns den Zusammenhang zwischen den beiden Variablen an, in unserem Fall ist er nahe 1, d. h. wenn der Wert der einen Variable kleiner wird, dann wird auch der Wert der anderen Variable kleiner und umgekehrt. Zeile 8 zeigt uns die unter der Nullhypothese angenommene Differenz zwischen den beiden Mittelwerten von null. In Zeile 9 sind unsere Freiheitsgrade angegeben und in Zeile 10 befindet sich der mit Hilfe der Teststatistik berechnete t-Wert in Höhe von 3.173. Von Hand hatten wir 3.17 berech-net. Bis auf Rundungsfehler sind die Werte identisch. Jetzt bleiben nur noch die untersten vier Zeilen übrig. In Zeile 12 und 14 finden wir die kritischen t-Werte für den einseitigen und zweiseitigen Test, ab dem wir unsere Nullhypothese ablehnen, in Zeile 11 und 13 die Wahrscheinlichkeit für den einseitigen und zweiseitigen Test, unseren berechneten t-Wert oder einen größeren Wert zu erhalten, unter der Annahme, dass die Nullhypothese korrekt ist. Wir konzentrieren uns auf Zeile 13, da wir zweiseitig testen. Wir sehen, dass die Wahrscheinlichkeit, den berechneten t-Wert von 3.173 bei Gültigkeit der Nullhypothese zu erhalten, gleich 0.004 bzw. 0.4 % ist. Die Wahrscheinlichkeit ist damit deutlich kleiner als unser spezifiziertes Signifikanzniveau von 10 %, ab der wir die Nullhypothese ablehnen. Wir lehnen also die Nullhypothese ab. Zu diesem Ergebnis kommen wir auch, wenn wir den berechneten t-Wert mit dem kritischen t-Wert aus Zeile 14 vergleichen.

> **Freak-Wissen**
> Wenn unsere Daten metrisch, aber nicht normalverteilt sind, dann können wir bei einer großen Stichprobe $n > 30$ ebenfalls das beschriebene Testverfahren anwenden. Dieses ist relativ robust gegenüber einer Verletzung der Annahme von normalverteilten Daten. Bei metrischen, aber nicht normalverteilten Daten und einer kleinen Stichprobe $n \leq 30$ sowie bei ordinalen Daten steht uns der Wilcoxon Test für abhängige Stichproben zur Verfügung.

14.8 Checkpoints

- *Beim Test auf Differenz von Mittelwerten bei abhängigen Stichproben gehen wir der Frage nach, ob eine Maßnahme einen Einfluss auf Personen oder Objekte ausübt.*
- *Beim Test auf Differenz von Mittelwerten bei abhängigen Stichproben untersuchen wir dieselben Untersuchungsobjekte zweimal, einmal vor und einmal nach der Maßnahme.*
- *Bei einer kleinen Stichprobe und metrischen, aber nicht normalverteilten Daten und bei ordinalen Daten greifen wir auf den Wilcoxon Test für abhängige Stichproben zurück.*

14.9 Anwendung

14.1. Uns interessiert, ob eine Schulungsmaßnahme im Bereich Buchhaltung entsprechend der Angaben des Organisators der Schulungsmaßnahme dazu führt, dass weniger Zeit pro Monat für die Buchhaltung aufgewendet wird (Daten_ Buchhaltung.xlsx). Führe den Test von Hand zum 10 % Signifikanzniveau durch und interpretiere das Ergebnis.

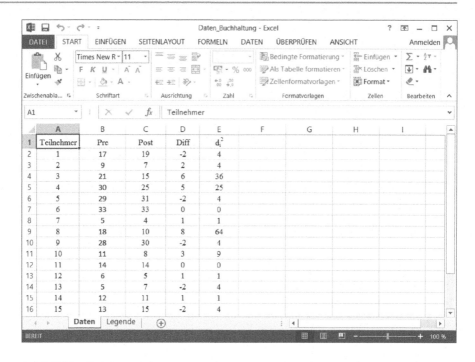

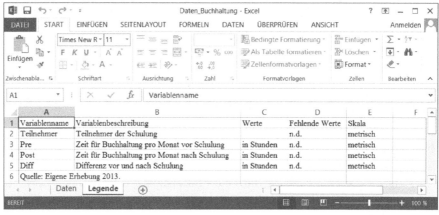

14.2. Uns interessiert, ob das Trinken von Energy-Drinks die Leistungsfähigkeit von Sportlern beeinflusst (Daten_Energy.xlsx). Das Untersuchungsdesign sieht vor, dass dieselben Sportler zweimal in jeweils einer Stunde so weit wie möglich laufen. Einmal haben sie die Möglichkeit während des Laufens nur Wasser zu konsumieren, das andere Mal dürfen sie nur Energy-Drinks zu sich nehmen. Führe den Test mit Excel zum 1 % Signifikanzniveau durch und interpretiere das Ergebnis.

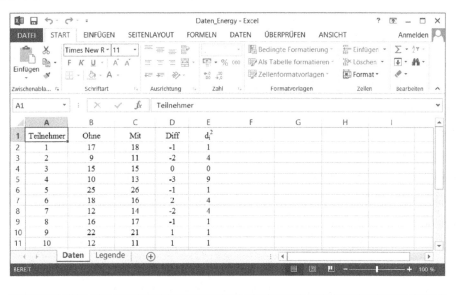

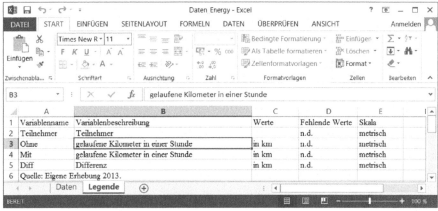

Der Test auf Korrelation bei metrischen, ordinalen und nominalen Daten

15

In Kap. 6 sind wir der Frage nach dem Zusammenhang zwischen zwei Variablen nachgegangen, also wie und ob sich zwei Variablen gemeinsam bewegen. Wir haben dies sowohl für metrische und ordinale als auch für nominale Variablen untersucht. Beispielsweise untersuchten wir einen Zusammenhang zwischen den Variablen Marketing und Produktverbesserung oder zwischen den Variablen Erwartung und Selbsteinschätzung. Berechnet haben wir die Korrelationskoeffizienten anhand der Stichprobe. Mit dem Test auf Korrelation testen wir nun, ob der in der Stichprobe entdeckte Zusammenhang auch für die Grundgesamtheit gilt. Nur dann ist unser Stichprobenergebnis wirklich für Handlungsempfehlungen und Schlussfolgerungen von Bedeutung. Wenn der in der Stichprobe entdeckte Zusammenhang nicht signifikant ist, dann gilt der entdeckte Zusammenhang in der Grundgesamtheit nicht. Im Folgenden diskutieren wir den Test auf Korrelation für die Korrelationskoeffizienten von Bravais-Pearson und Spearman sowie für nominale Daten. Die Vorgehensweise ist dabei die gleiche wie bei den bereits kennengelernten Hypothesentests. Wir formulieren zunächst die Nullhypothese sowie die Alternativhypothese und spezifizieren das Signifikanzniveau. Dann legen wir die Testverteilung und die Teststatistik fest. Anschließend bestimmen wir den Ablehnungsbereich und die kritischen Werte. Als letzte Schritte berechnen wir den Testwert und führen die Entscheidung durch.

15.1 Der Test auf Korrelation bei metrischen Daten

Die Testsituationen bei Korrelation zwischen metrischen Daten

Wenn wir den Test auf Korrelation bei metrischen Daten durchführen, haben wir es insgesamt mit drei verschiedenen Situationen zu tun. Erstens können wir annehmen, dass es eine Korrelation zwischen zwei Variablen gibt, ohne dass die Richtung spezifiziert ist. Oder wir gehen davon aus, dass wir eine positive Korrelation haben. Schließlich ist die Annahme einer negativen Korrelation zwischen zwei Variablen möglich.

© Springer-Verlag Berlin Heidelberg 2016
F. Kronthaler, *Statistik angewandt*, Springer-Lehrbuch, DOI 10.1007/978-3-662-47114-2_15

Im ersten Fall testen wir ungerichtet. Die Nullhypothese und die Alternativhypothese lauten dann wie folgt:

H_0: Es gibt keinen Zusammenhang zwischen der Variable X und der Variable Y
H_A: Es gibt einen Zusammenhang zwischen der Variable X und der Variable Y

Kein Zusammenhang bedeutet, dass der Korrelationskoeffizient gleich null ist. Ein Zusammenhang bedeutet entsprechend, dass der Korrelationskoeffizient ungleich null ist. Daher können wir auch kurz wie folgt schreiben:

$$H_0: \quad r = 0$$
$$H_A: \quad r \neq 0$$

Im zweiten Fall gehen wir davon aus, dass die Korrelation positiver Natur ist. Die Null- und Alternativhypothese sehen dann wie folgt aus:

H_0: Zwischen Variable X und Variable Y gibt es einen negativen bzw. keinen Zusammenhang
H_A: Zwischen Variable X und Variable Y gibt es einen positiven Zusammenhang

Kürzer können wir auch schreiben:

$$H_0: \quad r \leq 0$$
$$H_A: \quad r > 0$$

Wenn wir die Nullhypothese ablehnen, gehen wir davon aus, dass zwischen den beiden Variablen ein positiver Zusammenhang besteht, der Korrelationskoeffizient ist größer null.

Im dritten Fall lauten aufgrund der Annahme einer negativen Korrelation die Null- und Alternativhypothese wie folgt:

H_0: Zwischen Variable X und Variable Y gibt es einen positiven bzw. keinen Zusammenhang
H_A: Zwischen Variable X und Variable Y gibt es einen negativen Zusammenhang

Kürzer können wir auch schreiben:

$$H_0: \quad r \geq 0$$
$$H_A: \quad r < 0$$

Wenn wir die Nullhypothese ablehnen, gehen wir davon aus, dass der Korrelationskoeffizient kleiner als null ist und es besteht ein negativer Zusammenhang.

Die Teststatistik und die Testverteilung beim Test

Den Test auf Korrelation bei metrischen Daten selbst führen wir mit Hilfe des Korrelationskoeffizienten von Bravais-Pearson durch (vergleiche Kap. 6).

$$r = \frac{\sum (x_i - \bar{x})(y_i - \bar{y})}{\sqrt{\sum (x_i - \bar{x})^2 \sum (y_i - \bar{y})^2}}$$

Wir berechnen den Korrelationskoeffizienten von Bravais-Pearson aus der Stichprobe und setzen den Wert von r anschließend in folgende Teststatistik ein:

$$t = \frac{r \times \sqrt{n-2}}{\sqrt{1 - r^2}}$$

mit

r ist gleich der Korrelationskoeffizient von Bravais-Pearson und
n ist gleich die Anzahl an Beobachtungen.

Wie wir sehen, ist der Testwert der t-Wert und unsere Testverteilung ist die t-Verteilung mit $F_g = n - 2$ Freiheitsgraden.

Wir haben jetzt bereits das ganze Wissen generiert und können den Test anhand eines Beispiels erläutern.

Beispiel: Gibt es einen Zusammenhang zwischen Aufwand für Marketing und Produktverbesserung bei jungen Unternehmen?

Wir wollen der Frage nachgehen, ob es einen Zusammenhang zwischen dem Aufwand, den ein Jungunternehmer für Marketing und dem Aufwand, den er für Produktverbesserungen betreibt, gibt. Wir machen uns hierzu theoretische Gedanken und lesen die Literatur. Dabei stellen wir fest, dass Unternehmer über eine Budgetrestriktion verfügen und dass sie Geld, das sie an der einen Ecke ausgeben, an einer anderen Ecke einsparen müssen. Wir formulieren daher unsere Nullhypothese und unsere Alternativhypothese wie folgt:

H_0: *Zwischen Aufwand für Marketing und Aufwand für Produktverbesserung gibt es einen positiven bzw. keinen Zusammenhang*
H_A: *Zwischen Aufwand für Marketing und Aufwand für Produktverbesserung gibt es einen negativen Zusammenhang* bzw.

$$H_0: \quad r \geq 0$$
$$H_A: \quad r < 0$$

Wir gehen also von einen negativen Zusammenhang aus, d. h. wenn ein Unternehmer viel für Marketing aufwendet, wendet er wenig für Produktverbesserung auf und umgekehrt.

Testen wollen wir unsere Hypothese mit dem Signifikanzniveau von 5 %.

$$\alpha = 5\,\% \quad \text{bzw.} \quad \alpha = 0.05$$

In Kap. 6 haben wir den Korrelationskoeffizienten für beide Variablen für die ersten sechs Unternehmen bereits berechnet. Dieser hat eine Höhe von $r = -0.91$. An dieser Stelle ist es sicher sinnvoll, sich das Beispiel noch einmal anzusehen (siehe Kap. 6).

Um zu testen, ob es in der Grundgesamtheit tatsächlich einen Zusammenhang gibt, setzen wir den Wert für den Korrelationskoeffizienten in unsere Teststatistik ein und berechnen den t-Wert. Wir erhalten

$$t = \frac{r \times \sqrt{n-2}}{\sqrt{1-r^2}} = \frac{-0.91 \times \sqrt{6-2}}{\sqrt{1-(-0.91)^2}} = -4.39$$

Nun benötigen wir nur noch den kritischen t-Wert und wir können unsere Testentscheidung durchführen. Die Testverteilung ist wie gesagt die t-Verteilung mit $n-2$ Freiheitsgraden, d. h. wir haben bei 6 Beobachtungen 4 Freiheitsgrade. Ablehnen werden wir, wenn unser Korrelationskoeffizient aus der Stichprobe den kritischen Wert, d. h. -2.132, unterschreitet (vergleiche Anhang 3).

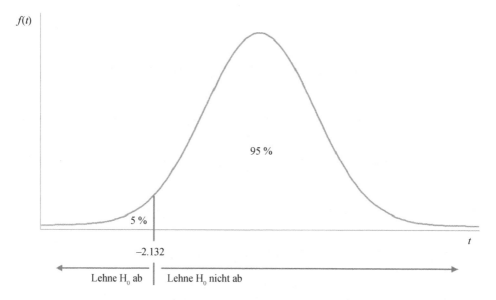

Unser berechneter Testwert unterschreitet den kritischen Wert, d. h. wir lehnen die Nullhypothese in diesem Fall ab und arbeiten mit der Alternativhypothese weiter. In der

Grundgesamtheit gibt es also einen negativen Zusammenhang zwischen dem Aufwand für Produktverbesserung und Marketing. Unternehmer, die viel für Marketing aufwenden, wenden weniger für Produktverbesserung auf und umgekehrt. Wenn wir so wollen, haben wir eine Spezialisierungsstrategie von Unternehmen entdeckt. Die einen versuchen, über Marketing erfolgreich zu sein, die anderen, sich durch Produktverbesserungen zu positionieren.

15.2   Der Test auf Korrelation bei ordinalen Daten

Die Testsituationen bei Korrelation zwischen ordinalen Daten

Die Testsituationen beim Test auf Korrelation bei ordinalen Daten sind die gleichen wie zwischen metrischen Daten. Der Unterschied ist lediglich, dass wir nicht den Korrelationskoeffizienten von Bravais-Pearson benutzen, sondern den Korrelationskoeffizienten von Spearman (vergleiche Kap. 6):

$$r_{\text{Sp}} = \frac{\sum \left(R_{x_i} - \bar{R}_x \right) \left(R_{y_i} - \bar{R}_y \right)}{\sqrt{\sum \left(R_{x_i} - \bar{R}_x \right)^2 \sum \left(R_{y_i} - \bar{R}_y \right)^2}}$$

Wie der Korrelationskoeffizient von Bravais-Pearson kann auch der Korrelationskoeffizient von Spearman sowohl positiv oder negativ sein. Damit können wir sowohl ungerichtet, als auch auf einen positiven oder einen negativen Korrelationskoeffizienten testen. Die Null- und Alternativhypothesen wollen wir für diese drei Situationen in der Kurzform noch einmal aufschreiben.

Situation 1:

$$H_0: \quad r_{\text{Sp}} = 0$$
$$H_A: \quad r_{\text{Sp}} \neq 0$$

Situation 2:

$$H_0: \quad r_{\text{Sp}} \leq 0$$
$$H_A: \quad r_{\text{Sp}} > 0$$

Situation 3:

$$H_0: \quad r_{\text{Sp}} \geq 0$$
$$H_A: \quad r_{\text{Sp}} < 0$$

Die Teststatistik und die Testverteilung beim Test

Die Teststatistik, mit der wir den Test durchführen, ist t-verteilt mit $F_g = n - 2$ Freiheitsgraden und lautet wie folgt:

$$t = \frac{r_{Sp}}{\sqrt{\frac{1 - r_{Sp}^2}{n-2}}}$$

mit

r_{Sp} ist gleich dem Korrelationskoeffizienten von Spearman und
n ist gleich der Anzahl an Beobachtungen.

Damit können wir den Test bereits durchführen und uns einem Beispiel widmen.

Beispiel: Gibt es eine Korrelation zwischen Selbsteinschätzung und Erwartung bezüglich der wirtschaftlichen Entwicklung eines Unternehmens?

Im Kap. 6 haben wir untersucht, ob es einen Zusammenhang zwischen der Variable Erwartung und der Variable Selbsteinschätzung gibt. Die Vermutung, die dahinter steckt ist, dass es einen Zusammenhang zwischen der Selbsteinschätzung hinsichtlich der Branchenberufserfahrung und der Erwartung bezüglich der zukünftigen Entwicklung eines Unternehmens gibt. In Kap. 6 hatten wir für die ersten sechs Unternehmen eine positive Korrelation in Höhe von $r_{Sp} = 0.58$ berechnet. Nun wollen wir noch testen, ob diese Korrelationsbeziehung auch für die Grundgesamtheit gilt. Die Nullhypothese und die Alternativhypothese lauten dabei wie folgt:

$$H_0: \quad r_{Sp} \leq 0$$
$$H_A: \quad r_{Sp} > 0$$

Diese wollen wir zum Signifikanzniveau von 10 % testen.

$$\alpha = 10\% \quad \text{bzw.} \quad \alpha = 0.1$$

Um herauszufinden, ob der Zusammenhang aufgrund unseres Stichprobenbefundes gilt, setzen wir den Wert für den Korrelationskoeffizienten in unsere Teststatistik ein und berechnen den t-Wert. Wir erhalten:

$$t = \frac{r_{Sp}}{\sqrt{\frac{1 - r_{Sp}^2}{n-2}}} = \frac{0.58}{\sqrt{\frac{1 - 0.58^2}{6-2}}} = 1.424$$

Diesen Wert müssen wir nun noch mit unserem kritischen Wert vergleichen, den wir aus der *t*-Tabelle ablesen. Wir lehnen die Nullhypothese ab, wenn wir einen Wert von 1.533 überschreiten (vergleiche Anhang 3).

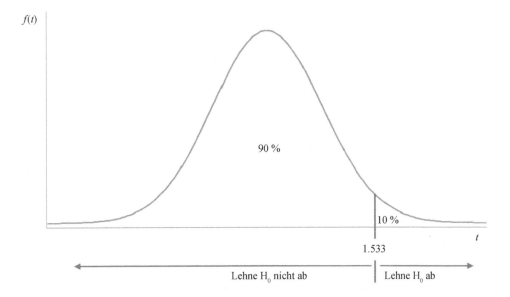

Vergleichen wir unseren berechneten Testwert in Höhe von 1.424 mit dem kritischen Wert, so sehen wir, dass wir die Nullhypothese nicht ablehnen. Das heißt, dass wir für die Grundgesamtheit aufgrund unseres Stichprobenergebnisses keinen positiven Zusammenhang feststellen können. Es gibt also keinen positiven Zusammenhang zwischen Erwartung über die zukünftige Entwicklung des Unternehmens und Selbsteinschätzung hinsichtlich der Branchenberufserfahrung.

15.3   Der Test auf Korrelation bei nominalen Daten

Die Testsituation beim Test auf Korrelation zwischen nominalen Daten

Wenn wir auf Korrelation zwischen zwei nominalen Variablen testen, haben wir zwei Situationen. Entweder liegen uns nominale Variablen mit jeweils zwei Ausprägungen vor, oder wir haben nominale Variablen mit mehr als zwei Ausprägungen. In beiden Fällen sagt der Korrelationskoeffizient nichts über die Richtung des Zusammenhanges aus, d. h. wir können nicht auf positive oder negative Korrelation testen. Wir können nur darauf testen, ob wir einen Zusammenhang haben oder nicht. Aus diesem Grund werden beide Testverfahren auch häufig Tests auf Unabhängigkeit genannt. Wenn die Variablen nicht korreliert sind, dann sind sie voneinander unabhängig.

Wenn wir zwei nominale Variablen mit jeweils zwei Ausprägungen haben, dann lautet die Null- und die Alternativhypothese beim Test auf Unabhängigkeit wie folgt:

H_0: *Es gibt keinen Zusammenhang zwischen der Variable X und der Variable Y*
H_A: *Es gibt einen Zusammenhang zwischen der Variable X und der Variable Y*

Erinnern wir uns, der relevante Korrelationskoeffizient ist der Vierfelderkoeffizient r_Φ (siehe Kap. 6). r_Φ kann positive und negative Werte annehmen, wobei das Vorzeichen keine Aussage über die Richtung der Korrelation macht. Wir können daher auch kurz wie folgt schreiben:

$$H_0: \quad r_\Phi = 0$$
$$H_A: \quad r_\Phi \neq 0$$

Bei nominalen Variablen mit mehr als zwei Ausprägungen kommt der Kontingenzkoeffizient C zum Zug. Die Null- und Alternativhypothese lauten gleich.

H_0: *Es gibt keinen Zusammenhang zwischen der Variable X und der Variable Y*
H_A: *Es gibt einen Zusammenhang zwischen der Variable X und der Variable Y*

Da der Kontingenzkoeffizient aber nur Werte größer und gleich Null annimmt, schreiben wir kurz folgendermaßen:

$$H_0: \quad C = 0$$
$$H_A: \quad C > 0$$

In beiden Fällen gehen wir bei Ablehnung der Nullhypothese davon aus, dass zwischen den Variablen ein Zusammenhang besteht.

Der Test auf Unabhängigkeit bei nominalen Variablen mit jeweils zwei Ausprägungen

Bei nominalen Variablen mit jeweils zwei Ausprägungen hatten wir den Vierfelderkoeffizienten berechnet:

$$r_\Phi = \frac{a \times d - b \times c}{\sqrt{S_1 \times S_2 \times S_3 \times S_4}}$$

wobei

a, b, c, d die Felder einer 2×2 *Matrix* und
S_1, S_2, S_3, S_4 die Zeilensummen bzw. Spaltensummen sind.

		Variable Y		
		0	1	
Variable X	0	a	b	S_1
	1	c	d	S_2
		S_3	S_4	

Der Wert r_Φ ist gleichzeitig unsere Teststatistik. Es lässt sich zeigen (wir verzichten hier darauf), dass der quadrierte Wert von r_Φ multipliziert mit der Anzahl an Beobachtungen χ2-verteilt mit $F_g = 1$ Freiheitsgraden ist:

$$\chi^2 = n \times r_\Phi^2$$

Damit kennen wir unsere Testverteilung, es ist die χ2-Verteilung, und wir kennen unseren Testwert. Wir können den Test auf Unabhängigkeit durchführen.

In Kap. 6 sind wir der Frage nachgegangen, ob es einen Zusammenhang zwischen dem Geschlecht der Gründer und der Branche, in der sie gründen gibt. Wir hatten dabei die ersten zehn Gründungen beobachtet und errechneten anhand der folgenden 2×2 *Matrix* ein r_Φ in Höhe von -0.50.

		Geschlecht		
		0 = Mann	1 = Frau	
Branche	0 = Industrie	2	0	2
	1 = Dienstleistung	3	5	8
		5	5	

Also haben wir einen mittleren Zusammenhang zwischen dem Geschlecht und der Branche, in der gegründet wird, entdeckt. Sehen wir uns die Matrix an, so sehen wir, dass Frauen häufiger Dienstleistungsunternehmen gründen, Männer häufiger Industrieunternehmen. Gilt der Zusammenhang aber auch für unsere Grundgesamtheit?

Hierfür führen wir den Test durch, wobei die Null- und die Alternativhypothese wie folgt lauten:

H_0: Es gibt keinen Zusammenhang zwischen dem Geschlecht und der Branche, in der gegründet wird
H_A: Es gibt einen Zusammenhang zwischen dem Geschlecht und der Branche, in der gegründet wird bzw.

$$H_0: \quad r_\Phi = 0$$
$$H_A: \quad r_\Phi \neq 0$$

Wir testen dies zum Signifikanzniveau von 5 %:

$$\alpha = 5\% \quad \text{bzw.} \quad \alpha = 0.05$$

Aus $r_\Phi = -0.50$ errechnen wir unseren Testwert. Dieser ist der χ^2-Wert:

$$\chi^2 = n \times r_\Phi^2 = 10 \times (-0.50)^2 = 2.50 \quad \text{mit} \quad F_g = 1.$$

Den Wert vergleichen wir nun mit dem kritischen Wert der χ^2-Verteilungstabelle (siehe Anhang 4). Aus dieser können wir ablesen, dass wir die Nullhypothese ablehnen, wenn wir einen Wert von 3.841 überschreiten.

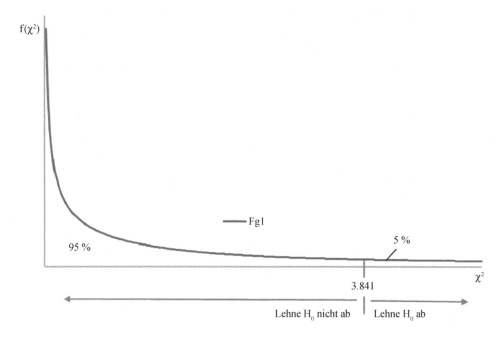

Vergleichen wir unseren berechneten Testwert mit dem kritischen Wert, so zeigt sich, dass wir die Nullhypothese nicht ablehnen, d. h. aufgrund unseres Stichprobenbefundes haben wir keinen Zusammenhang zwischen den beiden Variablen.

Einschränkend müssen wir hier noch eine wichtige Bemerkung vornehmen. Der Test ist nur wirkungsvoll, wenn jede Zelle mit mindestens 5 Untersuchungsobjekten besetzt ist. Aus didaktischen Gründen haben wir mit einer kleinen Anzahl an Beobachtungen gearbeitet. Daher sind alle Zellen bis auf eine weniger als 5-mal besetzt. Für uns bedeutet das, dass wir die Fallzahl erhöhen müssen, um den Test sinnvoll durchführen zu können.

Der Test auf Unabhängigkeit bei nominalen Variablen mit mehr als zwei Ausprägungen

Bei nominalen Variablen mit jeweils mehr als zwei Ausprägungen wird der Kontingenz-koeffizient berechnet (siehe Kap. 6):

$$C = \sqrt{\frac{U}{U + n}}$$

wobei   ＼

U die Abweichungssumme zwischen den beobachten und theoretisch erwarteten Werten ist:

$$U = \sum \sum \frac{\left(f_{jk} - e_{jk}\right)^2}{e_{jk}}$$

mit

f_{jk} sind die beobachteten und
e_{jk} die theoretisch erwarteten Zeilen- und Spaltenwerte.

Wenn wir beispielsweise eine nominale Variable mit 2 Ausprägungen haben und eine mit drei Ausprägungen, dann ergibt sich folgende Matrix mit den beobachteten Werten f_{11} bis f_{23}.

Zeilen	Spalten		
	1	2	3
1	f_{11}	f_{12}	f_{13}
2	f_{21}	f_{22}	f_{23}

Die theoretisch erwarteten Werte hatten wir wie folgt berechnet:

Zeilen	Spalten			Zeilensumme
	1	2	3	
1	$e_{11} = \frac{f_1 \times f_1}{n}$	$e_{12} = \frac{f_1 \times f_2}{n}$	$e_{13} = \frac{f_1 \times f_3}{n}$	f_1
2	$e_{21} = \frac{f_2 \times f_1}{n}$	$e_{22} = \frac{f_2 \times f_2}{n}$	$e_{23} = \frac{f_2 \times f_3}{n}$	f_2
Spaltensumme	f_1	f_2	f_3	

Aus den beobachteten und den theoretisch erwarteten Werten haben wir anschließend die Abweichungssumme U berechnet. Die Abweichungssumme U ist beim Test auf Un-abhängigkeit für nominale Variablen mit mehr als zwei Ausprägungen unsere Teststatistik, mit der wir den Testwert berechnen. Dieser ist $\chi2$-verteilt mit $F_g = (k - 1) \times (j - 1)$ Freiheitsgraden, wobei k die Anzahl an Zeilen und j die Anzahl an Spalten ist.

Damit kennen wir unsere Testverteilung, es ist die $\chi2$-Verteilung und wir kennen unseren Testwert U. Hiermit können wir bereits den Test auf Unabhängigkeit durchführen.

In unserem Beispiel aus Kap. 6 haben wir uns gefragt, ob es einen Zusammenhang zwischen Gründungsmotiv und Branche gibt. Wir hatten dabei für unsere 100 Unternehmen folgende Zellenbesetzung beobachtet:

Branche	Motiv		
	Arbeitslosigkeit	Idee umsetzen	Höheres Einkommen
Industrie	8	15	11
Dienstleistung	9	39	18

und folgende theoretische Werte berechnet:

Branche	Motiv			
	Arbeitslosigkeit	Idee umsetzen	Höheres Einkommen	Zeilen-summe
Industrie	$e_{11} = \frac{34 \times 17}{100} = 5.78$	$e_{12} = \frac{34 \times 54}{100} = 18.36$	$e_{13} = \frac{34 \times 29}{100} = 9.86$	34
Dienstleistung	$e_{21} = \frac{66 \times 17}{100} = 11.22$	$e_{22} = \frac{66 \times 54}{100} = 35.64$	$e_{23} = \frac{66 \times 29}{100} = 19.14$	66
Spaltensumme	17	54	29	

Daraus hatten wir unsere Abweichungssumme U in Höhe von 2.42 und einen Kontingenzkoeffizient C in Höhe von 0.15 errechnet. Aufgrund der geringen Höhe des Kontingenzkoeffizienten hatten wir behauptet, dass zwischen den beiden Variablen kein Zusammenhang besteht. Wir können nun noch prüfen, ob die Variablen in der Grundgesamtheit tatsächlich unabhängig sind.

Die Null- und Alternativhypothese sind dabei:

H_0: *Es gibt keinen Zusammenhang zwischen dem Gründungsmotiv und der Branche, in der gegründet wird*
H_A: *Es gibt einen Zusammenhang zwischen dem Gründungsmotiv und der Branche, in der gegründet wird* bzw.

$$H_0: \quad C = 0$$
$$H_A: \quad C > 0$$

Wir wollen dies zum Signifikanzniveau von 5 % testen.

$$\alpha = 5\% \quad \text{bzw.} \quad \alpha = 0.05$$

Unser Testwert ist dabei die Abweichungssumme U in Höhe von 2.42. Diese ist $\chi2$-verteilt mit $F_g = (k - 1) \times (j - 1) = (2 - 1) \times (3 - 1) = 2$ Freiheitsgraden. Unseren kritischen Wert können wir damit der χ2-Verteilungstabelle entnehmen. Dieser hat bei 2 Freiheitsgraden eine Höhe von 5.991 (vergleiche Anhang 4).

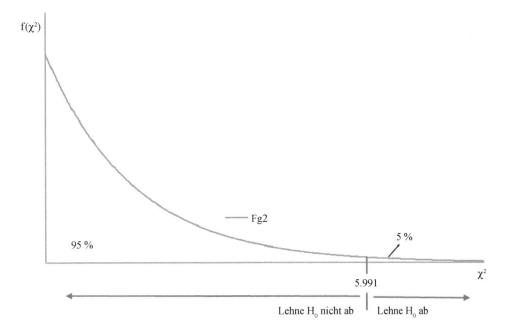

Vergleichen wir unseren Testwert in Höhe von 2.42 mit dem kritischen Wert, so stellen wir fest, dass wir die Nullhypothese nicht ablehnen. Aufgrund des Stichprobenbefundes können wir die Aussage treffen, dass zwischen Gründungsmotiv und Branche, in der gegründet wird, kein Zusammenhang besteht.

Auch hier ist darauf zu achten, dass jede Zelle mindestens mit 5 Untersuchungsobjekten besetzt ist. Ansonsten kann der Test zu falschen Ergebnissen führen.

15.4 Checkpoints

- *Beim Test auf Korrelation nutzen wir die für die Variablen relevanten Korrelationskoeffizienten, z. B. bei metrischen Daten den Korrelationskoeffizienten von Bravais-Pearson.*
- *Bei metrischen und ordinalen Variablen können wir ungerichtet oder gerichtet testen.*
- *Bei metrischen und ordinalen Variablen ist die Testvariable t-verteilt.*
- *Bei nominalen Variablen testen wir, ob ein Zusammenhang besteht. Diese Testverfahren werden oft Test auf Unabhängigkeit genannt.*
- *Bei nominalen Variablen ist die Testvariable χ2-verteilt, die Testverfahren werden oft auch als χ2-Unabhängigkeitstest bezeichnet.*

15.5 Berechnung mit Excel

Zur Berechnung der Tests auf Korrelation bei metrischen und bei ordinalen Variablen steht uns in Excel leider kein Verfahren zur Verfügung. Wir berechnen die Korrelationskoeffizienten so, wie es in Kap. 6 dargestellt ist und testen anschließend mit der beschriebenen Vorgehensweise.

Für nominale Variablen steht uns unter der Registerkarte Formeln und dem Befehl Funktion einfügen die Funktion CHIQU.TEST zur Verfügung. Diese gibt uns für unsere beobachteten und theoretisch erwarteten Werte die Wahrscheinlichkeit wieder, mit der kein Zusammenhang zwischen den Variablen besteht. D. h. wir geben in Excel zunächst die beobachteten und die theoretisch erwarteten Werte ein.

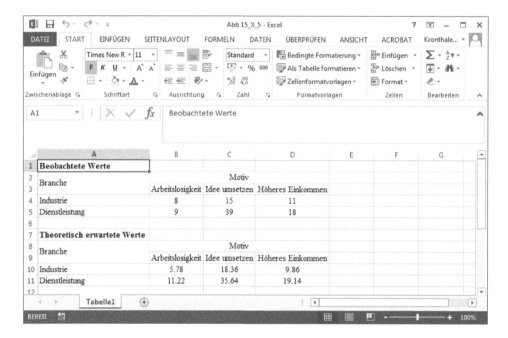

Anschließend rufen wir die Funktion CHIQU.TEST auf und füllen die Eingabemaske mit unseren beobachteten und theoretisch erwarteten Werten.

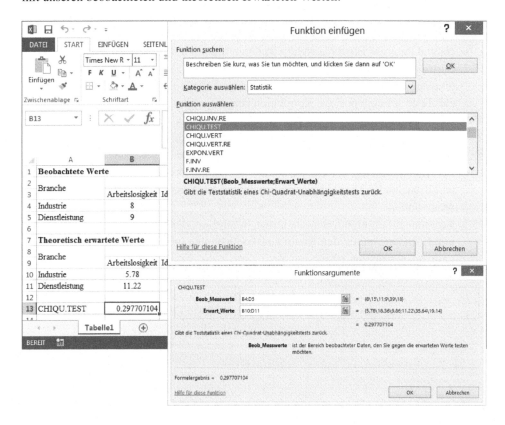

Wir klicken auf OK und erhalten die Wahrscheinlichkeit von 0.298 bzw. 29.8 %. Dies ist die Wahrscheinlichkeit, einen Testwert in Höhe von 2.42 zu erhalten (siehe Beispiel oben), unter der Voraussetzung, dass die Nullhypothese die Grundgesamtheit richtig wiedergibt. Wie oben lehnen wir also aufgrund des Befundes die Nullhypothese nicht ab. Wir würden erst ablehnen, wenn dieser Wert unser spezifiziertes Signifikanzniveau unterschreiten würde.

15.6   Anwendung

15.1. Berechne für unseren Datensatz Daten_Wachstum.xlsx für die Variablen Wachstumsrate und Marketing den Korrelationskoeffizienten von Bravais-Pearson mit Excel und teste das Ergebnis ungerichtet zum Signifikanzniveau von 5 %.

15.2. Berechne für unseren Datensatz Daten_Wachstum.xlsx für die Variablen Wachstumsrate und Erfahrung den Korrelationskoeffizienten von Bravais-Pearson mit Excel. Teste auf eine positive Korrelation zum Signifikanzniveau von 1 %.

15.3. Berechne für unseren Datensatz Daten_Wachstum.xlsx für die Variablen Wachstumsrate und Selbsteinschätzung den Rangkorrelationskoeffizienten von Spearman und teste auf eine positive Korrelation zum Signifikanzniveau von 10 %.

15.4. Berechne für unseren Datensatz Daten_Wachstum.xlsx für die Variablen Geschlecht und Branche den Vierfelderkoeffizienten und teste das Ergebnis zum Signifikanzniveau von 5 %.

15.5. Berechne für unseren Datensatz Daten_Wachstum.xlsx für die Variablen Geschlecht und Gründungsmotiv den Kontingenzkoeffizienten und teste das Ergebnis zum Signifikanzniveau von 10 %.

Weitere Testverfahren für nominale Variablen 16

Mittlerweile haben wir eine ganze Reihe von Testverfahren kennengelernt. Es fehlt uns noch ein wichtiger Strang, die Testverfahren für nominale Daten. Diese wollen wir uns jetzt ansehen. Die Testverfahren für nominale Daten werden oft kurz $\chi 2$-Tests genannt, da die Testverteilung in der Regel die $\chi 2$-Verteilung ist. Mit dem $\chi 2$-Test auf Unabhängigkeit haben wir bereits eines der Verfahren für nominale Daten kennengelernt. Wir werden uns jetzt zudem ansehen, wie die Tests bei nominalen Daten und einer Stichprobe, bei zwei unabhängigen Stichproben und bei zwei abhängigen Stichproben durchgeführt werden.

16.1 Der χ^2-Test bei einer Stichprobe: Entspricht der Anteil der Gründerinnen dem Geschlechteranteil in der Gesellschaft?

Beim χ^2-Test mit einer Stichprobe untersuchen wir, ob die beobachteten Häufigkeiten in einer Stichprobe mit den Häufigkeiten, die wir aufgrund unserer Vorkenntnisse haben, übereinstimmen. Mit Blick auf unseren Datensatz können wir uns z. B. fragen, ob der Anteil der Gründerinnen mit dem Geschlechterverhältnis in der Gesellschaft übereinstimmt oder nicht, d. h. ob signifikant weniger oder signifikant mehr Frauen ein Unternehmen gründen. Wir könnten uns aber auch fragen, ob der Anteil der Gründerinnen in der Stichprobe mit dem Anteil der Gründerinnen in der Grundgesamtheit übereinstimmt. In letzteren Fall würden wir unsere Stichprobe auf Repräsentativität testen.

Gehen wir das Verfahren mit Hilfe der ersten Fragestellung durch. Wir fragen uns, ob mehr oder weniger Frauen ein Unternehmen gründen als Männer. Die Null- und Alternativhypothese sind dann wie folgt:

H_0: Die Häufigkeit der von Männern und Frauen gegründeten Unternehmen entspricht dem Geschlechteranteil in der Gesellschaft
H_A: Die Häufigkeit der von Männern und Frauen gegründeten Unternehmen entspricht nicht dem Geschlechteranteil in der Gesellschaft

© Springer-Verlag Berlin Heidelberg 2016
F. Kronthaler, *Statistik angewandt*, Springer-Lehrbuch, DOI 10.1007/978-3-662-47114-2_16

Wir wissen, dass es in der Gesellschaft ungefähr gleich viele Frauen und Männer gibt, daher können wir auch kürzer wie folgt schreiben:

$$H_0: \quad \pi_1 = \pi_2 = 0.5$$
$$H_A: \quad \pi_1 \neq \pi_2 \neq 0.5$$

mit

π_1 und π_2 als den Anteilen der Männer und Frauen in der Grundgesamtheit.

Wir wollen dies nun zum Signifikanzniveau von 10 % testen.

$$\alpha = 10\% \quad \text{bzw.} \quad \alpha = 0.1$$

Die Teststatistik ist die Abweichungssumme, d. h. wir untersuchen, wie die beobachteten Werte von den theoretisch erwarteten Werten abweichen:

$$U = \sum \frac{(f_i - e_i)^2}{e_i}$$

wobei

f_i die beobachteten Werte und
e_i die theoretisch erwarteten Werte sind.

Die Teststatistik ist χ^2-verteilt mit $F_g = c - 1$ Freiheitsgraden. c ist dabei die Anzahl an Kategorien, die bei der Variablen vorkommen können.

Nun benötigen wir noch die beobachteten Werte und die theoretisch erwartete Werte. Beobachtet haben wir in unserer Stichprobe der 100 Unternehmen insgesamt 35 Gründerinnen und 65 Gründer. Erwarten würden wir aufgrund unseres Geschlechteranteils in der Gesellschaft jeweils $100 \times 0.5 = 50$ Gründerinnen und 50 Gründer. Diese Zahlen können wir in unsere Formel einsetzen:

$$U = \sum \frac{(f_i - e_i)^2}{e_i} = \frac{(65 - 50)^2}{50} + \frac{(35 - 50)^2}{50} = 9.0$$

wobei wir $F_g = c - 1 = 2 - 1 = 1$ Freiheitsgrade haben. Es sind zwei Ausprägungen möglich, Mann und Frau, d. h. wir haben zwei mögliche Antwortkategorien.

Wir brauchen jetzt nur noch unseren kritischen χ^2-Wert zu bestimmen und können anschließend die Testentscheidung durchführen. Der kritische χ^2-Wert liegt bei einem Freiheitsgrad und einem Signifikanzniveau von 10 % laut χ^2-Verteilungstabelle bei 2.706 (vergleiche Anhang 4).

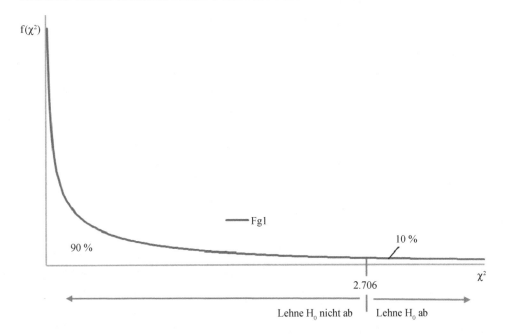

Vergleichen wir unseren berechneten Wert für die Abweichungssumme U in Höhe von 9.0 mit unserem kritischen Wert von 2.706, so lehnen wir die Nullhypothese ab. Daraus folgt, die Häufigkeit der von Männern und Frauen gegründeten Unternehmen entspricht nicht dem Geschlechteranteil in der Grundgesamtheit. Männer gründen häufiger ein Unternehmen als Frauen.

16.2 Der χ^2-Test bei zwei voneinander unabhängigen Stichproben: Sind die Gründungsmotive bei Dienstleistungs- und Industrieunternehmen gleich?

Mit dem χ^2-Test bei zwei voneinander unabhängigen Stichproben untersuchen wir, ob sich zwei Gruppen hinsichtlich der Häufigkeitsanteile einer nominalen Variable unterscheiden. Wir vergleichen, ob die jeweiligen Häufigkeiten in den jeweiligen Gruppen von den theoretisch erwarteten Häufigkeiten abweichen.

Am besten erläutern wir das anhand des in Kap. 15 beim Test auf Unabhängigkeit verwendeten Beispiels. Hier hatten wir untersucht, ob es einen Zusammenhang zwischen Gründungsmotiv und Branche gibt. Wir hatten dabei für unsere 100 Unternehmen folgende Zellenbesetzung beobachtet:

Branche	Motiv			Zeilensumme
	Arbeitslosigkeit	Idee umsetzen	Höheres Einkommen	
Industrie	8	15	11	34
Dienstleistung	9	39	18	66

Die Zellenbesetzung kann folgendermaßen gelesen werden: Im Industriesektor werden 8 von 34 Unternehmen (23.5 %) aus der Arbeitslosigkeit heraus gegründet, 15 von 34 (44.1 %) der Gründer wollen eine Idee umsetzen und 11 von 34 (32.4 %) wollen ein höheres Einkommen erzielen. Bei den Dienstleistungsgründungen sind die Verhältnisse 9 zu 66 (13.6 %), 39 zu 66 (59.1 %) und 18 zu 66 (27.3 %).

Der Test soll uns helfen zu bestimmen, ob sich die zwei Gruppen hinsichtlich der Anteile der Gründungsmotive unterscheiden. Wir testen folgende Null- und Alternativhypothese:

H_0: *Industriegründungen unterscheiden sich hinsichtlich der Anteile der Gründungsmotive nicht von Dienstleistungsgründungen*
H_A: *Industriegründungen unterscheiden sich hinsichtlich Anteile der Gründungsmotive von Dienstleistungsgründungen*

Die Vorgehensweise des Tests entspricht der Vorgehensweise beim Test auf Unabhängigkeit. Auch hier vergleichen wir die beobachteten Werte mit den theoretisch erwarteten Werten bei identischer Teststatistik. Diese ist wiederum die Abweichungssumme U:

$$U = \sum \sum \frac{\left(f_{jk} - e_{jk}\right)^2}{e_{jk}}$$

wobei U wiederum χ^2-verteilt mit $F_g = (k - 1) \times (j - 1)$ Freiheitsgraden ist.

Damit wird beim Test so vorgegangen, wie wir es in Kap. 15 diskutiert haben (vergleiche Kap. 15). Der Unterschied liegt lediglich in der unterschiedlichen Formulierung der Hypothesen, das eine Mal testen wir auf Unabhängigkeit, das andere Mal auf Differenz zwischen zwei Gruppen. Die Berechnung der Abweichungssumme entnehmen wir Kap. 15, sie hat eine Höhe von 2.42 bei 2 Freiheitsgraden. Damit ist die Testentscheidung dieselbe wie oben. Wir lehnen unsere Nullhypothese nicht ab.

16.3 Der χ^2-Test bei zwei voneinander abhängigen Stichproben: Wirkt meine Werbekampagne?

Manchmal müssen wir uns fragen, ob eine Maßnahme das Verhalten von Personen oder Objekten verändert, beispielsweise, ob eine von unserem Unternehmen durchgeführte Werbemaßnahme einen Einfluss darauf hat, ob Personen unser Produkt kaufen oder nicht. Die Null- und die Alternativhypothese wären dabei:

H_0: *Die Werbekampagne hat keinen Einfluss darauf, ob Personen unser Produkt kaufen*
H_A: *Die Werbekampagne hat einen Einfluss darauf, ob Personen unser Produkt kaufen*

Wir wollen diese Hypothesen zum Signifikanzniveau von 1 % testen:

$$\alpha = 1\% \quad \text{bzw.} \quad \alpha = 0.01$$

Um den Test durchzuführen, ziehen wir eine Zufallsstichprobe von $n = 300$ Personen und befragen diese vor unserer Werbekampagne, ob sie Käufer oder Nicht-Käufer unseres Produktes sind. Nach der Kampagne befragen wir dieselben Personen erneut. Im Anschluss daran können wir folgende 2×2 Matrix aufbauen:

		Befragung nach Kampagne	
		Käufer	Nicht-Käufer
Befragung vor	Käufer	$f_a = 80$	$f_b = 50$
Kampagne	Nicht-Käufer	$f_c = 100$	$f_d = 70$

wobei die Zeilen die Situation vor unserer Kampagne und die Spalten die Situation nach unserer Kampagne darstellen. f_a bis f_d sind dabei die beobachteten Häufigkeiten in den Zellen a bis d.

Lesen können wir die Matrix wie folgt: Vor der Kampagne hatten wir $80 + 50 = 130$ Käufer und $100 + 70 = 170$ Nicht-Käufer in der Stichprobe. Nach der Kampagne haben wir $80 + 100 = 180$ Käufer und $50 + 70 = 120$ Nicht-Käufer. Betrachten wir die Matrix näher, so stellen wir fest, dass von unseren ursprünglich 130 Käufern 50 zu den Nicht-Käufern und von unseren ursprünglichen 170 Nicht-Käufern 100 zu den Käufern gewechselt haben. Insgesamt haben wir 150 Wechsler in der Stichprobe.

Das Testverfahren, welches nun vergleicht, ob dieser Wechsel zufällig zustande kommt, ober ob unsere Werbemaßnahme darauf einen Einfluss hat, ist der McNemar χ^2-Test. Dieser betrachtet nur die Wechsler, also die Zellen rechts oben (b) und links unten (c) in der Matrix und geht davon aus, dass die Hälfte der Wechsler von Käufern zu Nicht-Käufern wird und die andere Hälfte von Nicht-Käufern zu Käufern. Um das etwas zu verallgemeinern, können wir auch sagen, dass die eine Hälfte der Wechsler von 0 auf 1 wechselt und die andere Hälfte von 1 auf 0.

Mit diesem Wissen können wir die theoretisch erwarteten Werte für die Zellen b und c errechnen:

$$e_b = e_c = \frac{f_b + f_c}{2}$$

Die theoretisch erwartete Häufigkeit für die Zellen b und c ist damit:

$$e_b = e_c = \frac{f_b + f_c}{2} = \frac{50 + 100}{2} = 75$$

Mit den beobachteten Werten und den theoretisch erwarteten Werten können wir wiederum unsere Abweichungssumme, die gleichzeitig als Teststatistik dient, χ^2-verteilt ist und $F_g = 1$ Freiheitsgrade hat, berechnen:

$$U = \sum \frac{(f_i - e_i)^2}{e_i} = \frac{(f_b - e_b)^2}{e_b} + \frac{(f_c - e_c)^2}{e_c} = \frac{(50 - 75)^2}{75} + \frac{(100 - 75)^2}{75} = 16.7$$

Jetzt müssen wir nur noch unseren kritischen χ^2-Wert bestimmen. Diesen entnehmen wir der χ^2-Verteilungstabelle in Höhe von 6.635 (vergleiche Anhang 4).

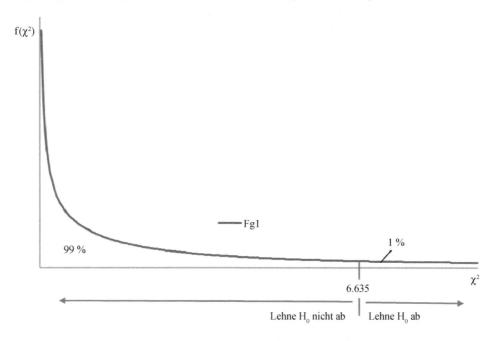

Vergleichen wir den berechneten Wert mit dem kritischen Wert, so sehen wir, dass wir die Nullhypothese ablehnen. Wir können also davon ausgehen, dass unsere Werbekampagne wirkt.

Zum Schluss wollen wir noch eine wichtige Randnotiz machen. Damit die χ^2-Testverfahren wirkungsvoll sind, sollte jede Zellenbesetzung mindestens 5 Beobachtungen umfassen. Ist dies nicht der Fall, so sind die Testergebnisse nicht vertrauenswürdig.

Freak-Wissen
Bei den hier besprochenen χ^2-Testverfahren haben wir jeweils ungerichtet getestet. Für χ^2-Tests ist das der Normalfall. Wenn eine 2×2 Matrix vorliegt, können wir auch gerichtet testen. In einem solchen Fall folgen wir der Logik der ungerichteten Testverfahren und verdoppeln das Signifikanzniveau.

16.4 Checkpoints

- *Die Testverfahren für nominale Daten beruhen auf der Analyse von Häufigkeiten.*
- *Die Testverfahren für nominale Daten werden häufig kurz nur χ^2-Tests genannt.*
- *Die Zellenbesetzung sollte bei χ^2-Testverfahren mindestens fünf Beobachtungen pro Zelle umfassen.*

16.5 Berechnung mit Excel

In Excel steht uns nur der χ^2-Test auf Unabhängigkeit zur Verfügung. Diesen können wir auch nutzen, wenn wir den χ^2-Test mit zwei voneinander unabhängigen Stichproben durchführen. Beschrieben ist die Vorgehensweise in Kap. 15.

16.6 Anwendung

16.1. Wir wollen wissen, ob es Unterschiede hinsichtlich der Gründungsmotive von Unternehmen gibt. Wir betrachten dabei folgende Nullhypothese: Alle Gründungsmotive kommen gleich häufig vor. Berechne das entsprechende Testverfahren zum Signifikanzniveau von 5 % und interpretiere das Ergebnis.

16.2. Uns interessiert, ob es zwischen Männern und Frauen Unterschiede bezüglich der Bedeutung der Gründungsmotive gibt. Berechne das entsprechende Testverfahren zum Signifikanzniveau von 5 % und interpretiere das Ergebnis.

16.3. Wir führen in unserem Unternehmen eine Aufklärungskampagne bezüglich der Ernährung am Arbeitsplatz durch. Unser Ziel ist es, eine gesundheitsbewusste Ernährung am Arbeitsplatz zu fördern. Wir beobachten dabei zufällig 200 Angestellte und fragen diese vor und nach der Kampagne nach ihrer Ernährung am Arbeitsplatz. Mit Hilfe dieser Ergebnisse können wir folgende 2 × 2 Matrix erstellen:

		Befragung nach Aufklärung	
		Gesundheitsbewusst	Nicht-Gesundheitsbewusst
Befragung vor Aufklärung	Gesundheitsbewusst	60	40
	Nicht-Gesundheits-bewusst	70	30

Berechne das entsprechende Testverfahren zum Signifikanzniveau von 10 % und interpretiere das Ergebnis.

16.7   Zusammenfassung und Überblick über die Testverfahren

Zum Schluss des vierten Teiles wollen wir die diskutierten und die erwähnten Testverfahren in einer Tabelle darstellen. Diese Tabelle kann neben Abb. 11.5 als Hilfsmittel dienen, ein Testverfahren zu wählen. Einschränkend müssen wir aber vermerken, dass die Tabelle selbstverständlich nicht alle Testverfahren darstellen kann (Tab. 16.1).

Tab. 16.1 Testverfahren und Fragestellung

Test	Wann der Test benutzt wird?	Beispiele
Untersuchung einer Gruppe		
Einstichpro-ben *t*-Test	Untersuchung eines Mittelwertes bei metrischen, normalverteilten Variablen	Wie alt sind Unternehmensgründer im Durchschnitt?
Wilcoxon Test	Untersuchung eines Mittelwertes bei einer kleinen Stichprobe und metrisch nicht-normalverteilten Variablen oder bei ordinalen Variablen	Wie viel Branchenberufserfahrung haben Gründer im Durchschnitt?
χ^2-Test	Vergleich der beobachteten Häufig-keiten mit den theoretisch erwarteten Häufigkeiten bei nominalen Variablen	Entspricht der Anteil der Gründerinnen an den gründenden Personen insgesamt dem Geschlechterverhältnis in der Ge-sellschaft?
Untersuchung von zwei unabhängigen Gruppen		
t-Test bei unab-hängigen Stichproben	Untersuchung auf einen Unterschied der Mittelwerte von Gruppen bei metri-schen, normalverteilten Variablen	Gibt es bei der Gründung von Un-ternehmen einen Altersunterschied zwischen Männern und Frauen?
Mann-Whit-ney Test	Untersuchung auf einen Unterschied der Mittelwerte von Gruppen bei kleiner Stichprobe und metrisch nicht-normal-verteilten Variablen oder bei ordinalen Variablen	Gibt es einen Unterschied in der Ein-schätzung der Branchenberufserfahrung zwischen Gründern und Gründerinnen?
χ^2-Test	Untersuchung, ob sich zwei Gruppen hinsichtlich der Häufigkeitsanteile einer nominalen Variable unterscheiden	Unterscheiden sich Gründer von Dienst-leistungsunternehmen und solche von Industrieunternehmen hinsichtlich ihrer Gründungsmotive?
Untersuchung von zwei abhängigen Gruppen		
t-Test bei abhängigen Stichproben	Untersuchung, ob es in einer Grup-pe vor und nach einer Maßnahme Unterschiede gibt, bei metrischen, nor-malverteilten Variablen	Hat eine Werbemaßnahme einen Ein-fluss auf das Image meines Produktes (metrisch gemessen)?
Wilcoxon Test bei abhängigen Stichproben	Untersuchung, ob es in einer Gruppe vor und nach einer Maßnahme Unter-schiede gibt, bei kleiner Stichprobe und metrisch nicht-normalverteilten Varia-blen oder bei ordinalen Variablen	Hat eine Werbemaßnahme einen Ein-fluss auf das Image meines Produktes (ordinal gemessen)?
McNemar χ^2-Test	Untersuchung, ob es in einer Gruppe vor und nach einer Maßnahme Unter-schiede gibt, bei nominalen Variablen	Hat die Werbemaßnahme einen Einfluss darauf hat, ob Personen mein Produkt kaufen oder nicht?

Test	Wann der Test benutzt wird?	Beispiele
Untersuchung auf Korrelation zwischen zwei Variablen bzw. auf Unabhängigkeit		
Bravais-Pearson	Untersuchung, ob zwischen zwei metrischen Variablen ein Zusammenhang besteht	Gibt es einen Zusammenhang zwischen dem Aufwand, den ein Jungunternehmer für Marketing betreibt und dem für Produktverbesserungen?
Spearman	Untersuchung, ob zwischen ordinalen Variablen ein Zusammenhang besteht	Gibt es einen Zusammenhang zwischen der Erwartung hinsichtlich der zukünftigen Unternehmensentwicklung und der Selbsteinschätzung der eigenen Unternehmensführungskenntnisse?
χ^2-Unabhängigkeits-Test	Untersuchung, ob zwischen nominalen Variablen ein Zusammenhang besteht	Gibt es einen Zusammenhang zwischen der Branche, in der gegründet wird und dem Gründungsmotiv

Die Regressionsanalyse: Die Möglichkeit vorherzusagen, was geschehen wird

Die Regressionsanalyse ist ein äußerst beliebtes Instrument, welches bei sehr vielen Fragestellungen Anwendung findet. Wir könnten uns beispielsweise fragen, ob Aufwendungen für Marketing einen Einfluss auf das Unternehmenswachstum haben und was passiert, wenn wir die Aufwendungen erhöhen oder reduzieren. Wir könnten aber auch versuchen zu klären, welche Faktoren einen Einfluss auf die Leistung von Fußballmannschaften haben oder welcher europäische Fußballverein die Champions League voraussichtlich gewinnen wird: Barcelona, Bayern, Real Madrid oder doch Dortmund? Die Beispiele zeigen, dass die Einsatzmöglichkeiten vielfältig sind. Ganz allgemein nutzen wir die Regressionsanalyse zur Erklärung und zur Prognose von Sachverhalten. Um das nochmals zu verdeutlichen hier ein paar Fragestellungen:

- Welche Faktoren beeinflussen die Leistung einer Fußballmannschaft? Ist der Gesamtwert des Fußballkaders oder das Vorhandensein eines Superstars zentral?
- Welchen Einfluss haben meine Marketingaufwendungen auf meine Verkaufszahlen? Was passiert, wenn ich Marketingaufwendungen erhöhe?
- Welchen Einfluss haben Forschungs- und Entwicklungsausgaben auf die Innovationsrate eines Landes? Was passiert, wenn ein Land seine Ausgaben für Grundlagenforschung erhöht?
- Welche Wirkung hat Entwicklungshilfe auf das Wachstum von Entwicklungsländern? Was passiert, wenn die Zahlungen erhöht werden?
- Welchen Einfluss hat Gewalt im Fernsehen auf die Gewaltbereitschaft von Jugendlichen? Was passiert, wenn die Fernsehsendungen gewaltreicher werden?

Die Einsatzmöglichkeiten sind vielfältig. Leider ist die Beantwortung solcher Fragen auch mit ausgefeilten statistischen Verfahren nicht immer ganz einfach und erfordert, wie wir gleich sehen werden, neben statistischen Methoden gründliche theoretische Überlegungen.

Die lineare Einfachregression

17.1 Ziel der linearen Einfachregression

Das Ziel der linearen Einfachregression ist zu erklären, welchen Einfluss eine Variable X auf eine Variable Y ausübt und was mit der Variable Y passiert, wenn sich die Variable X verändert oder verändert wird. Y ist entsprechend die abhängige Variable und X die unabhängige Variable:

$$Y \longleftarrow X$$

abhängige Variable (metrisch)   unabhängige Variable (metrisch)

    Lesen können wir oben genannte Beziehung folgendermaßen. Die Variable Y, die abhängige Variable, wird beeinflusst von der Variable X, der unabhängigen Variable. Beide Variablen weisen metrisches Skalenniveau auf.

> **Freak-Wissen**
> Neben den Bezeichnungen abhängige und unabhängige Variable werden noch zahlreiche andere Bezeichnungen verwendet:
>
> | abhängige Variable | unabhängige Variable |
> | --- | --- |
> | endogene Variable | exogene Variable |
> | erklärte Variable | erklärende Variable |
> | Regressand | Regressor |
> | Prognosevariable | Prädiktorvariable |

© Springer-Verlag Berlin Heidelberg 2016
F. Kronthaler, *Statistik angewandt*, Springer-Lehrbuch, DOI 10.1007/978-3-662-47114-2_17

Die Einteilung in abhängige und unabhängige Variablen ist keine statistische, auf Daten basierende Einteilung. Sie ist theoretischer Natur. Das heißt, die Einteilung erfolgt aufgrund der theoretischen Begründung, dass X einen Einfluss auf Y hat. Diese theoretische Fundierung ist zentral für die Regressionsanalyse. Haben wir diese nicht, so ist das Ergebnis der Regressionsanalyse wertlos. Wir können dann nicht sagen, was mit Y geschieht, wenn wir X verändern, da wir nicht wissen, ob X einen Einfluss auf Y ausübt oder ob die Beziehung umgekehrt ist.

Diskutieren wir dies noch einmal an einem Beispiel. Die Frage, die wir uns stellen, lautet folgendermaßen: Hat die Branchenberufserfahrung des Gründers einen Einfluss auf das Umsatzwachstum? Um die Frage zu beantworten, beschreiben wir zunächst mit Hilfe der existierenden Theorien und der Literatur den Zusammenhang. Wir kommen dann möglicherweise zur Forschungshypothese, dass die Branchenberufserfahrung einen Einfluss auf das Umsatzwachstum hat. Vielleicht kennen Gründer mit mehr Branchenberufserfahrung den Markt besser und können daher bessere Produkte anbieten, etc. Die Branchenberufserfahrung ist damit die unabhängige Variable und das Umsatzwachstum die abhängige Variable.

$$Y \longleftarrow X$$
Umsatzwachstum (metrisch)   Branchenberufserfahrung (metrisch)

Betrachten wir die Frage der Kausalität näher, fällt uns auf, dass hier die Richtung eindeutig ist. Die Branchenberufserfahrung zum Zeitpunkt der Gründung kann einen Einfluss auf das Umsatzwachstum ausüben. Umgekehrt geht es nicht, da das Umsatzwachstum dem Zeitpunkt der Gründung und damit der Branchenberufserfahrung des Gründers zum Zeitpunkt der Gründung nachgelagert ist. Die Frage der Kausalität ist leider nicht immer so einfach.

17.2 Die lineare Regressionsgerade und die Methode der Kleinsten Quadrate

Ziel der linearen Regression ist es, die lineare Beziehung zwischen der abhängigen und der unabhängigen Variable zu ermitteln. Das Vorgehen erläutern wir am besten an unserem Beispiel. Wir definieren dabei wie oben diskutiert die Wachstumsrate der Unternehmen als abhängige Variable Y und die Erfahrung der Unternehmensgründer als unabhängige Variable X.

$$Y \longleftarrow X$$
Wachstumsrate (metrisch)   Erfahrung (metrisch)

Wir starten mit dem Streudiagramm zwischen den beiden Variablen. In diesem ist die Beziehung zwischen abhängiger und unabhängiger Variable dargestellt (Abb. 17.1).

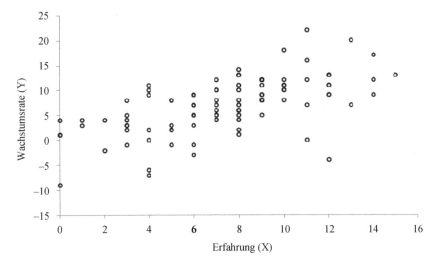

Abb. 17.1 Streudiagramm für die Variablen Wachstumsrate und Erfahrung

Ziel der linearen Einfachregression ist es, eine optimale gerade Linie durch die Punktwolke zu legen. Wie beim Korrelationskoeffizienten von Bravais-Pearson setzt dies voraus, dass die Beziehung linear ist.

Die Frage ist, wie wir eine gerade Linie in die Punktwolke legen können, so dass sie die Beziehung optimal beschreibt. Eine Möglichkeit ist, die Gerade freihändig nach bestem Wissen und Gewissen einzuzeichnen. In Abb. 17.2 sind drei Möglichkeiten eingezeichnet, wie die Gerade aussehen könnte.

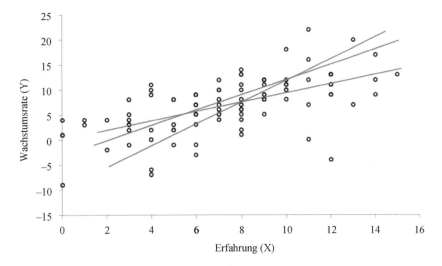

Abb. 17.2 Optimale Gerade für das Streudiagramm zu den Variablen Wachstumsrate und Erfahrung?

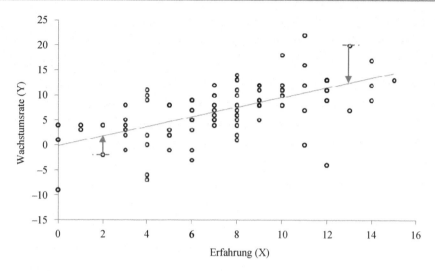

Abb. 17.3 Optimale Gerade für das Streudiagramm zu den Variablen Wachstumsrate und Erfahrung: Kleinste-Quadrate-Methode

Welche ist aber nun die richtige Gerade? Visuell ist das schwer zu entscheiden. Wir brauchen ein besseres Verfahren. Eines der besten, das wir kennen, ist die Methode der Kleinsten Quadrate.

Mit Hilfe der Methode der kleinsten Quadrate wird der Abstand zwischen unseren Beobachtungen und der Geraden, die wir suchen, minimiert (Abb. 17.3). Wenn dieser Abstand minimal ist, haben wir die optimale Gerade gefunden.

Mathematisch lässt sich eine Gerade wie folgt darstellen:

$$Y = b_0 + b_1 X$$

wobei

b_0 der Achsenabschnitt, d. h. der Schnittpunkt der Linie mit der Y-Achse, und
b_1 die Steigung der Geraden ist.

Die Steigung beschreibt, um wie viel sich die Variable Y verändert, wenn X um eins zunimmt (Abb. 17.4).

Da wir mit Hilfe der Kleinsten-Quadrate-Methode die Gerade schätzen, schreiben wir für die geschätzte Gerade (wir bezeichnen sie auch als Regressionsgerade), folgendermaßen:

$$\hat{Y} = b_0 + b_1 X$$

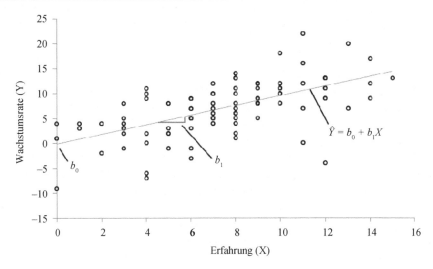

Abb. 17.4 Achsenabschnitt und Steigung der Kleinsten-Quadrate-Linie

wobei

$\hat{Y}$ (Y Hut) die mit Hilfe der Regressionsgeraden geschätzten Y-Werte von X sind,
b_0 ist wiederum der Achsenabschnitt,
b_1 die Steigung.

Jetzt können wir uns noch der Minimierungsregel zuwenden. Ziel des Kleinsten-Quadrate-Verfahrens ist es, die Summe des Abstandes zwischen beobachteten y_i Werten und geschätzten $\hat{y}_i$ Werten zu minimieren. Den Abstand können wir auch wie folgt schreiben:

$$e_i = y_i - \hat{y}_i$$

wobei

e_i der Abstand zwischen beobachteten und geschätzten Werten ist.

Wenn wir alle Abstände aufsummieren, kommen wir zu folgender Formel:

$$\sum e_i = \sum (y_i - \hat{y}_i)$$

Zusätzlich können wir noch $\hat{y}_i$ durch die Geradengleichung $\hat{y}_i = b_0 + b_1 x_i$ ersetzen und wir erhalten:

$$\sum e_i = \sum (y_i - (b_0 + b_1 x_i))$$

Jetzt kommt noch ein letzter Gedankenschritt und wir werden auch verstehen, warum das Verfahren die Methode der kleinsten Quadrate genannt wird. Die Linie, die wir in die Punktwolke mit Hilfe des Verfahrens legen, ist die durchschnittliche Gerade, die die Punktwolke am besten beschreibt. Da sie die durchschnittliche Gerade ist, ist die Summe der Abweichungen immer null, wir haben positive und negative Abweichungen. Wir behelfen uns daher damit, dass wir nicht die Abweichungen minimieren, sondern die quadrierten Abweichungen. Die Regel der Kleinsten-Quadrate-Methode lautet daher, minimiere die Summe der quadrierten Abweichungen:

$$\sum e_i^2 = \sum (y_i - (b_0 + b_1 x_i))^2 \to \text{min!}$$

Dieses Minimum finden wir, wenn wir die Ableitungen nach b_0 und b_1 bilden. Wenn wir dies tun, erhalten wir folgende Formeln für den Achsenabschnitt und die Steigung, mit deren Hilfe wir die Regressionsgerade aus unseren Beobachtungen bestimmen können:

$$b_0 = \frac{\sum x_i^2 \sum y_i - \sum x_i \sum x_i y_i}{n \sum x_i^2 - (\sum x_i)^2}$$

$$b_1 = \frac{n \sum x_i y_i - \sum x_i \sum y_i}{n \sum x_i^2 - (\sum x_i)^2}$$

Lasst uns das am Beispiel unserer ersten acht Unternehmen des Datensatzes nachvollziehen. Am besten legen wir hierfür eine Tabelle an und berechnen die benötigten Werte.

Unternehmen	y_i	x_i	x_i^2	$x_i y_i$
1	5	7	49	35
2	8	8	64	64
3	18	10	100	180
4	10	7	49	70
5	7	6	36	42
6	12	10	100	120
7	16	11	121	176
8	2	4	16	8
$\sum$	78	63	535	695
		$(\sum x_i)^2 = 63^2$		

Wir setzen die Werte den Formeln entsprechend ein und erhalten den Achsenabschnitt und die Steigung der Regressionsgeraden:

$$b_0 = \frac{\sum x_i^2 \sum y_i - \sum x_i \sum x_i y_i}{n \sum x_i^2 - (\sum x_i)^2} = \frac{535 \times 78 - 63 \times 695}{8 \times 535 - 63^2} = -6.61$$

$$b_1 = \frac{n \sum x_i y_i - \sum x_i \sum y_i}{n \sum x_i^2 - (\sum x_i)^2} = \frac{8 \times 695 - 63 \times 78}{8 \times 535 - 63^2} = 2.08$$

Damit können wir die Regressionsgerade aufstellen und für bestimmte X Werte geschätzte Y Werte berechnen.

$$\hat{Y} = b_0 + b_1 X = -6.61 + 2.08X$$

Wir möchten beispielsweise die geschätzte Wachstumsrate für ein Unternehmen ausrechnen, dessen Gründer eine Branchenberufserfahrung von 11 Jahren aufweist. Wir setzen hierfür einfach für unser X den Wert 11 ein und erhalten:

$$\hat{Y} = -6.61 + 2.08 \times 11 = 16.27$$

Die mit Hilfe der Regressionsgeraden geschätzte Wachstumsrate liegt bei 16.27 %. Erinnern wir uns, wir hatten gesagt, dass die Steigung die Veränderung ist, die Eintritt, wenn wir den X Wert um eins erhöhen. Überprüfen wir das einmal und rechnen die geschätzte Wachstumsrate für 12 Jahre aus.

$$\hat{Y} = -6.61 + 2.08 \times 12 = 18.35$$

Die Veränderung beträgt $18.35 - 16.27 = 2.08$, was genau der Steigung entspricht. Wir sehen, wir können aus unseren beobachteten Werten die Regressionsgerade relativ einfach bestimmen und mit ihr den Sachverhalt erklären sowie Prognosen aufstellen. Ganz so einfach ist es dann aber doch wieder nicht. Zunächst müssen wir uns die Frage stellen, wie gut unsere berechnete Regressionsgerade den Zusammenhang erklärt.

17.3   Wie gut und wie viel können wir erklären, das R^2

Das Problem der Regressionsgerade ist, dass wir für jede Punktwolke eine optimale Gerade berechnen können, egal wie viel und wie gut die Gerade den Zusammenhang erklärt. In Abb. 17.5 ist das dargestellt. Auf der linken Seite haben wir eine Gerade, die den Zusammenhang zwischen X und Y relativ gut erklärt, die Punkte streuen eng um die Gerade. Auf der rechten Seite befindet sich eine Gerade, die den Zusammenhang schlecht erklärt, die Punkte liegen weit weg von der Geraden. Da die Punkte eine große Streuung aufweisen, können wir nur mit großer Unsicherheit sagen, was mit Y passiert, wenn wir X verändern.

Das Maß, das wir nutzen um den Erklärungsgehalt der Regressionsgerade zu bestimmen, ist das Bestimmtheitsmaß R^2. Dieses gibt an, wie viel Prozent der Veränderung der abhängigen Variable Y durch die unabhängige Variable X erklärt werden, technisch gesprochen, wie viel Prozent der Varianz von Y durch X erklärt sind:

$$R^2 = 1 - \frac{\text{unerklärte Varianz}}{\text{Gesamtvarianz}} = 1 - \frac{\sum (y_i - \hat{y}_i)^2}{\sum (y_i - \bar{y})^2}$$

Definiert ist das Bestimmtheitsmaß zwischen 0 und 1. 0 bedeutet, dass die Regressionsgerade 0 % der Bewegung (Varianz) von Y erklärt. 1 bedeutet, dass sie 100 % der

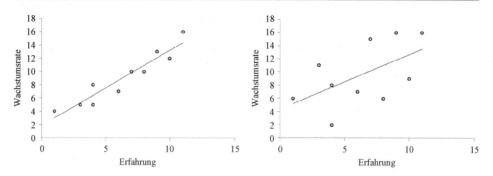

Abb. 17.5 Erklärungsgehalt der Regressionsgeraden

Bewegung (Varianz) von Y erklärt. Entsprechend bedeutet z. B. ein R^2 von 0.3, dass die Regressionsgerade 30 % der Bewegung von Y erklärt, die weiteren 70 % können nicht durch die Regressionsgerade erklärt werden.

> **Freak-Wissen**
> Die Berechnung des R^2s beruht auf dem Prinzip der Streuungszerlegung. Die Streuung der Y Werte um ihren Mittelwert kann in einen durch die Regressionsgerade erklärten Teil und einen durch die Regressionsgerade nicht erklärten Teil zerlegt werden. Ist der erklärte Anteil hoch, ist entsprechend der nicht erklärte Teil klein, und umgekehrt.

Zur Berechnung des R^2s müssen wir zunächst den Mittelwert $\bar{y}$ und die durch die Regressionsgerade geschätzten $\hat{y}_i$ ausrechnen. Anschließend bestimmen wir die Summe der Abweichungen der y_i und setzen diese in die Formel ein. Das Ergebnis zeigt uns an, wie viel Prozent der Varianz von Y durch die Regressionsgerade erklärt werden. Wir wollen das Beispiel von oben weiterführen. Hier hatten wir folgende Regressionsgerade geschätzt:

$$\hat{Y} = b_0 + b_1 X = -6.61 + 2.08X$$

Setzen wir in diese unsere x_i Werte ein, so erhalten wir die geschätzten $\hat{y}_i$ Werte (siehe Tabelle) und wir können, sobald wir auch noch den Mittelwert berechnet haben, die benötigten Summen bestimmen.

Unternehmen	y_i	x_i	$\hat{y}_i$	$y_i - \hat{y}_i$	$(y_i - \hat{y}_i)^2$	$y_i - \bar{y}$	$(y_i - \bar{y})^2$
1	5	7	7.95	−2.95	8.7025	−4.75	22.5625
2	8	8	10.03	−2.03	4.1209	−1.75	3.0625
3	18	10	14.19	3.81	14.5161	8.25	68.0625
4	10	7	7.95	2.05	4.2025	0.25	0.0625
5	7	6	5.87	1.13	1.2769	−2.75	7.5625
6	12	10	14.19	−2.19	4.7961	2.25	5.0625
7	16	11	16.27	−0.27	0.0729	6.25	39.0625
8	2	4	1.71	0.29	0.0841	−7.75	60.0625
$\sum$	78				37.772		205.5
	$\bar{y} = 9.75$						

Setzen wir die berechneten Summen in unsere Formel ein, so erhalten wir ein R^2 in Höhe von 0.82:

$$R^2 = 1 - \frac{\sum (y_i - \hat{y}_i)^2}{\sum (y_i - \bar{y})^2} = 1 - \frac{37.772}{205.5} = 0.82$$

Durch die Regressionsgerade können wir also 82 % der Bewegung von Y erklären.

Berechnen wir als weiteres Beispiel noch das R^2 für die linke und die rechte Seite der Abb. 17.5. Hierfür müssen wir zunächst die Werte aus der Abbildung ablesen. Wir erhalten für die linke Seite einen Wert von 0.9 und für die rechte Seite einen Wert von 0.32. D. h. die Regressionsgerade in der linken Hälfte der Abbildung erklärt ca. 90 % der Variation von Y und die Regressionsgerade in der rechten Hälfte in etwa 32 %.

Zusammenfassend können wir sagen, je höher das R^2 ist, desto besser passt die Regressionsgerade zu den Daten und desto genauer können wir prognostizieren, was mit Y passiert, wenn wir X verändern. Ein hohes R^2 ist somit ein Indiz für die Güte der Regressionsanalyse. In den Sozialwissenschaften sind wir dennoch oft bereits mit einem scheinbar kleinen R^2, z. B. in Höhe von 0.2 oder 0.3, zufrieden. Der Grund hierfür ist, dass wir hier oft mit Konzepten arbeiten, die schwierig messbar und bei der Erhebung fehleranfällig sind. Die Daten sind daher relativ häufig nicht präzise und wir haben ein sogenanntes Rauschen in den Daten. Das R^2 ist dann zwangsläufig oft relativ klein. Wie wir im Kap. 18 sehen werden, ist aber nicht nur das R^2 für die Güte der Regressionsgerade ausschlaggebend, sondern wir können auch testen, ob die Regressionsgerade insgesamt einen Erklärungsgehalt besitzt.

17.4 Berechnung mit Excel

Mit Hilfe von Excel ist die Berechnung der Regressionsgeraden bei der linearen Einfachregression denkbar leicht. Wir haben zwei Möglichkeiten. Erstens können wir mit Hilfe von Excel das Streudiagramm zeichnen und uns dann im Streudiagramm sowohl die Regressionsgerade als auch das Bestimmtheitsmaß anzeigen lassen. Zweitens stehen uns die Funktionen ACHSENABSCHNITT, STEIGUNG und BESTIMMTHEITSMASS zur Verfügung. Am Beispiel unseres Datensatzes können wir dies für alle beobachteten Unternehmen zeigen.

Wenn wir das Streudiagramm nutzen, zeichnen wir dieses zunächst und klicken dann mit der rechten Maustaste auf die Datenpunkte im Diagramm. Es öffnet sich ein Fenster, welches den Befehl „Trendlinie hinzufügen ..." anbietet.

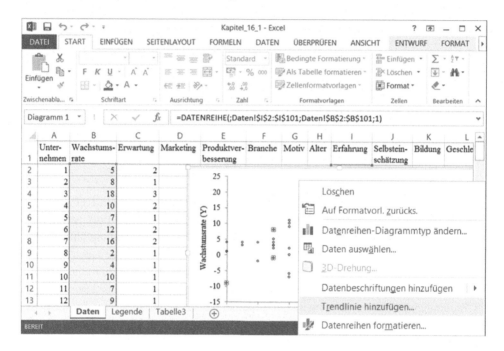

Wir klicken auf den Befehl „Trendlinie hinzufügen . . . " und es erscheint die Möglichkeit eine Trendlinie hinzuzufügen.

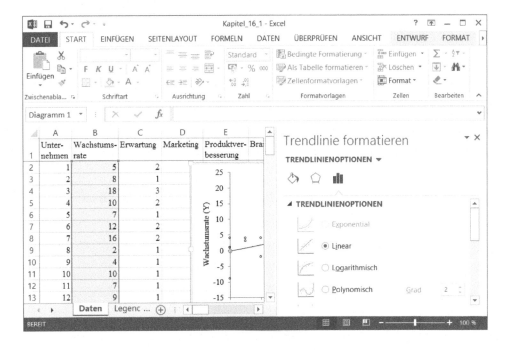

Wir markieren Linear und scrollen abwärts, bis wir einen Haken bei Formel und Be-stimmtheitsmaß im Diagramm anzeigen setzen können. Anschließend schließen wir die Option Trendlinie formatieren und bekommen sowohl die Regressionsgerade als auch das Bestimmtheitsmaß im Diagramm dargestellt.

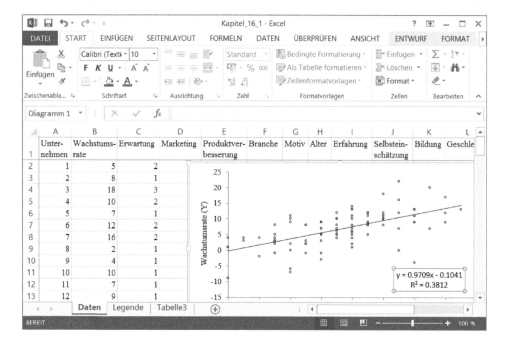

Beachten müssen wir lediglich, dass in der Regressionsgleichung die Steigung vor dem Achsenabschnitt angezeigt wird.

Nutzen wir die Funktionen ACHSENABSCHNITT, STEIGUNG und BESTIMMT-HEITSMASS, rufen wir die entsprechenden Funktionen über die Registerkarte Formeln und den Befehl Funktion einfügen auf und geben jeweils unsere Y und X Werte ein. Wir erhalten entsprechend unseren Achsenabschnitt b_0, die Steigung b_1 und das Bestimmtheitsmaß R^2.

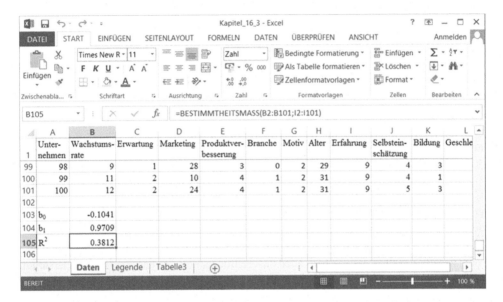

Unsere Regressionsgerade ist entsprechend $\hat{Y} = -1.041 + 0.9709X$ bei einem Erklärungsgehalt von in etwa 38 %.

17.5 Ist eine unabhängige Variable genug, Out-of-Sample Vorhersagen und noch mehr Warnungen

Zum Schluss des Abschnitts sollen noch ein paar Warnungen und Hinweise zur Anwendbarkeit der linearen Einfachregression ausgesprochen werden.

Eine unabhängige Variable zur Erklärung unserer abhängigen Variablen wird in der Regel nicht ausreichen. Wir können uns leicht vorstellen, dass das Unternehmenswachstum nicht nur von der Branchenberufserfahrung abhängt, sondern dass vielleicht auch der Marketingaufwand oder der Aufwand für Produktverbesserungen Einfluss nimmt. Genauso könnte es sein, dass die Branche relevant ist und dass es einen Unterschied macht, ob der Gründer eine Frau oder ein Mann ist. Auch könnte das Alter des Gründers oder das Motiv der Gründung von Bedeutung sein. Das heißt, wir haben in der Regel bei jeder Fragestellung mehrere unabhängige Variablen, die einen Einfluss auf die abhängige Variable ausüben. Entsprechend müssen wir auch alle relevanten Variablen in das Re-

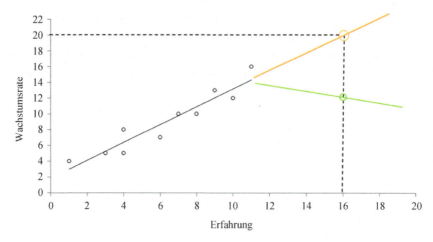

Abb. 17.6 Out-of-Sample Vorhersage

gressionsmodell aufnehmen. Tun wir das nicht, so wird möglicherweise der Einfluss der aufgenommenen unabhängigen Variable überschätzt und unsere Prognosen sind ungenau.

Ein weiteres Problem bei Prognosen ist, dass wir solche normalerweise nur in dem Bereich anstellen sollten, in welchem auch unsere Beobachtungen angesiedelt sind. Erstellen wir Prognosen außerhalb unseres Beobachtungsbereiches, sprechen wir von Out-of-Sample Vorhersagen bzw. Vorhersagen außerhalb unserer Stichprobe. Problematisch bei Out-of-Sample Vorhersagen ist vor allem, dass wir annehmen müssen, dass die Beziehung, die wir in unseren Daten gefunden haben, auch über den beobachteten Wertebereich hinaus gilt. Dies kann, muss aber nicht so sein. Gilt das nicht, dann erstellen wir eine falsche Prognose. Vergleichen wir hierzu die entsprechende Abbildung (Abb. 17.6).

In der Abbildung reicht der beobachtete Wertebereich für die unabhängige Variable von ein bis elf Jahren. Für diesen Wertebereich haben wir eine enge lineare Beziehung zwischen den Variablen Erfahrung und Wachstumsrate. Nutzen wir die Beziehung zur Prognose außerhalb des Beobachtungsbereiches, nehmen wir an, dass sich die Linie fortsetzen lässt (orange Linie). So kommen wir bei 16 Jahren zur Prognose einer Wachstumsrate von 20 %. Verändert sich die Beziehung aber tatsächlich (z. B. grüne Linie), dann läge der wahre Wert nicht bei 20 %, sondern bei ca. 13 %. Entsprechend müssen wir bei Out-of-Sample Vorhersagen eine gute theoretische Begründung dafür haben, warum sich der beobachtete Trend fortsetzen lässt, des Weiteren müssen wir vorsichtig bei der Interpretation der Vorhersage sein.

Noch eine letzte Bemerkung. Die lineare Regression berechnet eine Gerade. Das heißt aber auch, dass in den Daten eine lineare Beziehung bestehen muss. Ist diese nicht vorhanden, so ist die lineare Regression ungeeignet, die Beziehung darzustellen.

In Abb. 17.7 gibt es keine Beziehung zwischen X und Y. Y verändert sich nicht, wenn sich X verändert. Allerdings haben wir rechts oben einen Ausreißer. Die Regressions-

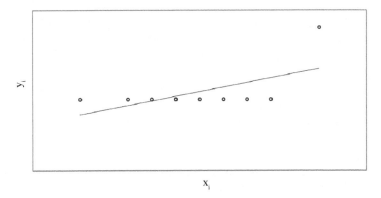

Abb. 17.7 Keine Beziehung zwischen abhängiger und unabhängiger Variable

gerade berücksichtigt diesen Punkt und berechnet entsprechend eine linear aufsteigende Gerade.

In Abb. 17.8 sind zwei Punktwolken dargestellt. Links unten verändert sich Y unsystematisch mit einer Veränderung von X, rechts oben ist das ebenfalls der Fall. Wir haben also keine lineare Beziehung zwischen X und Y, wohl aber haben wir einen Bruch. Übersteigt X einen bestimmten Wert, dann springt Y. Die einfache Regressionsgerade versucht, eine Gerade zwischen den Punktwolken zu berechnen und ist entsprechend nicht geeignet, den Sachverhalt abzubilden.

In Abb. 17.9 sehen wir eine nicht-lineare Beziehung zwischen X und Y. Die lineare Regression versucht, die Beziehung über eine Gerade abzubilden, was offensichtlich in diesem Fall nicht korrekt ist.

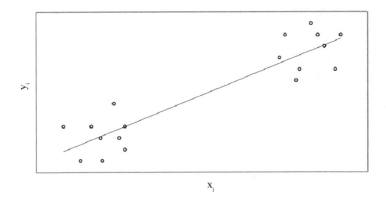

Abb. 17.8 Keine lineare Beziehung zwischen abhängiger und unabhängiger Variable

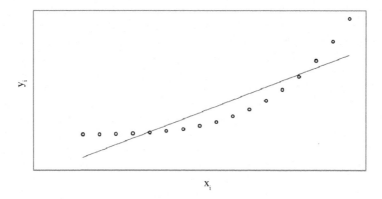

Abb. 17.9 Nicht-lineare Beziehung zwischen abhängiger und unabhängiger Variable

> **Freak-Wissen**
> Besteht eine nicht-lineare Beziehung zwischen Daten, z. B. in Form eines u-förmigen oder eines exponentiellen Zusammenhanges, gibt es mathematische Transformationsmöglichkeiten, die einen solchen Zusammenhang in einen linearen Zusammenhang überführen. Die lineare Regression kann dann wieder genutzt werden.

17.6 Checkpoints

- *Mit Hilfe der linearen Einfachregression wird eine lineare Beziehung zwischen zwei metrischen Variablen abgebildet.*
- *Das Anwenden der Regressionsanalyse erfordert ein theoriegeleitetes Vorgehen. Wir benötigen eine saubere theoretische Fundierung, die uns zeigt, dass die unabhängige Variable einen Einfluss auf die abhängige Variable ausübt.*
- *Die Berechnung der Regressionsgerade erfolgt mit Hilfe der Methode der kleinsten Quadrate.*
- *Das Bestimmtheitsmaß R^2 ist ein Mass für die Stärke des Zusammenhanges. Es erklärt, wie viel von der Veränderung von der abhängigen Variable durch die unabhängige Variable erklärt wird.*
- *In der Regel reicht eine unabhängige Variable nicht aus, um die abhängige Variable ausreichend zu erklären, d. h. wir benötigen mehrere unabhängige Variablen.*
- *Out-of-Sample Vorhersagen beruhen auf der Annahme, dass der entdeckte Zusammenhang auch über den Beobachtungsbereich hinaus gilt, und sind entsprechend vorsichtig anzuwenden.*

17.7 Anwendung

17.1. Warum sind theoretische Überlegungen notwendig, bevor eine Regressionsanalyse durchgeführt werden soll?

17.2. Zeichne und berechne für die ersten acht Unternehmen unseres Datensatzes Daten_Wachstum.xlsx von Hand das Streudiagramm, die Regressionsgerade und das Bestimmtheitsmaß für die Variable Wachstumsrate und Marketing. Nutze als abhängige Variable die Wachstumsrate und als unabhängige Variable die Aufwendungen für Marketing. Interpretiere das Ergebnis.

17.3. Nutze das Ergebnis aus Aufgabe 2 und prognostiziere die Wachstumsrate für Marketingaufwendungen in Höhe von 20 %. Gibt es ein Problem mit der Prognose?

17.4. Zeichne und berechne für die ersten acht Unternehmen unseres Datensatzes Daten_Wachstum.xlsx von Hand das Streudiagramm, die Regressionsgerade und das Bestimmtheitsmaß für die Variable Wachstumsrate und Produktverbesserung. Nutze als abhängige Variable die Wachstumsrate und als unabhängige Variable die Aufwendungen für Produktverbesserungen. Interpretiere das Ergebnis.

17.5. Nutze das Ergebnis aus Aufgabe 4 und prognostiziere die Wachstumsrate für Aufwendungen für Produktverbesserungen in Höhe von 20 %. Gibt es ein Problem mit der Prognose?

17.6. Zeichne und berechne für unseren Datensatz Daten_Wachstum.xlsx mit Hilfe von Excel das Streudiagramm, die Regressionsgerade und das Bestimmtheitsmaß für folgende Variablenpaare: Wachstumsrate und Marketing, Wachstumsrate und Produktverbesserung und Wachstumsrate und Alter. Nutze als abhängige Variable die Wachstumsrate. Interpretiere die Ergebnisse.

17.7. Beschreibe mit Blick auf Aufgabe 6, warum eine unabhängige Variable nicht ausreicht, um die Wachstumsrate zu erklären.

Die multiple Regressionsanalyse

18

18.1 Die multiple Regressionsanalyse – mehr als eine unabhängige Variable

Im vorangegangen Kapitel haben wir gesehen, dass in der Regel eine unabhängige Variable nicht genügt, um die abhängige Variable ausreichend zu beschreiben. Normalerweise haben mehrere Faktoren einen Einfluss. Wir benötigen typischerweise die multiple Regressionsanalyse, auch multivariate Regressionsanalyse genannt, um einen Sachverhalt zu beschreiben. Mit dieser analysieren wir gleichzeitig den Einfluss mehrerer unabhängiger Variablen auf eine abhängige Variable.

$$Y \longleftarrow X_1, X_2, ..., X_J$$

abhängige Variable   unabhängige Variablen

(metrisch)   (metrisch und Dummy-Variablen)

Die abhängige Variable ist dabei metrisch, die unabhängigen Variablen sind ebenfalls metrisch oder sogenannte Dummy-Variablen. Dummy-Variable ist der technische Ausdruck für nominale Variablen mit den Ausprägungen 0 und 1, z. B. Mann und Frau, Industrieunternehmen und Dienstleistungsunternehmen, katholisch und nicht-katholisch.

> **Freak-Wissen**
> Nominale Variablen mit mehr als zwei Ausprägungen oder auch ordinale Variablen können in die multiple Regressionsanalyse aufgenommen werden, wenn sie in Dummy-Variablen umcodiert werden.

© Springer-Verlag Berlin Heidelberg 2016
F. Kronthaler, *Statistik angewandt*, Springer-Lehrbuch, DOI 10.1007/978-3-662-47114-2_18

Das Ziel der multiplen Regressionsanalyse ist es zu beschreiben, welchen Einfluss ein Set von unabhängigen Variablen X_j auf eine abhängige Variable Y ausübt, und zu bestimmen, was mit Y passiert, wenn sich eine Variable X_j verändert oder verändert wird. Der Unterschied zur linearen Einfachregression ist, dass wir nicht mehr nur eine unabhängige Variable, sondern gleichzeitig mehrere unabhängige Variablen simultan untersuchen.

Obwohl wir gleichzeitig mehrere unabhängige Variablen simultan untersuchen, sind wir in der Regel trotzdem nur an einer dieser Variablen interessiert. Die anderen unabhängigen Variablen nehmen wir in die Regressionsanalyse auf, da auch sie einen Einfluss auf die abhängige Variable ausüben. Um den echten Einfluss der Variable, die von Interesse ist, zu ermitteln, müssen wir für den Einfluss der anderen Variablen kontrollieren. Technisch sprechen wir daher auch von Kontrollvariablen. Wir ermitteln den Einfluss einer unabhängigen Variable auf Y unter Kontrolle aller anderen für den Sachverhalt relevanten Variablen.

Wir wollen dies noch einmal an einem Beispiel verdeutlichen. Uns interessiert der Einfluss der Branchenberufserfahrung auf das Unternehmenswachstum. Die Theorie zeigt an, dass die Branchenberufserfahrung einen Einfluss ausübt. Gleichzeitig entnehmen wir der Theorie aber auch, dass nicht nur die Branchenberufserfahrung wichtig für das Unternehmenswachstum ist, sondern ebenso Marketing, Forschung und Entwicklung, Branche, etc. eine Rolle spielen könnten. Um den echten Einfluss der Branchenberufserfahrung zu ermitteln, müssen wir daher für diese Faktoren kontrollieren.

Die Vorgehensweise der Schätzung der Regressionsfunktion ist mit dem Vorgehen bei der linearen Einfachregression identisch. Wir minimieren mit Hilfe der Methode der kleinsten Quadrate die quadrierten Abweichungen der Regressionsfunktion von den beobachteten y_i-Werten:

$$\sum e_i^2 = \sum \left(y_i - \left(b_0 + b_1 x_{1i} + b_2 x_{2i} + \ldots + b_j x_{ji}\right)\right)^2 \to \min!$$

und erhalten mit Hilfe der Minimierungsregel die Regressionsfunktion mit den geschätzten Koeffizienten:

$$\hat{Y} = b_0 + b_1 X_1 + b_2 X_2 + \ldots + b_J X_J$$

wobei

b_0 das Absolutglied ist,

b_1 bis b_J sind die geschätzten Koeffizienten für die unabhängigen Variablen X_j,

J ist die Anzahl der unabhängigen Variablen,

$\hat{Y}$ sind die mit Hilfe der Regressionsfunktion geschätzten Werte.

Wir wollen dies an unserem Beispiel verdeutlichen. Die Theorie hat uns gezeigt, dass neben der Branchenberufserfahrung auch der Aufwand für Marketing und Produktverbesserungen, die Branche, das Alter der Unternehmensgründer und das Geschlecht einen Einfluss ausüben. Damit haben wir sechs unabhängige Variablen, die wir in unsere Regressionsfunktion aufnehmen müssen. Zwei von ihnen, die Branche und das Geschlecht, sind Dummy-Variablen. Unser Modell können wir damit wie folgt spezifizieren:

$$\hat{Y} = b_0 + b_1 X_1 + b_2 X_2 + b_3 X_3 + b_4 X_4 + b_5 X_5 + b_6 X_6$$

bzw.:

$$\hat{W} = b_0 + b_1 \text{Mark} + b_2 \text{Pro} + b_3 \text{Bran} + b_4 \text{Alt} + b_5 \text{Erf} + b_6 \text{Sex}$$

wobei

$\hat{W}$ die mit Hilfe der Regressionsfunktion geschätzten Wachstumsraten sind,
Mark der Aufwand für Marketing,
Pro   der Aufwand für Produktverbesserung,
Bran die Branche,
Alt   das Alter der Unternehmensgründer,
Erf   die Branchenberufserfahrung und
Sex   das Geschlecht der Gründer ist.

Bevor wir nun dieses Modell mit Hilfe von Excel schätzen (die Berechnung von Hand wird langsam aufwändig), müssen wir noch kurz auf die verschiedenen Masse zur Bestimmung der Güte der Regressionsfunktion eingehen.

18.2   F-Test, t-Test und Adjusted-R^2

Zunächst sollte klar sein, dass wir die Regressionsfunktion aus einer Stichprobe schätzen. Damit erhalten wir die Regressionsfunktion für die Stichprobe. Da wir aber eine Aussage über die Grundgesamtheit machen wollen, müssen wir die Regressionsfunktion testen. Testen können wir sowohl die gesamte Regressionsfunktion als auch die einzelnen Regressionskoeffizienten für die unabhängigen Variablen. Für die Regressionsfunktion lauten die Null- und die Alternativhypothese wie folgt:

H_0: *Die Regressionsfunktion trägt nicht zur Erklärung der abhängigen Variable bei*
H_A: *Die Regressionsfunktion trägt zur Erklärung der abhängigen Variable bei*

Das Signifikanzniveau ist in der Regel $\alpha = 1\%$ bzw. $\alpha = 0.01$.

Lehnen wir die Nullhypothese ab, gehen wir davon aus, dass die Regressionsfunktion die abhängige Variable in der Grundgesamtheit erklärt. Die Teststatistik, die wir verwenden, ist wie folgt definiert:

$$F = \frac{R^2 / (J)}{(1 - R^2)/(N - J - 1)}$$

wobei

R^2 das Bestimmtheitsmaß ist,
J die Anzahl der unabhängigen Variablen und
N die Anzahl der Beobachtungen.

Der Prüfwert ist F-verteilt mit $F_{g_1} = J$ und $F_{g_2} = N - J - 1$ Freiheitsgraden.

Der Test, kurz F-Test genannt, benutzt also die erklärte Varianz im Verhältnis zur nichterklärten Varianz. Ist der Erklärungsgehalt groß, wird F groß und wir lehnen die Nullhypothese ab. Der F-Test ist das erste, das wir uns nach Berechnung der Regressionsfunktion ansehen.

Für die unabhängigen Variablen stellen wir jeweils eine eigene Null- und Alternativhypothese auf:

H_0: *Die unabhängige Variable j trägt nicht zur Erklärung der abhängigen Variable bei*

H_A: *Die unabhängige Variable j trägt zur Erklärung der abhängigen Variable bei*

Das Signifikanzniveau spezifizieren wir im Vorfeld der Untersuchung mit $\alpha = 10\%, 5\%, 1\%$ bwz. $\alpha = 0.1, 0.05, 0.01$.

Lehnen wir die Nullhypothese ab, gehen wir davon aus, dass die unabhängige Variable j einen Erklärungsgehalt hat, wobei wir folgende Teststatistik verwenden:

$$t = \frac{b_j}{s_{b_j}}$$

b_j ist der geschätzte Koeffizient für die unabhängige Variable j,
s_{b_j} der Standardfehler für den geschätzten Koeffizienten.

Freak-Wissen
Die Koeffizienten werden mit Hilfe einer von vielen möglichen Stichproben geschätzt. Daher gibt es natürlich viele mögliche Koeffizienten, die um den wahren Wert in der Grundgesamtheit variieren. Der Standardfehler repräsentiert diese Variation.

Mit den t-Tests überprüfen wir, welche der Variablen einen Erklärungsgehalt hat. Diesen Tests können wir uns widmen, bevor oder nachdem wir das Bestimmtheitsmaß begutachtet haben.

Das Bestimmtheitsmaß R^2 kennen wir bereits. Es vergleicht die erklärte Varianz mit der Gesamtvarianz und sagt aus, wie viel Bewegung der Y Variable durch die Regressionsfunktion erklärt wird.

$$R^2 = 1 - \frac{\text{unerklärte Varianz}}{\text{Gesamtvarianz}} = 1 - \frac{\sum (y_i - \hat{y}_i)^2}{\sum (y_i - \bar{y})^2}$$

Bei der Analyse der Regressionsfunktion wird, insbesondere beim Vergleich verschiedener Regressionsmodelle, oft nicht das einfache R^2 verwendet, sondern ein sogenanntes „angepasstes- bzw. adjusted-R^2". Es ist genauso zu interpretieren wie das einfache R^2. Der Hintergrund ist folgender: Es ist möglich, das R^2 zu erhöhen, indem man mehr unabhängige Variablen aufnimmt. Aus Gründen, die wir hier nicht diskutieren, führt die Hinzunahme einer weiteren unabhängige Variable nie zu einer Verkleinerung des R^2. Damit können wir durch Hinzunahme von unabhängigen Variablen das R^2 theoretisch beliebig erhöhen und eine erhöhte Erklärungskraft des Modells vortäuschen. Aus diesem Grund hat man sich ein Maß überlegt, dass für die Anzahl an aufgenommenen Variablen kontrolliert. Das Maß berechnet sich wie folgt:

$$R_{\text{adj}}^2 = R^2 - \frac{J \times (1 - R^2)}{N - J - 1}$$

Aus der Formel ergibt sich, dass der Zähler größer und der Nenner kleiner werden je mehr Variablen wir in die Regressionsfunktion aufnehmen. Entsprechend kann das R_{adj}^2 kleiner werden, wenn mehr Variablen im Modell aufgenommen werden. Wenn wir alle relevanten unabhängigen Variablen im Modell aufgenommen haben, spielt es keine Rolle, ob wir das einfache oder das angepasste Bestimmtheitsmaß zur Interpretation verwenden. Das angepasste Bestimmtheitsmaß kommt vor allem dann zur Anwendung, wenn wir uns unsicher bezüglich der Anzahl an unabhängigen Variablen sind, die wir verwenden sollen. Wir können dann mit Hilfe des R_{adj}^2 vergleichen, ob die eine oder die andere Regressionsfunktion besser ist.

18.3 Berechnung mit Excel

Wir können jetzt unsere multiple Regressionsfunktion mit Excel schätzen und interpretieren. Excel verlangt dabei, dass alle unabhängigen Variablen, die in die Regressionsfunktion aufgenommen werden, in nebeneinanderliegenden Spalten stehen. Daher speichern wir ggfs. die Daten neu ab und löschen alle Variablen, die wir nicht benötigen (Abb. 18.1).

Anschließend rufen wir unter der Registerkarte Daten über den Befehl Datenanalyse die Analyse-Funktion Regression auf und klicken auf OK.

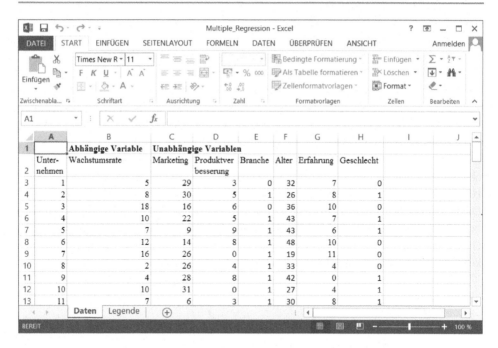

Abb. 18.1 Aufbau der Daten bei Berechnung der multiplen Regression mit Excel

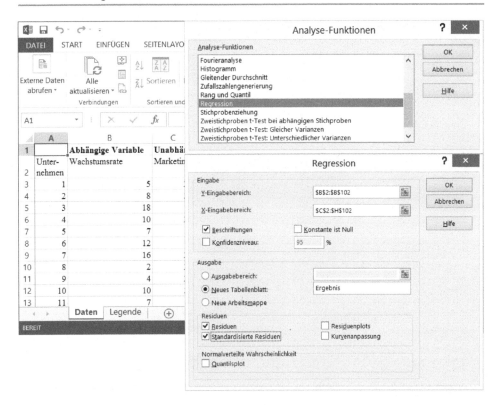

Es erscheint das Fenster für die Dateneingabe. In diesem können wir unsere Daten eingeben. Zudem stehen uns verschiedene Optionen zur Verfügung. Wir machen einen Haken bei Beschriftungen, wenn wir unsere Variablen mit einem Namen eingeben. Wir lassen uns das Ergebnis am besten in einem neuen Tabellenblatt darstellen und setzen die Haken bei den Residuen und den standardisierten Residuen. Damit haben wir alle relevanten Optionen spezifiziert. Anschließend klicken wir auf OK und erhalten das Ergebnis unserer Analyse (Abb. 18.2).

Wir können uns nun der Ergebnisinterpretation zuwenden. In Zeile 12 finden wir in der Spalte E den F-Wert und daneben in der Spalte F die Wahrscheinlichkeit, einen solch großen F-Wert zu erhalten, wenn die Nullhypothese korrekt ist. In unserem Fall ist die Wahrscheinlichkeit deutlich kleiner als 1 %, d. h. wir lehnen die Nullhypothese ab. Entsprechend gehen wir von der Alternativhypothese, dass die Regressionsfunktion die abhängige Variable erklärt, aus. Das R^2 in Zeile 5 zeigt uns, dass unsere Regressionsfunktion circa 48 % der Bewegung der abhängigen Variable erklärt, was in der sozialwissenschaftlichen Forschung schon ein relativ hoher Wert ist. Er berechnet sich aus den Werten der Zeilen 12, 13 und 14 der Spalte C. Hier finden wir die Gesamtvarianz von Y (Zeile 14), die durch die Regressionsfunktion erklärte Varianz (Zeile 12) und die durch die Regressionsfunktion nicht erklärte Varianz (Zeile 13).

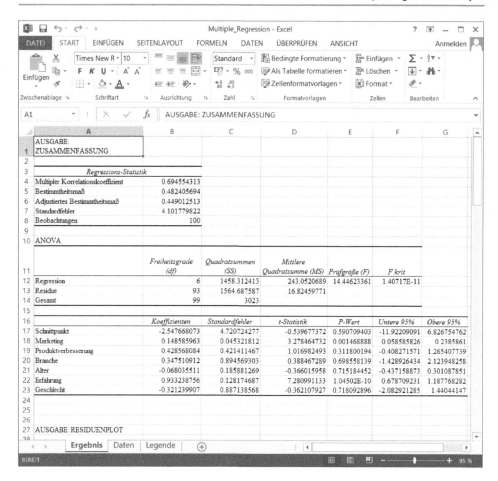

Abb. 18.2 Ergebnis der Berechnung der multiplen Regression mit Excel

Nun können wir die einzelnen unabhängigen Variablen betrachten. Diese finden wir in den Zeilen 18 bis 23. Wir konzentrieren uns zunächst auf die Spalten D und E. Hier finden wir den t-Wert und die Wahrscheinlichkeit, einen solchen t-Wert unter Gültigkeit der Nullhypothese zu finden. Für die Variable Marketing ist diese Wahrscheinlichkeit 0.15 %, für Produktverbesserung 31.18 %, für Branche 69.86 %, für Alter 71.52 %, für Erfahrung 0.00 % und für Geschlecht 71.81 %. Das heißt, wir lehnen sowohl für die Variable Marketing als auch für die Variable Erfahrung unsere Nullhypothese ab. Diese Variablen tragen zur Erklärung der Wachstumsrate bei. Für die anderen Variablen können wir die Nullhypothese nicht ablehnen. In Spalte B finden wir die geschätzten Koeffizienten, mit denen wir die Regressionsfunktion aufstellen können. Unsere Regressionsfunktion lautet:

$$\hat{W} = b_0 + b_1\text{Mark} + b_2\text{Pro} + b_3\text{Bran} + b_4\text{Alt} + b_5\text{Erf} + b_6\text{Sex}$$

Diese können wir nun um die geschätzten Koeffizienten ergänzen (hier auf zwei Stellen gerundet):

$$\hat{W} = -2.55 + 0.15\text{Mark} + 0.43\text{Pro} + 0.35\text{Bran} - 0.07\text{Alt} + 0.93\text{Erf} - 0.32\text{Sex}$$

Sehen wir uns nun die Regressionsfunktion näher an. Zuerst ist festzustellen, dass wir die Regressionsfunktion für alle geschätzten Parameter aufgestellt haben, unabhängig davon, ob diese einen Erklärungsgehalt haben oder nicht. Dies ist hier immer der Fall, wir haben die Regressionsfunktion ja mit Hilfe eben dieser Variablen geschätzt. b_0 ist der Wert der unabhängigen Variable, wenn alle unabhängigen Variablen die Ausprägung null besitzen. In unserem Fall ist die Wachstumsrate -2.55%, wenn wir für alle unabhängigen Variablen den Wert null einsetzen, z. B. wenn null Prozent vom Umsatz für Marketing aufgewendet wird, etc. Die Koeffizienten b_1 bis b_6 geben an, um wie viel sich die Wachstumsrate verändert, wenn wir die jeweilige Variable um eins erhöhen. Voraussetzung ist, dass alle anderen Variablen unverändert bleiben. Der Koeffizient lässt sich nur auf jene Variablen anwenden, die einen Erklärungsgehalt haben. In unserem Fall sind das die Variablen Marketing und Erfahrung. Z. B. können wir sagen was passiert, wenn wir die Variable Marketing um eins erhöhen, die Wachstumsrate steigt dann um 0.15 Prozentpunkte. Wenn sich die Variable Erfahrung um eins erhöht, steigt die Wachstumsrate um 0.93 Prozentpunkte. Zusätzlich zu den Koeffizienten finden wir in den Spalten F und G noch die Konfidenzintervalle, in denen sich die Koeffizienten mit einer 95-prozentigen Wahrscheinlichkeit in der Grundgesamtheit bewegen.

18.4 Wann ist die Kleinste-Quadrate-Schätzung BLUE?

Die Schätzung der Regressionsfunktion haben wir mit Hilfe der Methode der kleinsten Quadrate durchgeführt. Diese Methode führt zu den bestmöglichen Ergebnissen, wenn bestimmte Voraussetzungen erfüllt sind. Diese Voraussetzungen müssen wir uns noch ansehen und diskutieren. Im Folgenden sind die Voraussetzungen aufgelistet:

1. Die Regressionsfunktion ist richtig spezifiziert und enthält alle relevanten unabhängigen Variablen. Die Beziehung zwischen den unabhängigen Variablen und der abhängigen Variable ist linear.
2. Die Abweichungen der beobachteten Y-Werte von den geschätzten $\hat{Y}$-Werten haben einen Erwartungswert von null.
3. Die Abweichung korreliert nicht mit den unabhängigen Variablen.
4. Die Varianz der Abweichungen ist konstant.
5. Zwei oder mehrere unabhängige Variablen sind nicht miteinander korreliert.
6. Die Abweichungen sind zueinander unkorreliert.
7. Die Abweichungen sind normalverteilt.

Unter diesen Voraussetzungen ist der Kleinste-Quadrate-Schätzer BLUE, er ist der beste, lineare, unverzerrte und effizienteste Schätzer, den wir kennen.

Freak-Wissen

Unverzerrt bedeutet, dass der Erwartungswert der Koeffizienten den wahren Werten der Koeffizienten in der Grundgesamtheit entspricht. Effizient bedeutet, dass die Koeffizienten mit der kleinstmöglichen Streuung geschätzt werden.

Die meisten dieser Annahmen analysieren wir mit Hilfe der Abweichung der beobachteten Y-Werte von den geschätzten $\hat{Y}$-Werten, kurz auch Residuen genannt. Diese haben wir durch unsere Schätzung erhalten, siehe Zeile 27 und folgende (Abb. 18.3).

Im Folgenden diskutieren wir an unserem Beispiel die Voraussetzungen und wie wir sie testen können.

Zu 1) Die Regressionsfunktion muss richtig spezifiziert und in der Beziehung zwischen den unabhängigen und den abhängigen Variablen linear sein. Richtig spezifiziert bedeutet, dass wir alle relevanten unabhängigen Variablen in die Regressionsfunktion aufgenommen haben. Sie erfordert, dass wir bei der Aufstellung der Regressionsfunktion theoretisch sauber gearbeitet haben. Ob zwischen der abhängigen und den unabhängigen Variablen eine lineare Beziehung besteht, können wir mit Hilfe der Scatterplots zwischen der abhängigen und den unabhängigen Variable überprüfen. Hierfür müssen wir für alle metrischen unabhängigen Variablen die Streudiagramme zeichnen und anschließend visuell begutachten, ob eine lineare Beziehung zwischen der jeweiligen unabhängigen Variable und der abhängigen Variable besteht (Abb. 18.4).

Die gezeichneten Scatterplots für die metrischen unabhängigen Variablen zeigen in unserem Fall entweder eine lineare Beziehung (Marketing und Erfahrung) oder keine Beziehung (Alter und Produktverbesserung). Eine nicht-lineare Beziehung, z. B. in Form eines Bogens lässt sich nicht erkennen. Daraus können wir schließen, dass die Voraussetzung der Linearität nicht verletzt ist. Scatterplots für unsere Dummy-Variablen Branche und Geschlecht sind nicht nötig, da die x-Werte nur null und eins annehmen können und damit keine lineare Beziehung zwischen diesen Variablen und der abhängigen Variable möglich ist.

Zu 2) Die Voraussetzung zwei erfordert, dass die Abweichung der beobachteten Y-Werte von den geschätzten $\hat{Y}$-Werten den Erwartungswert von null besitzt. Dies ist eine Forderung welche, wenn Voraussetzung 1 erfüllt ist, vor allem die Datenqualität betrifft. Die beobachteten Y-Werte dürfen nicht systematisch zu hoch oder zu niedrig gemessen werden. Wenn dies der Fall wäre, dann wäre unser konstanter Wert b_0 verzerrt. Sind die Y-Werte systematisch zu hoch gemessen, wäre auch unser b_0 zu hoch und umgekehrt. Ein Einfluss auf die Koeffizienten der unabhängigen Variablen besteht dahingegen nicht. Wenn uns nur diese interessieren und wir kein Interesse an b_0 haben, muss uns die Annahme nicht kümmern.

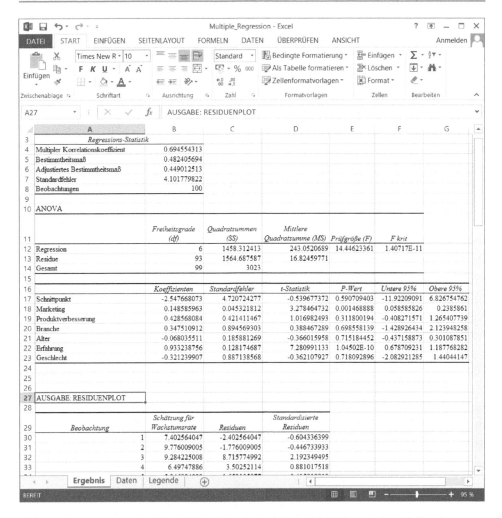

Abb. 18.3 Ausgabe der Residuen bei der Berechnung der multiplen Regression mit Excel

Zu 3) Diese Voraussetzung erfordert, dass die Abweichungen nicht mit den unabhängigen Variablen korreliert sind. Evaluieren können wir diese Voraussetzung wiederrum mit dem Streudiagramm. Wir tragen die Residuen oder die standardisierten Residuen gegen die unabhängigen Variablen ab. Wenn die Voraussetzung nicht verletzt ist, sollte keine Beziehung zwischen den Variablen erkennbar sein. Die Residuen sollten unsystematisch streuen. Betrachten wir die Streudiagramme, so scheint dies in unserem Beispiel der Fall zu sein. Es lässt sich kein Trend oder Muster erkennen (Abb. 18.5).

Verletzt wäre die Annahme, wenn wir z. B. einen aufsteigenden oder einen absteigenden Trend in der Punktwolke erkennen würden.

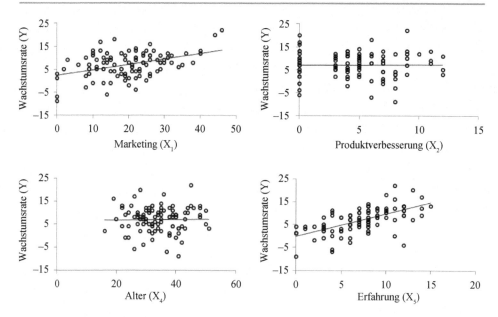

Abb. 18.4 Untersuchung der Linearität der Beziehung zwischen abhängigen und unabhängigen Variablen

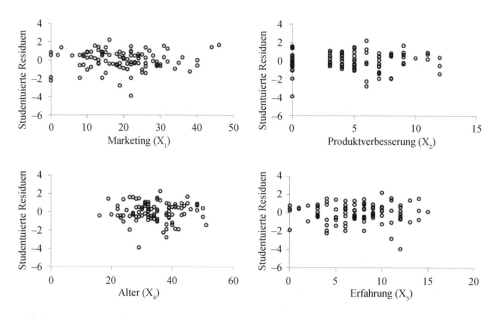

Abb. 18.5 Untersuchung der Unabhängigkeit der Abweichungen von den unabhängigen Variablen

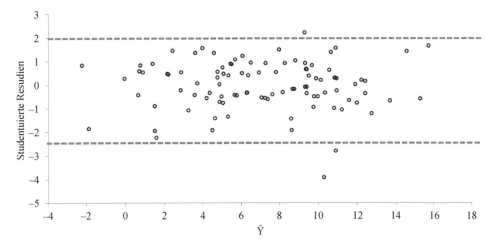

Abb. 18.6 Untersuchung der Konstanz der Varianz der Abweichungen (Homoskedastizität)

Zu 4) Die vierte Voraussetzung fordert, dass die Varianz der Abweichungen konstant ist. Technisch sprechen wir von Homo- bzw. Heteroskedastizität. Homoskedastizität bedeutet, dass über den Wertebereich der geschätzten $\hat{Y}$-Werte die Varianz konstant ist. Heteroskedastizität liegt vor, wenn die Varianz nicht konstant ist. Evaluieren können wir die vierte Annahme wieder mit Hilfe unserer Residuen. Hierfür zeichnen wir das Streudiagramm für die Residuen oder die standardisierten Residuen gegen die geschätzten $\hat{Y}$-Werte. Wenn die Residuen unsystematisch in derselben Bandbreite streuen, d. h. die Abweichungen nicht systematisch kleiner oder größer werden, dann ist die Voraussetzung erfüllt. In unserem Fall sehen wir im Bild, dass die Residuen in etwa in der gleichen Bandbreite streuen (Abb. 18.6).

Sollten wir z. B. erkennen, dass die Streuung der Residuen trichterförmig kleiner oder größer wird, dann ist die Annahme verletzt (siehe Abb. 18.7) und die Koeffizienten sind

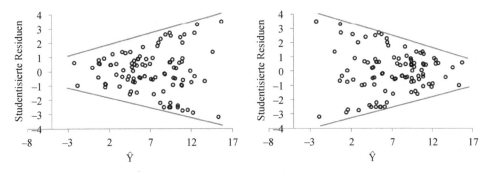

Abb. 18.7 Beispiele für Heteroskedastizität

nicht mehr effizient geschätzt. Das heißt, die tatsächliche Größe der Koeffizienten ist unbekannter, als es nötig ist.

Zu 5) Die Voraussetzung fünf verlangt, dass zwei oder mehrere unabhängige Variablen nicht miteinander korreliert sind. Technisch gesprochen wird gefordert, dass keine Multikollinearität zwischen den unabhängigen Variablen herrscht. Mit Excel können wir die Multikollinearität nur noch eingeschränkt überprüfen, indem wir die Korrelationskoeffizienten zwischen jeweils zwei Variablen berechnen. Ist der Korrelationskoeffizient höher als 0.8, haben wir tendenziell ein Problem mit Multikollinearität.

	Marketing	Produktverbesserung	Alter	Erfahrung
Marketing	1			
Produktverbesserung	−0.0312839	1		
Alter	−0.0393392	0.954949346	1	
Erfahrung	0.26496172	−0.266397792	−0.220079	1

In unserem Fall ist der Korrelationskoeffizient zwischen der Variable Produktverbesserung und der Variable Alter höher als 0.8, d. h. wir haben eine sehr hohe Korrelation zwischen Produktverbesserung und Alter. Damit kann unser Kleinster-Quadrate-Schätzer den Effekt, den die Variablen Alter und Produktverbesserung haben, nicht mehr richtig zuordnen. Die Koeffizienten für die jeweiligen Variablen sind damit potenziell falsch. Die Lösung ist, die Regressionsfunktion neu zu schätzen und eine der hochkorrelierten Variablen wegzulassen. In unserem Fall sollten wir entweder die Variable Alter oder die Variable Produktverbesserung entfernen. Wir müssen uns überlegen, welche Variable für uns wichtiger ist.

Zu 6) Die Voraussetzung sechs verlangt, dass die Abweichungen zueinander nicht-korreliert sind, d. h. dass aufeinander folgende Abweichungen nicht größer werden, wenn die vorangegangene Abweichung groß ist oder kleiner werden, wenn die vorangegangene Abweichung groß ist und umgekehrt. Technisch gesprochen ist dies die Frage nach Autokorrelation. Analysieren können wir das wiederrum mit dem Streudiagramm zu den Residuen. In diesem tragen wir auf der x-Achse die Beobachtungen der Reihe nach ab, auf der y-Achse die Residuen. Wenn die Residuen unsystematisch streuen und wir kein Muster erkennen, ist die Annahme erfüllt. Folgendes Bild ist hierfür ein gutes Beispiel (Abb. 18.8).

Noch ein Hinweis: das Problem der Autokorrelation existiert vor allem dann, wenn wir Zeitreihen analysieren.

Zu 7) Die letzte Voraussetzung fordert, dass die Residuen normalverteilt sind. Diese Annahme ist vor allem bei einer kleinen Stichprobe wichtig. Wenn wir eine kleine Stichprobe haben und die Annahme verletzt ist, dann sind unser F-Test und unsere t-Tests nicht mehr gültig und wir wissen nicht, ob wir die Nullhypothesen tatsächlich ablehnen können. Evaluieren können wir die Forderung visuell mit Hilfe von Excel anhand des Boxplots und des Histogramms (Abb. 18.9).

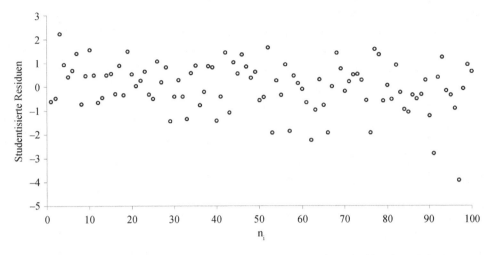

Abb. 18.8 Untersuchung der Unabhängigkeit Abweichungen zueinander (Autokorrelation) t

Weicht im Boxplot der Median stark von der Mitte der Box ab, dann ist die Verteilung entweder links- oder rechtsschief und es besteht ein Problem mit der Annahme. Das Histogramm sollte näherungsweise glockenförmig aussehen. In unserem Fall ist die Verteilung leicht linksschief, weicht aber nicht sonderlich stark von einer Normalverteilung ab. Aufgrund des visuellen Eindrucks scheint die Annahme nicht ernsthaft verletzt zu sein. Dies lässt sich mit weiterführenden Methoden, die über dieses Buch hinausgehen, noch näher untersuchen.

Bei einer ernsthaften Verletzung einer dieser Annahmen sind unsere Regressionsergebnisse nicht mehr vertrauenswürdig. Die Kleinste-Quadrate-Methode ist dann nicht mehr

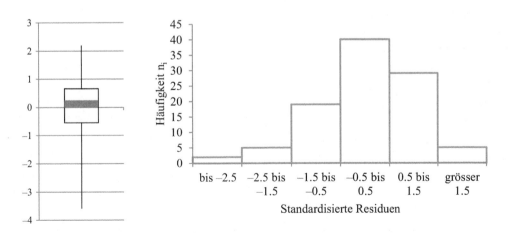

Abb. 18.9 Untersuchung der Normalverteilung der Abweichungen

BLUE und wir kennen andere Verfahren, die bessere Ergebnisse liefern. Die Diskussion dieser Verfahren geht weit über ein Grundlagenbuch der Statistik hinaus. An dieser Stelle möchte ich gerne auf die weiterführende statistische Literatur verweisen. Am Ende des Buches gebe ich diesbezüglich ein paar Hinweise.

18.5   Checkpoints

- *Mit Hilfe der multiplen Regression analysieren wir den Einfluss mehrerer unabhängiger Variablen auf eine abhängige Variable.*
- *Die abhängige Variable ist metrisch, die unabhängigen Variablen sind metrisch oder Dummy-Variablen.*
- *Mit Hilfe des F-Tests testen wir, ob die gesamte Regressionsfunktion in der Lage ist, die abhängige Variable zu erklären.*
- *Mit Hilfe des t-Tests testen wir, ob einzelne unabhängige Variablen einen Erklärungsbeitrag leisten.*
- *Die Methode der kleinsten Quadrate zur Schätzung der Regressionsfunktion ist BLUE, wenn bestimmte Voraussetzungen erfüllt sind.*
- *Wenn eine oder mehrere Voraussetzungen nicht erfüllt sind, dann gibt es Schätzverfahren, die bessere Ergebnisse liefern als die Kleinste-Quadrate-Methode.*

18.6   Anwendung

18.1. Berechne die Regressionsfunktion aus diesem Kapitel ohne die unabhängige Variable Alter.

18.2. Teste, ob die Voraussetzungen dafür erfüllt sind, dass die Schätzung der Regressionsfunktion mit Hilfe der Methode der kleinsten Quadrate das beste unverzerrte und effizienteste Ergebnis liefert.

18.3. Haben wir durch das Weglassen der Variable Alter das Problem der Multikollinearität gelöst?

Teil VI

Wie geht es weiter?

Kurzbericht zu einer Forschungsfrage

19

19.1 Inhalte einer empirischen Arbeit

Nach der Datenauswertung müssen wir die Ergebnisse in der Regel noch schriftlich, in Form einer Studienarbeit, einer Bachelor- oder Masterarbeit oder in Form eines Journals festhalten. Dabei sind immer folgende Punkte zu diskutieren:

1. die Problemstellung,
2. die Fragestellung,
3. die Literatur,
4. die Daten und die Methode,
5. die empirischen Ergebnisse,
6. die Zusammenfassung und die Schlussfolgerungen.

Beim Punkt Problemstellung wird angesprochen, warum man sich mit dem Thema beschäftigt. Wenn möglich gibt es einen Aufhänger in Form einer aktuellen politischen Diskussion, etc. Aus der Problemstellung wird die Fragestellung direkt abgeleitet. Der Leser des Berichts erkennt so, warum diese Fragestellung ausgewählt wurde. Im Anschluss daran wird in einem Literaturteil der Stand des Wissens dargestellt und es werden ggfs. Hypothesen mit Bezug zur Fragestellung und zur Literatur formuliert. Anschließend sind die Methode und die Daten zu besprechen, die gewählt wurden, um die Fragestellung zu beantworten bzw. die Hypothesen zu testen. Der nächste Schritt beinhaltet die Präsentation der empirischen Ergebnisse. Zum Schluss sind die Ergebnisse noch zusammenzufassen, zur Literatur in Beziehung zu setzen und es ist zu diskutieren, welche Schlussfolgerungen daraus gezogen werden können. Um dies zu verdeutlichen, wollen wir im Folgenden zwei Beispiele für unterschiedliche Fragestellungen heranziehen. Hierbei darf nicht vergessen werden, dass es sich nicht um vollständige Forschungsberichte, sondern nur um „fiktive" Skizzen/Kurzberichte handelt. Es wurde keine echte Literaturanalyse durchgeführt und

© Springer-Verlag Berlin Heidelberg 2016   249
F. Kronthaler, *Statistik angewandt*, Springer-Lehrbuch, DOI 10.1007/978-3-662-47114-2_19

die Ergebnisse basieren auf simulierten Daten. Das heißt, sowohl die Ergebnisse als auch die Kurzberichte haben nichts, rein gar nichts, mit der Realität zu tun.

19.2 Kurzbericht-Beispiel: Gibt es einen Unterschied im Gründungsalter zwischen Gründer und Gründerinnen (fiktiv)

In der aktuellen gesellschaftspolitischen Diskussion wird problematisiert, ob Frauen und Männer sich vom Alter her bei Unternehmensgründungen unterscheiden (vgl. z. B. Tageszeitung vom 12.01.2015). Vor diesem Hintergrund ist es Ziel der vorliegenden Analyse festzustellen, ob dies tatsächlich den Tatsachen entspricht. Konkret wird der Fragestellung nachgegangen, ob Gründerinnen und Gründer sich in ihrem durchschnittlichen Alter zum Zeitpunkt der Unternehmensgründung unterscheiden.

In der Literatur finden sich einerseits Hinweise darauf, dass Frauen zum Zeitpunkt der Unternehmensgründung älter sind als Männer. Es wird argumentiert, dass Frauen länger brauchen, um die nötige Berufserfahrung für eine Unternehmensgründung aufzubauen. Sie unterbrechen ihre berufliche Karriere häufiger, z. B. um eine Babypause einzulegen (vgl. Autor X 2014). Konträr hierzu wird argumentiert, dass Frauen entscheidungsfreudiger sind, eher bereit, unternehmerische Risiken zu tragen und daher tendenziell früher ein Unternehmen gründen als Männer (vgl. Autor Y 2012). ...

... Da also theoretisch unterschiedliche Meinungen vorliegen, wollen wir daher empirisch folgende Hypothese zum 10 % Signifikanzniveau testen: Gründerinnen und Gründer unterscheiden sich zum Zeitpunkt der Unternehmensgründung im Alter.

Um die Hypothese zu testen, wird auf einen vorliegenden repräsentativen Datensatz zu Unternehmensgründungen zurückgegriffen. Der Datensatz wurde im Juni 2013 erhoben. Nach dem einfachen Zufallsprinzip wurde eine Stichprobe von 400 im Jahr 2007 gegründeten Unternehmen gezogen. Die Rücklaufquote betrug 25 %, so dass der Datensatz 100 Unternehmen enthält. Der Datensatz enthält neben anderen Unternehmenscharakteristika das Geschlecht und das Alter der Gründer, so dass er für diese Untersuchung herangezogen werden kann.

Die Testvariable Alter ist metrisch und normalverteilt, entsprechend komm der Test auf Differenz von Mittelwerten bei unabhängigen Stichproben zum Einsatz. Folgende Tabelle enthält das Testergebnis bei gleichen Varianzen.

Testvariable: Alter (in Jahren) nach Geschlecht			
Gründer	$\bar{x} = 34.77$	$s = 7.55$	$n = 65$
Gründerinnen	$\bar{x} = 33.29$	$s = 7.76$	$n = 35$
$t = 0.93$	$df = 98$	$t_{\text{krit}} = \pm 1.66$	$P(T \leq t) = 0.36$

Das Ergebnis zeigt deutlich, dass wir aufgrund unseres Stichprobenbefundes die Nullhypothese, es besteht kein Unterschied im Gründungsalter zwischen Gründer und Gründerinnen, nicht ablehnen können. Für die Grundgesamtheit gehen wir daher davon aus, dass Gründer und Gründerinnen zum Zeitpunkt der Gründung gleich alt sind und dass kein Unterschied zwischen beiden Gruppen besteht.

19.3 Kurzbericht-Beispiel: Branchenberufserfahrung und Unternehmensperformance (fiktiv)

In der aktuellen wirtschaftspolitischen Diskussion wird immer öfter darauf gedrängt, die Förderung von Unternehmensgründungen auf jene Gründer zu beschränken, die ausreichend Branchenberufserfahrung mitbringen (vgl. z. B. Tageszeitung vom 22.11.2013). Die Befürworter dieser Maßnahme erhoffen sich so, dass nur noch erfolgsversprechende Unternehmen unterstützt werden und die staatliche Förderung effizienter und effektiver wird.

Vor diesem Hintergrund ist es Ziel der Arbeit, den Zusammenhang zwischen Branchenberufserfahrung und Wachstum neu gegründeter Unternehmen zu untersuchen. Konkret wird folgender Fragestellung nachgegangen: Welchen Einfluss hat die Branchenberufserfahrung auf das Unternehmenswachstum in den ersten fünf Jahren des Bestehens eines unabhängigen Unternehmens?

Die Theorie und die Literatur zur Branchenberufserfahrung und zum Unternehmenswachstum gehen davon aus, dass die Branchenberufserfahrung einen positiven Einfluss auf das Wachstum junger Unternehmen ausübt. Ein Gründer mit Branchenberufserfahrung kennt den Markt besser und kann so Marktchancen besser erkennen (Autor X 2011). Ferner zeigt die Literatur auf, dass Gründer mit Branchenberufserfahrung leichter Kredite von Banken und Risikokapital erhalten. Da ihnen mehr Kapital für Investitionen zur Verfügung steht, sind sie in der Lage, schneller zu wachsen (Autor Y 2009). . . .

. . . Zusammenfassend lässt sich folgende Hypothese aufstellen: Die Branchenberufserfahrung zum Zeitpunkt der Gründung hat einen positiven Einfluss auf das Unternehmenswachstum neu gegründeter Unternehmen.

Um diese Hypothese zu testen, wurde im Juni 2013 eine Primärdatenerhebung durchgeführt. Nach dem einfachen Zufallsprinzip wurde aus den im Jahr 2007 gegründeten Unternehmen eine Stichprobe von 400 Unternehmen gezogen. Befragt wurden diese Unternehmen zu verschiedenen Charakteristika, die für die Studie benötigt wurden. Von den 400 Unternehmen nahmen 100 an der Umfrage teil, was einer Rücklaufquote von 25 % entspricht. Verschiedene durchgeführte Tests deuten darauf hin, dass die Stichprobe repräsentativ ist.

Um die Fragestellung zu beantworten, dient als abhängige Variable das durchschnittliche Unternehmenswachstum von 2007 bis 2012. Die unabhängige Variable, die von Interesse ist, ist die Branchenberufserfahrung der Unternehmensgründer zum Zeitpunkt der Gründung. Daneben werden verschiedene Kontrollvariablen implementiert, da davon ausgegangen werden kann, dass das Unternehmenswachstum mit weiteren Variablen korreliert ist. Kontrollvariablen sind die Aufwendungen für Marketing und für Produktverbesserung, das Alter der Gründer, die Branche und das Geschlecht. Insgesamt wird damit folgende Regressionsfunktion mit Hilfe der Methode der Kleinsten Quadrate geschätzt:

$$\hat{W} = b_0 + b_1\text{Mark} + b_2\text{Pro} + b_3\text{Bran} + b_4\text{Alt} + b_5\text{Erf} + b_6\text{Sex}$$

Die Tests zu den Voraussetzungen der Methode der Kleinsten Quadrate zeigen, dass tendenziell ein Problem mit Multikollinearität besteht. Die Variablen Alter und Produktverbesserung sind hochkorreliert mit einem Korrelationskoeffizienten von 0.95. Um das Problem zu bereinigen, wird daher die Variable Alter entfernt und folgendes reduziertes Modell geschätzt:

$$\hat{W} = b_0 + b_1\text{Mark} + b_2\text{Pro} + b_3\text{Bran} + b_4\text{Erf} + b_5\text{Sex}$$

Die Ergebnisse der Schätzung zeigen, dass wir die Nullhypothese des Modells verwerfen können. Das Modell erklärt 48 % der Bewegung der abhängigen Variable (siehe folgende Tabelle).

	Kleinste Quadrate Schätzung abhängige Variable: Unternehmenswachstum
Konstante	−4.18***
Marketing	0.15***
Produktverbesserung	0.28**
Branche	0.33
Branchenberufserfahrung	0.93***
Geschlecht	−0.28
Anzahl Beobachtungen	100
R^2	0.48
F-Test	17.47***

*, **, *** zeigt die statistische Signifikanz zum 10, 5, und 1 % Niveau an

Betrachten wir die unabhängige Variable von Interesse, die Branchenberufserfahrung, sehen wir, dass diese zum 1 % Niveau statistisch signifikant ist.

Die Ergebnisse der Untersuchung stehen im Einklang mit den theoretischen Befunden und der existierenden Literatur. Die Branchenberufserfahrung der Gründer zum Zeitpunkt der Unternehmensgründung wirkt positiv auf das Unternehmenswachstum der neu gegründeten Unternehmen. Einschränkend muss vermerkt werden, dass die Untersuchung nicht bestimmt hat, auf was das höhere Wachstum konkret zurückzuführen ist. Es bleibt offen, ob das höhere Wachstum auf die bessere Marktkenntnis zurückgeführt werden kann oder ob es auf besseren Finanzierungsmöglichkeiten in der Anfangsphase der Gründung beruht. Bevor abschließende politische Schlussfolgerungen gezogen werden können, ist diese Frage in weiteren Studien näher zu untersuchen.

19.4 Anwendung

Suche fünf Journal-Artikel aus Deinem Fachbereich aus, welche die mit Daten arbeiten, und klopfe diese auf die oben beschriebenen Inhalte ab.

Mit der multiplen Regressionsanalyse haben wir eines der wichtigsten multivariaten Analyseverfahren kennengelernt. Es ist jedoch nicht das Einzige. Darüber hinaus gibt es weitere multivariate Analyseverfahren, die bei bestimmten Fragestellungen eingesetzt werden. Zu den Wichtigsten geben wir hier noch einen kurzen Abriss. Im nächsten Abschnitt kommen wir dann zu der Literatur, die genutzt werden kann, sich in die Regressionsanalyse und die weiteren Verfahren der multivariaten Analyseverfahren vertieft einzuarbeiten.

Varianzanalyse Die Varianzanalyse ist ein Verfahren, das es uns erlaubt, die Beziehung zwischen einer abhängigen metrischen Variable und unabhängigen nominalen Variablen mit mehr als zwei Ausprägungen zu untersuchen. Die Varianzanalyse kann als eine Erweiterung des Tests auf Differenz von Mittelwerten bei unabhängigen Stichproben betrachtet werden. Fragestellungen der Varianzanalyse können z. B. wie folgt aussehen: Haben unterschiedliche Lehrmethoden einen Einfluss auf den Lernerfolg? Wir können dabei mehr als zwei Lernmethoden gleichzeitig untersuchen. Haben verschiedene Verpackungstypen einen Einfluss auf die Verkaufszahlen eines Produktes, z. B. grüne Verpackungen, rote Verpackungen, gelbe Verpackungen, etc.? Haben verschiedene Produktionsmethoden einen Einfluss auf das Produktionsergebnis?

Logistische Regression Mit Hilfe der Logistischen Regression wird ähnlich wie bei der multiplen Regressionsanalyse der Einfluss mehrerer unabhängiger Variablen auf eine abhängige Variable untersucht. Der Unterschied ist, dass im Fall der logistischen Regression die abhängige Variable nur die Ausprägungen 0 und 1, ein Ereignis tritt nicht ein bzw. ein Ereignis tritt ein, besitzt. Die Anwendungen sind vielfältig, z. B. kann analysiert werden, welche Faktoren dafür ausschlaggebend waren das Titanic Unglück zu überleben bzw. nicht zu überleben. War der Faktor Geschlecht maßgebend, das Alter oder die Klasse, in der man reiste? Die Fragestellung kann auch sein, welche Faktoren führen dazu, dass ein Kredit ausfällt oder dass er nicht ausfällt. Ein weiteres Beispiel ist die Untersuchung die

© Springer-Verlag Berlin Heidelberg 2016
F. Kronthaler, *Statistik angewandt*, Springer-Lehrbuch, DOI 10.1007/978-3-662-47114-2_20

Kaufentscheidung von Personen. Welche Eigenschaften führen dazu, dass Personen ein bestimmtes Produkt kaufen oder eben nicht.

Faktorenanalyse Das Verfahren der Faktorenanalyse können wir nutzen, um die Beziehungen zwischen einer größeren Anzahl metrischer Variablen zu analysieren. Wir können mit Hilfe der Faktorenanalyse Dimensionen entdecken, die hinter der Korrelation von Variablen stecken, wir können die Faktorenanalyse aber auch nutzen, um die Anzahl an Variablen zu reduzieren. Ein Beispiel hierfür wäre der Versuch, die Qualität von Restaurants zu messen. Die Qualität von Restaurants können wir anhand verschiedener Variablen messen, z. B. Geschmack, Temperatur des Gerichts, Frische, Wartezeit, Sauberkeit, Freundlichkeit der Beschäftigten, usw. Anschließend könnten wir mit Hilfe der Faktorenanalyse untersuchen, ob sich die Vielzahl an Variablen reduzieren lässt und ob eventuell hinter verschiedenen Variablen eine gemeinsame Dimension wie Qualität des Essens und Servicequalität steckt.

Clusteranalyse Das Verfahren der Clusteranalyse zielt darauf ab, Objekte oder Personen anhand bestimmter inhaltlicher Kriterien zu gruppieren. Es wird versucht, Gruppen von Objekten oder Personen so zusammenzufassen, dass sie sich möglichst ähnlich sind und sich von den anderen Gruppen unterscheiden. So könnte man z. B. Konsumententypen im Hinblick auf Preissensibilität, Qualitätssensibilität, Nachhaltigkeitsbedürfnis, etc. identifizieren oder man könnte versuchen, Regionen anhand bestimmter Kriterien wie Bruttoinlandsprodukt, Arbeitslosigkeit, Infrastruktur, Industrialisierung, etc. zu klassifizieren.

Conjoint-Analyse Die Conjoint-Analyse ist ein Instrument, mit dem sich analysieren lässt, welche Merkmale und welche Kombinationen von Merkmalen den Nutzen eines Produktes oder einer Dienstleistung bestimmen. Der Anwender kann mit Hilfe des Verfahrens z. B. analysieren, welche Attribute eines Produktes, z. B. Farbe, Preis, Qualität, Größe, etc. dazu führen, dass eine Auswahlentscheidung getroffen wird und welche Präferenzen beim Konsumenten vorherrschen. Produzenten können dieses Wissen nutzen, um Produkte zu designen, die den Konsumentenpräferenzen entsprechen.

Zum Schluss möchte ich noch einige Hinweise zu interessanten und weiterführenden Statistikbüchern geben. Dieser Abschnitt soll eine kleine Hilfe für diejenigen sein, die sich mit der Statistik vertieft auseinandersetzen wollen. Er kann aber natürlich nicht die eigene Recherchearbeit nach geeigneter Literatur ersetzen. Neben den erwähnten Büchern gibt es eine ganze Reihe weiterer guter Lehrbücher.

Bortz, J.; Döring, N. (2006/Nachdruck 2009), Forschungsmethoden und Evaluation für Human- und Sozialwissenschaftler, 4. Aufl., Springer: Heidelberg „Forschungsmethoden und Evaluation für Human- und Sozialwissenschaftler" ist der deutschsprachige Klassiker zu Fragen zum Forschungsprozess, der quantitativen und qualitativen Datenerhebung, zur Hypothesenbildung und Hypothesenprüfung. In diesen Bereichen werden nahezu alle Problemstellungen diskutiert.

Bortz, J.; Schuster, Ch. (2010), Statistik für Human- und Sozialwissenschaftler, 7. Aufl., Springer: Berlin Heidelberg „Statistik für Human- und Sozialwissenschaftler" ist eine herausragende Darstellung der deskriptiven Statistik, der schließenden Statistik und multivariater Analyseverfahren. Ebenso wie das Buch „Forschungsmethoden und Evaluation" ist es ein Klassiker der quantitativen Datenanalyse.

Backhaus, K.; Erichson, B.; Plinke, W.; Weiber, R. (2011), Multivariate Analysemethoden, 13. Aufl. Springer: Berlin Heidelberg Das Buch „Multivariate Analysemethoden" bietet eine vertiefte Einführung in die Methoden der multivariaten Datenanalyseverfahren. Der Leser findet eine verständliche Darstellung der Regressionsanalyse, der Zeitreihenanalyse, der Varianzanalyse, der Faktorenanalyse, der Clusteranalyse, usw. Alle Methoden werden dabei an konkreten Datensätzen mit Hilfe der Statistiksoftware SPSS erläutert.

© Springer-Verlag Berlin Heidelberg 2016
F. Kronthaler, *Statistik angewandt*, Springer-Lehrbuch, DOI 10.1007/978-3-662-47114-2_21

Eckey, H.F.; Kosfeld, R; Dreger, Ch. (2011), Ökonometrie: Grundlagen – Methoden – Beispiele, 4. Aufl., Gabler: Wiesbaden „Ökonometrie: Grundlagen – Methoden – Beispiele" stellt eine einfache deutschsprachige Einführung in die Methoden der wirtschaftswissenschaftlichen Anwendungen der Regressionsanalyse dar. An konkreten Beispielen werden die zur Verfügung stehenden Verfahren, die Probleme sowie die Lösungsmöglichkeiten aufgezeigt. Das Lesen des Buches benötigt jedoch bereits ein tieferes Verständnis für die Mathematik.

Greene, W.H: (2012), Econometric Analysis, 7th Edition, Pearson: Harlow, GB „Econometric Analysis" ist das Standardwerk der wirtschaftswissenschaftlichen Anwendung der Regressionsanalyse. Auf über 1000 Seiten findet der Leser nahezu alle Problemstellungen und Lösungen, die bei den Verfahren der Regressionsanalyse im sozialwissenschaftlichen Kontext auftreten können. Auch hier braucht der Leser ein tieferes Verständnis für die Mathematik.

Hair J.F.; Black W.C.; Babin, B.J.; Aderson, R.E. (2013), Multivariate Data Analysis, 7th Edition, Pearson: Harlow, GB „Multivariate Data Analysis" ist ein einfaches und verständliches englischsprachiges Lehrbuch zu Verfahren der multivariaten Datenanalyse. Den Autoren gelingt es, auch ohne Mathematik die Konzepte und Probleme der Methoden zu erläutern und am konkreten Beispiel anzuwenden. Nach Lektüre des Buches ist der Leser in der Lage, die Faktorenanalyse, die Regressionsanalyse, die Clusteranalyse und weitere multivariate Verfahren vertieft anzuwenden. Hervorzuheben ist insbesondere auch das Kapitel zur Datenaufbereitung.

Gujarati, D. (2011), Econometrics by Example, Palgrave Macmillan: Basingstoke Für diejenigen, die sich in die Regressionsanalyse vertiefen wollen, ist das Buch „Econometrics by Example" zu empfehlen. Das Buch versteht es, an konkreten Beispielen die zentralen Fragen der Regressionsanalyse einfach zu beantworten und Lösungsmöglichkeiten für Probleme aufzuzeigen, ohne viel Mathematik zu verwenden. Es ist ein Buch, auf das die Nichttechniker lange gewartet haben.

Noelle-Neumann, E.; Petersen, T. (2005), Alle nicht jeder: Einführung in die Methoden der Demoskopie, 4. Aufl., Springer: Berlin Heidelberg Zum Schluss soll noch ein Klassiker der Demoskopieforschung vorgestellt werden: „Alle nicht jeder" erläutert einfach und verständlich die Probleme der Meinungsforschung, des Interviews, der Fragebogenkonstruktion, der Stichprobenziehung, der Feldarbeit und der Datenauswertung. Das Buch ist eine ausgezeichnete Bett- und Urlaubslektüre für die, die sich schon immer einmal mit der Meinungsforschung auseinandersetzen wollten oder wissen wollten, wie denn die Meinungsforscher herausfinden, wer nächsten Sonntag gewählt wird.

Ein weiterer Datensatz zum Üben – Praktikant eines Unternehmens

Ein zentrales Feature des Buches ist die Anwendung der diskutierten Verfahren auf andere Datensätze. Um das zu verdeutlichen, wird im Folgenden ein weiterer Datensatz abgebildet. Studenten können diesen Datensatz nutzen, um zu üben. Dozierende haben die Möglichkeit, diesen Datensatz im Unterricht anstatt des im Buch verwendeten Datensatzes einzusetzen, wenn dieser besser zu ihrem Fachbereich passt. Der vollständige simulierte Datensatz ist unter www.statistik-kronthaler.ch verfügbar. Auf dieser Plattform werden im Laufe der Zeit weitere Datensätze bereitgestellt, die in unterschiedlichen Fachbereichen eingesetzt werden können.

Stellen wir uns vor, wir sind ein Praktikant im Unternehmen WebDESIGN. Das Unternehmen programmiert Internetseiten und Internetlösungen für andere Unternehmen. WebDESIGN liegen Daten aus einer Kundenzufriedenheitsumfrage vor, bei der zufällig 120 Kunden von WebDESIGN befragt wurden. Als Praktikant erhalten wir den Auftrag, die Daten zu analysieren und ausfindig zu machen, wie zufrieden die Kunden sind und was die Kundenzufriedenheit beeinflusst. In folgenden Tabellen sind die Daten für die ersten zwölf Kunden sowie die Legende dargestellt (Tab. 22.1 und 22.2).

Anhand des Datensatzes lassen sich aus Sicht von WebDESIGN verschiedene Fragestellungen untersuchen. Folgende Fragen sollen einen Einstieg in die Analyse des Datensatzes erleichtern. Darüber hinaus sind auch andere Fragestellungen denkbar:

- Wie groß ist die Anzahl an Beobachtungen? Wie viele metrische, ordinale und nominale Variablen sind im Datensatz enthalten?
- Berechne zu dem Datensatz mit Hilfe von Excel für alle Variablen die zugehörigen Mittelwerte und interpretiere die Ergebnisse.
- Berechne zu dem Datensatz für alle Variablen die zugehörigen Streuungsmaße und interpretiere die Ergebnisse.
- Zeichne für die metrischen und ordinalen Variablen die zugehörigen Boxplots und interpretiere die Ergebnisse.

© Springer-Verlag Berlin Heidelberg 2016
F. Kronthaler, *Statistik angewandt*, Springer-Lehrbuch, DOI 10.1007/978-3-662-47114-2_22

Tab. 22.1 Daten WebDESIGN

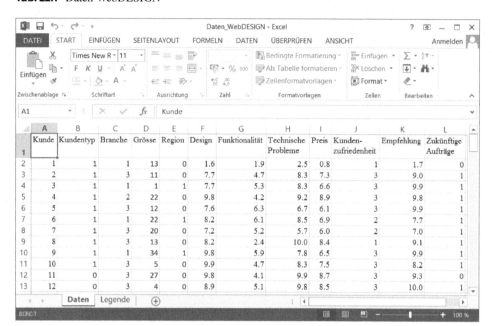

- Erstelle für die Variablen Design und Funktionalität die jeweiligen Histogramme. Welche der beiden Variablen ist eher symmetrisch?
- Zeichne die Streudiagramme und berechne den Korrelationskoeffizienten von Bravais-Pearson für die Variablenpaare Empfehlung und Größe, Empfehlung und Design, Empfehlung und Funktionalität, Empfehlung und Technische Probleme sowie Empfehlung und Preis. Interpretiere die Ergebnisse.
- Berechne den Korrelationskoeffizienten von Spearman für das Variablenpaar Empfehlung und Kundenzufriedenheit und interpretiere das Ergebnis.
- Berechne den Vierfelderkoeffizienten für die Variablen Kundentyp und Zukünftige Aufträge. Interpretiere das Ergebnis.
- Berechne den Kontingenzkoeffizienten für die Variablen Branche und Zukünftige Aufträge und interpretiere das Ergebnis.
- Wie groß sind die Unternehmen unserer Kunden im Durchschnitt und welchen Bereich umfasst die Spanne des 90 %-, 95 %- und des 99 % Konfidenzintervalls?
- WebDESIGN ist daran interessiert zu erfahren, ob eher die Neukunden oder die Stammkunden das Unternehmen weiterempfehlen würden. Teste unter Berücksichtigung aller relevanten Schritte zum Signifikanzniveau von 10 %.
- Zudem will WebDESIGN wissen, ob es einen Unterschied zwischen Schweizer Kunden und deutschen Kunden bezüglich der Weiterempfehlung gibt. Teste unter Berücksichtigung aller relevanten Schritte zum Signifikanzniveau von 5 %.

Tab. 22.2 Legende zu den Daten WebDESIGN

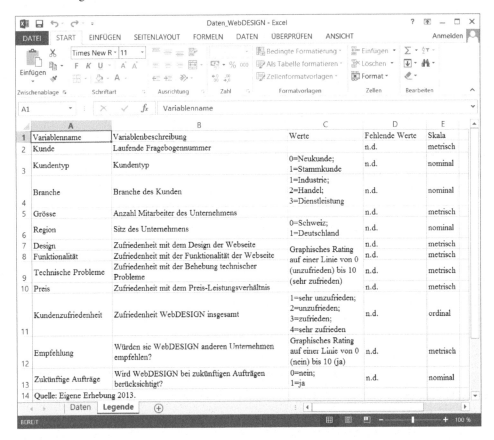

- Teste die bereits berechneten Korrelationskoeffizienten zum Signifikanzniveau von 5 % unter Berücksichtigung aller relevanten Schritte.
- Berechne die Regressionsfunktion für die abhängige Variable Empfehlung mit den unabhängigen Variablen Kundentyp, Größe, Region, Design, Funktionalität, Technische Probleme und Preis. Teste, ob die Voraussetzungen erfüllt sind, damit die Methode der Kleinsten Quadrate das beste unverzerrte und effizienteste Ergebnis liefert. Führe ggfs. die Schätzung erneut durch.

Anhang

Anhang 1: Lösungen zu den Anwendungen

Kapitel 1

1.1 Erstens wird mit Statistik Wissen erzeugt und wir können selbst Wissen generieren. Zweitens ermöglicht uns die Statistik fundierte Entscheidungen zu treffen. Drittens können wir mit Wissen über die Statistik Analysen, Studien und Aussagen basierend auf Daten besser einzuschätzen und Manipulationsversuche erkennen.

1.2 Im Datensatz sind folgende drei Hauptinformationen enthalten: über welche Objekte haben wir Informationen; worüber haben wir zu den Objekten Informationen; die Information selbst.

1.3 Nominal, ordinal und metrisch: Ein nominales Skalenniveau ermöglicht die Unterscheidung der Untersuchungsobjekte. Ein ordinales Skalenniveau gibt uns neben der Unterscheidung auch eine Information über die Rangordnung. Ein metrisches Skalenniveau erlaubt eine Unterscheidung, gibt eine Rangordnung wieder und ermöglicht eine präzise Abstandsbestimmung.

1.4 Die Variable Branche ist nominal, die Variable Selbsteinschätzung ist ordinal und die Variable Umsatz ist metrisch.

1.5 Die Variable Bildung mit den Ausprägungen Sekundarschule, Matura … ist ordinal, die Ausprägungen ermöglichen eine Rangordnung. Die Variable Bildung gemessen in Jahren ist metrisch, neben der Rangordnung ermöglicht das Messniveau zudem eine genaue Abstandsbestimmung. Interessant ist hier, dass derselbe Sachverhalt unterschiedlich gemessen werden kann.

1.6 Das Skalenniveau einer Variablen bestimmt neben der Fragestellung, welches statistische Verfahren wir einsetzen können.

1.7 Eine Legende ist notwendig, da die Daten in der Regel kodiert sind. Mit Hilfe der Legende entschlüsseln wir die Kodierung und können so die Bedeutung der Daten immer, auch zu einem späteren Zeitpunkt, nachvollziehen.

1.8 Der Datensatz umfasst 100 Beobachtungen. Er enthält drei nominale, zwei ordinale und fünf metrische Variablen (der Laufindex wurde dabei nicht mitgezählt).

© Springer-Verlag Berlin Heidelberg 2016
F. Kronthaler, *Statistik angewandt*, Springer-Lehrbuch, DOI 10.1007/978-3-662-47114-2

1.9 Über die Vertrauenswürdigkeit der Quelle entscheiden die Seriosität der Quelle und unser Kenntnisstand über sie. Hier handelt es sich nicht um einen echten, sondern um einen für Lehrzwecke simulierten Datensatz.

1.10 Eine Lösung findet sich in Kap. 8.

Kapitel 3

3.1 Der Modus kommt bei nominalen, ordinalen und metrischen Daten zum Einsatz. Die Berechnung des Medians ist bei ordinalen und metrischen Daten sinnvoll. Die Berechnung des arithmetischen Mittelwertes erfordert metrische Daten. Der geometrische Mittelwert verlangt metrisch-verhältnisskalierte Daten.

3.2 $\bar{x}_{\text{Produktverbesserung}} = 6\%$; $\bar{x}_{\text{Marketing}} = 20\%$. Der Mittelwert ist bei der Variable Marketing höher, d. h. die Unternehmen wenden im Durchschnitt einen höheren Anteil vom Umsatz für Marketing auf.

3.3 $\text{Me}_{\text{Selbsteinschätzung}} = 4$; $\text{Me}_{\text{Bildung}} = 1.5$. Der Median hat bei der Variable Selbsteinschätzung einen Wert von 4. 50 % der Unternehmen haben einen höheren Wert, 50 % einen niedrigeren Wert. Der Median bei der Variable Bildung liegt beim Wert 1.5. 50 % der Unternehmen haben einen höheren Wert, 50 % einen niedrigeren Wert.

3.4 $\text{Mo}_{\text{Geschlecht}} = 0 \,\&\, 1$; $\text{Mo}_{\text{Erwartung}} = 2$. Die häufigsten Werte bei der Variable Geschlecht sind 0 & 1. Wir haben gleich viele Gründer und Gründerinnen in der Stichprobe. Der häufigste Wert bei der Variable Erwartung ist 2. Die meisten Unternehmen erwarten keine Veränderung in der zukünftigen Entwicklung.

3.5 Nein, die Variable ist nominal skaliert.

3.6 Ergebnisse:

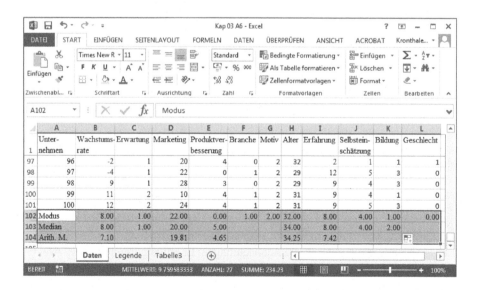

3.7 Der durchschnittliche Wachstumsfaktor beträgt 1.18, die durchschnittliche Wachstumsrate 18 %.

3.8 Der arithmetische Mittelwert reagiert sensibel auf Ausreißer, da alle Werte in die Berechnung eingehen. Beim Median und beim Modus werden Extremwerte nicht berücksichtigt, daher reagieren diese nicht sensibel auf Ausreißer.

Kapitel 4

4.1 Die Spannweite und der Quartilsabstand können bei ordinalen und metrischen Daten eingesetzt werden. Die Standardabweichung und die Varianz benötigen metrische Daten.

4.2 Bei nominalen Daten wird kein Streuungsmaß benötigt, da die Daten nicht um einen Wert streuen.

4.3 $SW_{\text{Marketing}} = 21.0$; $var_{\text{Marketing}} = 58.86$; $s_{\text{Marketing}} = 7.67$; $QA_{\text{Marketing}} = 12.5$; $vk_{\text{Marketing}} = 35.68$.

4.4 $SW_{\text{Produktverbesserung}} = 9.0$; $var_{\text{Produktverbesserung}} = 8.00$; $s_{\text{Produktverbesserung}} = 2.83$; $QA_{\text{Produktverbesserung}} = 3.5$; $vk_{\text{Produktverbesserung}} = 56.57$.

4.5 Der Variationskoeffizient ist das benötigte Streuungsmaß. Die Abweichung der einzelnen Unternehmen vom Mittelwert ist bei der Variable Produktverbesserung größer.

4.6 Ergebnisse:

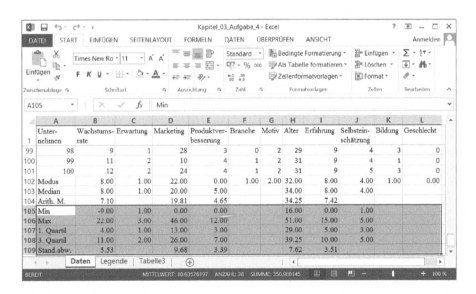

In der Abbildung ist außerdem der Zusammenhang zwischen Skalenniveau, Mittelwerten und Streuungsmaße zu sehen.

Kapitel 5

5.1   Aus der Abbildung können die Umsatzzahlen für die Unternehmen entnommen werden. Mit Hilfe des geometrischen Mittelwertes errechnet sich für Unternehmen 1 eine durchschnittliche Wachstumsrate von gerundet 5 %, für Unternehmen 5 von 7 %.

5.2   Grafiken helfen, Zahlen zu vermitteln und schaffen bleibende Eindrücke, außerdem geben Grafiken oft Hinweise auf das Verhalten von Personen und Objekten oder Trends.

5.3   Häufigkeitsdarstellungen geben uns schnell einen Überblick über die Verteilung der Daten, respektive wie häufig einzelne Werte auftreten.

5.4   Bei unterschiedlichen Klassenbreiten ist das Histogramm zu bevorzugen. Das Histogramm berücksichtigt die unterschiedlichen Klassenbreiten.

5.5   Häufigkeitstabelle:

Erwartung	Anzahl	Relativer Anteil	Kumulierter relativer Anteil
x_i	n_i	f_i	F_i
1	2	0.33	0.33
2	3	0.50	0.83
3	1	0.17	1.00

Absolute und relative Häufigkeitsdarstellung:

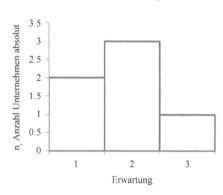 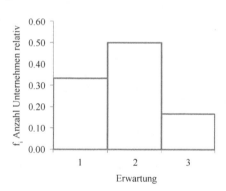

5.6 Häufigkeitstabellen für Marketing und Produktverbesserung:

Klassen Marketing	Anzahl	Relativer Anteil	Klassen Produkt-verbesserung	Anzahl	Relativer Anteil
Von über … bis …	n_i	f_i	Von über … bis …	n_i	f_i
bis 7	7	0.07	bis 2	24	0.24
7 bis 14	25	0.25	2 bis 4	24	0.24
14 bis 21	23	0.23	4 bis 6	20	0.20
21 bis 28	27	0.27	6 bis 8	19	0.19
28 bis 35	12	0.12	8 bis 10	7	0.07
35 bis 42	4	0.04	10 bis 12	6	0.06
42 bis 49	2	0.02	12 bis 14	0	0.00

Es sind auch andere Klassenbreiten möglich.
Relative Häufigkeitsdarstellungen:

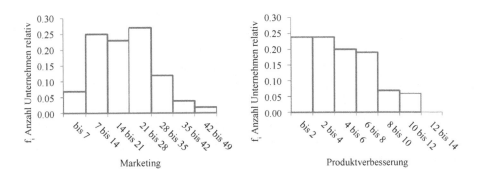

5.7 Die Abbildungen aus Lösung 5.6 zeigen, dass weder die Variable Marketing noch die Variable Produktverbesserung wirklich symmetrisch ist. Symmetrie würde vorliegen, wenn wir die jeweilige Abbildung in der Mitte falten könnten und beide Seiten aufeinander zum Liegen kommen würden.

5.8   Häufigkeitstabelle:

Klassen Wachstumsrate	Anzahl	Relativer Anteil	Häufigkeitsdichte
Von über … bis …	n_i	f_i	f_i^*
−10 bis −5	3	0.03	0.006
−5 bis 0	8	0.08	0.016
0 bis 5	27	0.27	0.054
5 bis 25	62	0.62	0.031

Relative Häufigkeitsdarstellung und Histogramm:

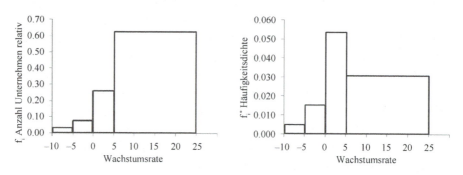

Bei der relativen Häufigkeitsdarstellung ist der rechte Balken deutlich dominanter.
Dies ist auf die im Vergleich zu den anderen Klassen größere Klassenbreite zurückzuführen. Das Histogramm korrigiert die unterschiedlichen Klassenbreiten und ist
daher vorzuziehen.

5.9   Kreisdiagramm für die Variable Bildung

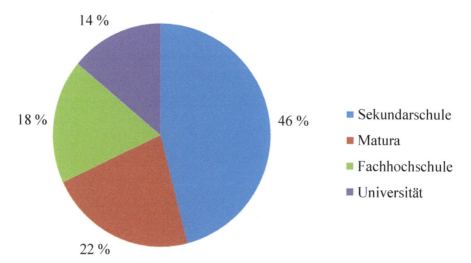

5.10 Säulendiagramm für die Motive der Unternehmensgründung nach Dienstleistungs-
und Industrieunternehmen

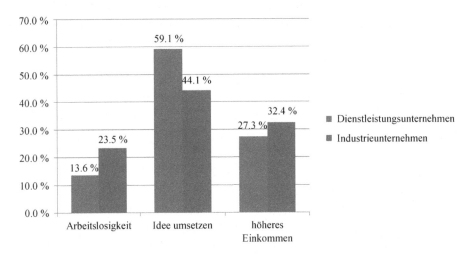

5.11 Liniendiagramm der Umsatzentwicklung des zweiten Unternehmens des Datensatzes

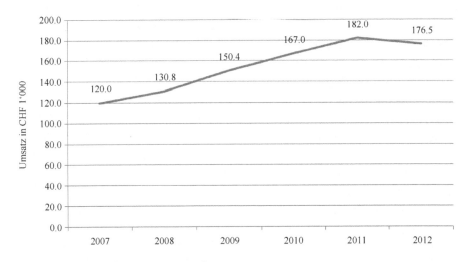

Kapitel 6

6.1 Bei nominalen Daten mit zwei Ausprägungen benutzen wir den Vierfelderkoeffizienten. Bei nominalen Daten mit mehr als zwei Ausprägungen wird der Kontingenzkoeffizient verwendet. Bei ordinalen Daten kommt der Korrelationskoeffizient von Spearman zum Einsatz. Bei metrischen Daten verwenden wir den Korrelationskoeffizienten von Bravais-Pearson.

6.2 Viele Korrelationen zwischen zwei Variablen sind Scheinkorrelationen. Ob tatsächlich ein Zusammenhang zwischen zwei Variablen besteht, erfordert daher theoretische Überlegungen.

6.3 Ein Korrelationskoeffizient zeigt lediglich, wie sich zwei Variablen zueinander verhalten. Man erfährt nicht, ob die eine Variable die Andere beeinflusst oder umgekehrt. Statistische Instrumente können dies nicht leisten. Kausalität ist eine Frage der Theorie.

6.4 In der linken Abbildung können wir näherungsweise eine Gerade einzeichnen. Hier ist die Berechnung des Korrelationskoeffizienten von Bravais-Pearson sinnvoll. Die mittlere Abbildung zeigt, bis auf einen Ausreißer, einen perfekten positiven Zusammenhang. Bevor wir den Korrelationskoeffizienten von Bravais-Pearson berechnen, müssen wir uns um den Ausreißer kümmern. Die rechte Abbildung zeigt ebenfalls einen perfekten, aber nicht-linearen Zusammenhang. Die einfache Berechnung des Korrelationskoeffizienten von Bravais-Pearson (ohne die Überführung des Zusammenhanges in einen linearen Zusammenhang) führt zu falschen Ergebnissen.

6.5 Streudiagramm für die Variablen Wachstumsrate und Marketing

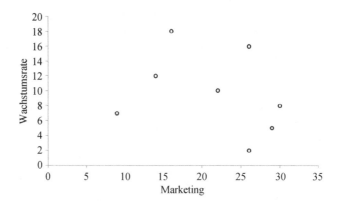

$$r = -0.29$$

6.6 Betrachte vor Berechnung die jeweiligen Streudiagramme:

$$r_{\text{Wachstumsrate,Marketing}} = 0.42;$$

$$r_{\text{Wachstumsrate,Produktverbesserung}} = 0.01;$$

$$r_{\text{Wachstumsrate,Alter}} = 0.02;$$

$$r_{\text{Wachstumsrate,Erfahrung}} = 0.62.$$

6.7 $r_{\text{Sp}} = 0.60$

6.8 $r_{\text{Sp}} = 0.58$

6.9 $r_{\Phi} = 0.13$

6.10 $C = 0.09$

Kapitel 7

7.4 Gemessen an den aktuellen Preisen beträgt das Bruttoinlandsprodukt pro Kopf in China im Jahr 2013 535 % des Wertes von 2003, in Deutschland sind es 153 % und in der Schweiz 177 %. Ohne Berücksichtigung der Inflation ist damit das Bruttoinlandsprodukt pro Kopf in China am schnellsten gewachsen, allerdings von einem deutlich niedrigerem Niveau aus.

Kapitel 8

8.1 Erstens muss das Problem und die Fragestellung eindeutig definiert werden. Zweitens ist zu evaluieren, welche Daten benötigt werden, um die Fragestellung zu beantworten. Drittens ist zu prüfen, ob bereits Sekundärdaten vorliegen. Wenn für unsere Fragestellung keine Sekundärdaten existieren, müssen wir selbst eine Primärdatenerhebung durchführen.

8.3 Die Grundgesamtheit sind alle Personen oder Objekte, über die wir eine Aussage machen wollen. Die Stichprobe ist ein Ausschnitt aus der Grundgesamtheit. Damit wir von der Stichprobe auf die Grundgesamtheit schließen können, benötigen wir eine unverzerrte Stichprobe. Eine solche erhalten wir, wenn wir die Stichprobe nach dem Zufallsprinzip ziehen.

8.4 $\bar{x}_{\text{Wachstumsrate}} = 7.1$, $\text{KIV}_{90\%} = [6.19; 8.01]$, $\text{KIV}_{95\%} = [6.01; 8.18]$, $\text{KIV}_{99\%} = [5.67; 8.53]$

8.5 $n = \frac{2^2 \times 1.96^2 \times s^2}{\text{KIB}_{95\%}^2} = \frac{2^2 \times 1.96^2 \times 5^2}{2^2} = 96.04$

8.6 $p_{\text{Industrieunternehmen}} = 0.34$, $\text{KIV}_{90\%} = [0.263; 0.417]$, $\text{KIV}_{95\%} = [0.248; 0.432]$, $\text{KIV}_{99\%} = [0.219; 0.461]$

8.7 $n = \frac{2^2 \times 1.64^2 \times p(1-p)}{\text{KIB}_{90\%}^2} = \frac{2^2 \times 1.64^2 \times 0.25(1-0.25)}{0.08^2} = 315.19$

8.8 Validität bedeutet, dass unsere Variablen tatsächlich den Gegenstand der Untersuchung messen. Reliabilität bedeutet, dass wir zuverlässig messen.

8.9 Aussage eins ist korrekt, wir können zuverlässig das Falsche messen. Aussage zwei ist nicht korrekt, wenn wir nicht zuverlässig messen, dann ist die Variable auch kein guter Proxy für den Untersuchungsgegenstand.

Kapitel 9

9.1 H_0: Es gibt keinen Zusammenhang zwischen dem Umsatzwachstum und dem Anteil am Umsatz, der für Produktverbesserung aufgewendet wird.

H_A: Es gibt einen Zusammenhang zwischen dem Umsatzwachstum und dem Anteil am Umsatz, der für Produktverbesserung aufgewendet wird.

H_0: Es gibt keinen Unterschied zwischen Gründern und Gründerinnen hinsichtlich der Branchenberufserfahrung, die diese bei der Gründung besitzen.

H_A: Es gibt einen Unterschied zwischen Gründern und Gründerinnen hinsichtlich der Branchenberufserfahrung, die diese bei der Gründung besitzen.

H_0: Es gibt keinen Zusammenhang zwischen Rauchen und Lebenserwartung.

H_A: Es gibt einen Zusammenhang zwischen Rauchen und Lebenserwartung.

9.2 H_0: Es besteht keine bzw. eine negative Korrelation zwischen dem Umsatzwachstum und dem Anteil am Umsatz, der für Produktverbesserung aufgewendet wird.

H_A: Es besteht eine positive Korrelation zwischen dem Umsatzwachstum und dem Anteil am Umsatz, der für Produktverbesserung aufgewendet wird.

H_0: Gründerinnen bringen weniger bzw. gleich viel Branchenberufserfahrung bei der Unternehmensgründung mit wie Gründer.

H_A: Gründerinnen bringen mehr Branchenberufserfahrung bei der Unternehmensgründung mit wie Gründer.

H_0: Die Höhe des Zigarettenkonsums hat keinen bzw. einen positiven Einfluss auf die Lebenserwartung.

H_A: Die Höhe des Zigarettenkonsums hat einen negativen Einfluss auf die Lebenserwartung.

9.5 Keine Beziehung und kein Unterschied sind klar definierte Aussagen und damit testbar.

Kapitel 10

10.1 Normalverteilungen:

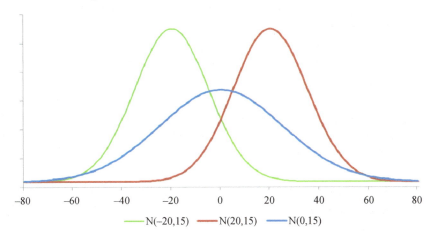

$$\text{— N(−20,15)} \quad \text{— N(20,15)} \quad \text{— N(0,15)}$$

10.2 $z_{(x=-25)} = -3$, $z_{(x=-20)} = -2.67$, $z_{(x=-10)} = -2$, $z_{(x=-7)} = -1.8$, $z_{(x=5)} = -1$, $z_{(x=20)} = 0$, $z_{(x=35)} = 1$, $z_{(x=47)} = 1.8$, $z_{(x=50)} = 2$, $z_{(x=60)} = 2.67$, $z_{(x=65)} = 3$

10.3 Fläche rechts von $z = 0.5$ ist 30.85 %, Fläche rechts von $z = 0.75$ ist 22.66 %, Fläche rechts von $z = 1.0$ ist 15.87 %, Fläche rechts von $z = 1.26$ ist 10.38 %.

10.4 Fläche links von $z = -0.5$ ist 30.85 %, Fläche links von $z = -0.75$ ist 22.66 %, Fläche links von $z = -1.0$ ist 15.87 %, Fläche links von $z = -1.26$ ist 10.38 %.

10.5 Die Flächen rechts und links vom jeweiligen positiven und negativen z-Wert sind aufgrund der Symmetrieeigenschaft der Standardnormalverteilung gleich groß.

10.6 Die Wahrscheinlichkeit, einen Unternehmensgründer älter als 42 Jahre zu entdecken, liegt bei 15.87 %. Die Wahrscheinlichkeit, einen Unternehmensgründer jünger als 21 Jahre zu entdecken, liegt bei 2.28 %. Die Wahrscheinlichkeit, einen Unternehmensgründer im Intervall von 42 bis 49 Jahren zu entdecken liegt bei 13.59 %.

10.7 Um zu den besten 5 % der Studierenden zu gehören, muss die Punktezahl von 96.5 überschritten werden.

Kapitel 11

11.1 Das Signifikanzniveau α ist einerseits die Wahrscheinlichkeit, mit der wir die Nullhypothese ablehnen, andererseits ist es die Fehlerwahrscheinlichkeit, die Nullhypothese fälschlicherweise zu verwerfen.

11.2 Aussagen:
- Die Aussage, dass eine Überschreitung des kritischen Wertes zur Ablehnung von H_0 führt, ist korrekt.

- Selbst wenn man wollte, könnte man den α-Fehler nicht auf null setzen. Die Achsen der Verteilungsfunktion nähern sich asymptotisch der x-Achse an, erreichen diese aber nie.

- Die Aussage, je kleiner der α-Fehler, desto besser ist das Ergebnis, ist nicht korrekt. Erstens verwerfen wir bei kleinem α-Fehler die Nullhypothese aufgrund unseres Stichprobenbefundes seltener, auch wenn dies möglicherweise die richtige Entscheidung wäre. Zweitens gibt es nicht nur einen α-Fehler sondern auch noch einen β-Fehler, der mit kleiner werdendem α größer wird.

- Die Aussage, dass die Wahl des α-Fehlers von den Auswirkungen abhängt, die eine falsche Verwerfung der Nullhypothese mit sich bringt, ist korrekt.

11.3 Beidseitig wird getestet, wenn wir eine ungerichtete Null- und Alternativhypothese haben. Linksseitig bzw. rechtsseitig wird getestet, wenn gerichtete Null- und Alternativhypothesen vorliegen.

11.4 Beidseitiger Test:
H_0: Unternehmensgründer sind im Durchschnitt 40 Jahre alt.
H_A: Unternehmensgründer sind im Durchschnitt ungleich 40 Jahre alt.
Linksseitiger Test:
H_0: Unternehmensgründer sind im Durchschnitt 40 Jahre alt oder älter.
H_A: Unternehmensgründer sind im Durchschnitt jünger als 40 Jahre.
Rechtsseitiger Test:
H_0: Unternehmensgründer sind im Durchschnitt 40 Jahre alt oder jünger.
H_A: Unternehmensgründer sind im Durchschnitt älter als 40 Jahre.

11.5 Der α-Fehler ist die Wahrscheinlichkeit H_0 abzulehnen, obwohl H_0 richtig ist. Der β-Fehler ist die Wahrscheinlichkeit H_0 nicht abzulehnen, obwohl H_0 falsch ist. Verkleinert man den α-Fehler, wird der β-Fehler größer und umgekehrt.

Kapitel 12

12.1 Schritt 1: Nullhypothese, Alternativhypothese, Signifikanzniveau
- H_0: $\mu = 10$
- H_A: $\mu \neq 10$
- $\alpha = 0.1$

Schritt 2: Testverteilung und Teststatistik
- Testverteilung ist die t-Verteilung mit $n - 1 = 99$ Freiheitsgraden
- Teststatistik ist $t = \frac{\bar{x} - \mu}{\sigma_{\bar{x}}}$

Schritt 3: Ablehnungsbereich und kritischer Wert

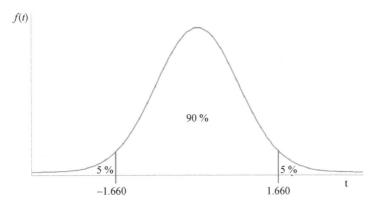

Schritt 4: Berechnung Teststatistik

- $t = \frac{\bar{x}-\mu}{\sigma_{\bar{x}}} = \frac{7.42-10}{\frac{3.51}{\sqrt{100}}} = -7.35$

Schritt 5: Entscheidung und Interpretation

- Der berechnete t-Wert ist kleiner als der kritische t-Wert, wir lehnen H_0 ab.
- Die mitgebrachte Branchenberufserfahrung beträgt nicht zehn Jahre, sondern ist geringer.

12.2 Schritt 1: Nullhypothese, Alternativhypothese, Signifikanzniveau

- H_0: $\mu = 5$
- H_A: $\mu \neq 5$
- $\alpha = 0.05$

Schritt 2: Testverteilung und Teststatistik

- Testverteilung ist die t-Verteilung mit $n - 1 = 99$ Freiheitsgraden
- Teststatistik ist $t = \frac{\bar{x}-\mu}{\sigma_{\bar{x}}}$

Schritt 3: Ablehnungsbereich und kritischer Wert

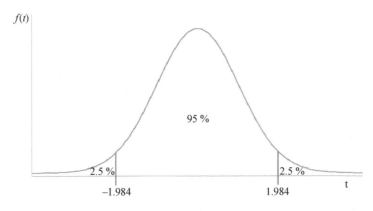

Schritt 4: Berechnung Teststatistik

- $t = \frac{\bar{x}-\mu}{\sigma_{\bar{x}}} = \frac{7.1-5}{\frac{5.53}{\sqrt{100}}} = 3.80$

Schritt 5: Entscheidung und Interpretation

- Der berechnete t-Wert ist größer als der kritische t-Wert, wir lehnen H_0 ab.
- Das durchschnittliche Unternehmenswachstum ist größer als 5 %, damit ist unser Unternehmen unterdurchschnittlich gewachsen.

12.3 Schritt 1: Nullhypothese, Alternativhypothese, Signifikanzniveau

- $H_0: \mu = 5$
- $H_A: \mu \neq 5$
- $\alpha = 0.05$

Schritt 2: Testverteilung und Teststatistik

- Testverteilung ist die t-Verteilung mit $n - 1 = 24$ Freiheitsgraden
- Teststatistik ist $t = \frac{\bar{x}-\mu}{\sigma_{\bar{x}}}$

Schritt 3: Ablehnungsbereich und kritischer Wert

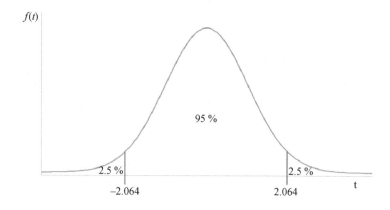

Schritt 4: Berechnung Teststatistik

- $t = \frac{\bar{x}-\mu}{\sigma_{\bar{x}}} = \frac{8-5}{\frac{4.16}{\sqrt{25}}} = 3.61$

Schritt 5: Entscheidung und Interpretation

- Der berechnete t-Wert ist größer als der kritische t-Wert, wir lehnen H_0 ab.
- Das durchschnittliche Unternehmenswachstum ist größer als 5 %, damit ist unser Unternehmen unterdurchschnittlich gewachsen.

12.4 Schritt 1: Nullhypothese, Alternativhypothese, Signifikanzniveau

- $H_0: \mu \geq 15$
- $H_A: \mu < 15$
- $\alpha = 0.1$

Schritt 2: Testverteilung und Teststatistik

- Testverteilung ist die t-Verteilung mit $n - 1 = 99$ Freiheitsgraden
- Teststatistik ist $t = \frac{\bar{x}-\mu}{\sigma_{\bar{x}}}$

Schritt 3: Ablehnungsbereich und kritischer Wert

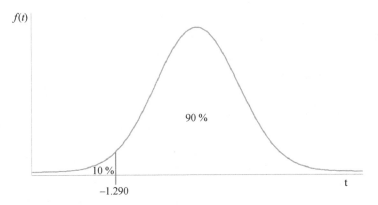

Schritt 4: Berechnung Teststatistik
- $t = \frac{\bar{x}-\mu}{\sigma_{\bar{x}}} = \frac{19.81-15}{\frac{9.677}{\sqrt{100}}} = 4.97$

Schritt 5: Entscheidung und Interpretation
- Der berechnete t-Wert ist größer als der kritische t-Wert, wir lehnen H_0 nicht ab.
- Der Anteil, der für Marketing aufgewendet wird, hat sich nicht verkleinert.

12.5 Schritt 1: Nullhypothese, Alternativhypothese, Signifikanzniveau
- H_0: $\mu \le 5$
- H_A: $\mu > 5$
- $\alpha = 0.05$

Schritt 2: Testverteilung und Teststatistik
- Testverteilung ist die t-Verteilung mit $n - 1 = 99$ Freiheitsgraden
- Teststatistik ist $t = \frac{\bar{x}-\mu}{\sigma_{\bar{x}}}$

Schritt 3: Ablehnungsbereich und kritischer Wert

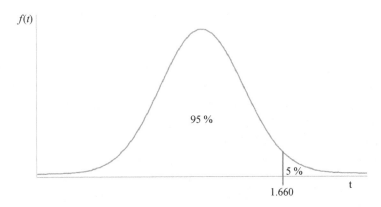

Schritt 4: Berechnung Teststatistik

- $t = \frac{\bar{x}-\mu}{\sigma_{\bar{x}}} = \frac{4.65-5}{\frac{3.392}{\sqrt{100}}} = -1.03$

Schritt 5: Entscheidung und Interpretation

- Der berechnete t-Wert ist nicht größer als der kritische t-Wert, wir lehnen H_0 nicht ab.

- Der Anteil, der für Produktverbesserung aufgewendet wird, hat sich nicht erhöht.

Kapitel 13

13.1 Schritt 1: Nullhypothese, Alternativhypothese, Signifikanzniveau

- H_0: $\mu_1 - \mu_2 \leq 0$
- H_A: $\mu_1 - \mu_2 > 0$
- $\alpha = 0.1$

Schritt 2: Testverteilung und Teststatistik

- Testverteilung ist die t-Verteilung mit $n_1 + n_2 - 2 = 98$ Freiheitsgraden
- Teststatistik ist $t = \frac{\bar{x}_1-\bar{x}_2}{\sigma_{\bar{x}_1,\bar{x}_2}}$

Schritt 3: Ablehnungsbereich und kritischer Wert

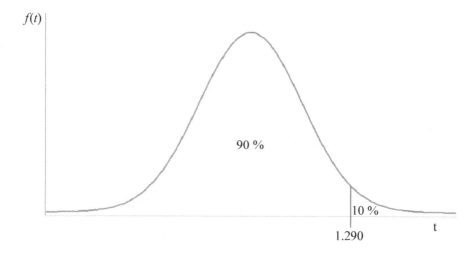

Schritt 4: Berechnung Teststatistik

- $t = \frac{\bar{x}_1-\bar{x}_2}{\sigma_{\bar{x}_1,\bar{x}_2}} = \frac{34.77-33.29}{\sqrt{\left[\frac{(65-1)\times 7.55^2+(35-1)\times 7.76^2}{65+35-2}\right]\left[\frac{65+35}{65\times 35}\right]}} = 0.93$

Schritt 5: Entscheidung und Interpretation

- Der berechnete t-Wert ist nicht größer als der kritische t-Wert, wir lehnen H_0 nicht ab.

- Männer sind bei Unternehmensgründung nicht älter als Frauen.

13.2 Schritt 1: Nullhypothese, Alternativhypothese, Signifikanzniveau

- H_0: $\mu_1 - \mu_2 = 0$
- H_A: $\mu_1 - \mu_2 \neq 0$
- $\alpha = 0.05$

Schritt 2, 3 und 4: Excel

- wir testen zweiseitig
- um die weiteren Schritte müssen wir uns nicht kümmern, Excel ermittelt für uns die relevanten Informationen
- 34 Industrieunternehmen, die durchschnittliche Wachstumsrate beträgt 6.35 %
- 66 Dienstleistungsunternehmen, die durchschnittliche Wachstumsrate beträgt 7.48 %
- die Varianzen sind leicht unterschiedlich, wir sollten uns überlegen, den Test auch mit Hilfe ungleicher Varianzen durchzuführen (wir verzichten hier darauf)
- der kritische t-Wert beim zweiseitigen Test beträgt ± 1.984
- der berechnete t-Wert ist -0.97

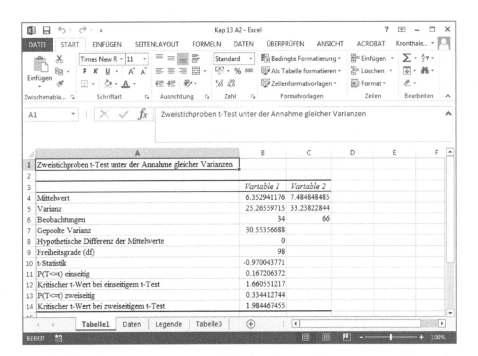

Schritt 5: Entscheidung und Interpretation

- Der berechnete t-Wert ist nicht größer bzw. kleiner als die kritischen t-Werte, wir lehnen H_0 nicht ab.
- Beim Wachstum von Industrie- und Dienstleistungsunternehmen gibt es keinen Unterschied.

13.3 Schritt 1: Nullhypothese, Alternativhypothese, Signifikanzniveau

- $H_0: \mu_1 - \mu_2 \leq 0$
- $H_A: \mu_1 - \mu_2 > 0$
- $\alpha = 0.01$

Schritt 2, 3 und 4: Excel

- wir testen einseitig
- die weiteren Informationen liefert Excel
- 34 Industrieunternehmen, durchschnittliche Aufwendungen für Produktverbesserungen liegen bei 4.71 %
- 66 Dienstleistungsunternehmen, durchschnittliche Aufwendungen für Produktverbesserungen lieben bei 4.62 %
- die Varianzen sind in etwa gleich
- der kritische t-Wert beim einseitigen Test beträgt 2.365, wir müssen uns noch überlegen, ob der Test linksseitig oder rechtsseitig durchgeführt wird, das hängt von der Nullhypothese und der Dateneingabe ab, in unserem Fall testen wir rechtsseitig und der kritische t-Wert ist +2.365
- der berechnete t-Wert ist 0.12

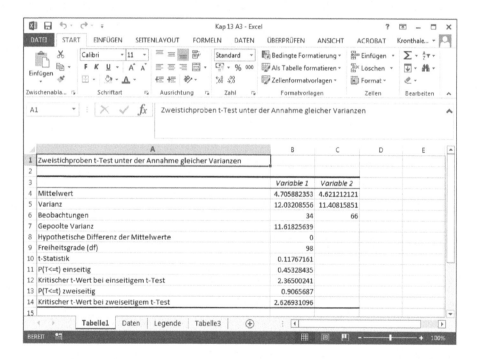

Schritt 5: Entscheidung und Interpretation

- Der berechnete t-Wert ist nicht größer als der kritische t-Wert, wir lehnen H_0 nicht ab.

- Industrieunternehmen wenden nicht mehr für Produktverbesserungen auf als Dienstleistungsunternehmen.

13.4 Schritt 1: Nullhypothese, Alternativhypothese, Signifikanzniveau

- H_0: $\mu_1 - \mu_2 = 0$
- H_A: $\mu_1 - \mu_2 \neq 0$
- $\alpha = 0.10$ (ist in der Aufgabenstellung nicht spezifiziert, kann auch anders gesetzt werden)

Schritt 2, 3 und 4: Excel

- wir testen zweiseitig
- die weiteren Informationen liefert Excel
- 65 Gründer, die durchschnittliche Branchenberufserfahrung liegt bei 7.72 Jahren
- 35 Gründerinnen, die durchschnittliche Branchenberufserfahrung liegt bei 6.86 Jahren
- die Varianzen sind in etwa gleich
- der kritische t-Wert beim zweiseitigen Test ist ± 1.660
- der berechnete t-Wert ist 1.18

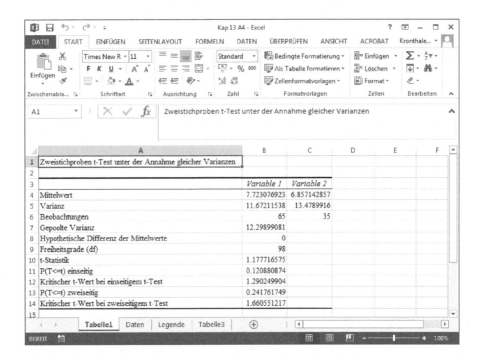

Schritt 5: Entscheidung und Interpretation

- Der berechnete t-Wert ist nicht größer als der kritische t-Wert, wir lehnen H_0 nicht ab.

- Frauen und Männer sind bezüglich der Branchenberufserfahrung nicht verschieden.

13.5 Schritt 1: Nullhypothese, Alternativhypothese, Signifikanzniveau

- $H_0: \mu_1 - \mu_2 \leq 0$
- $H_A: \mu_1 - \mu_2 > 0$
- $\alpha = 0.1$ (ist in der Aufgabenstellung nicht spezifiziert, kann auch anders gesetzt werden)

Schritt 2, 3 und 4: Excel

- wir testen einseitig
- die weiteren Informationen liefert Excel
- 65 Gründer, durchschnittliche Aufwendungen für Marketing sind 20.26 %
- 35 Gründerinnen, durchschnittliche Aufwendungen für Marketing sind 18.97 %
- die Varianzen sind in etwa gleich
- der kritische t-Wert beim einseitigen Test ist 1.290, wir müssen uns noch überlegen, ob der Test linksseitig oder rechtsseitig durchgeführt wird, dies hängt von der Nullhypothese und von der Dateneingabe ab, in unserem Fall testen wir rechtsseitig und der kritische t-Wert ist +1.290
- der berechnete t-Wert ist 0.63

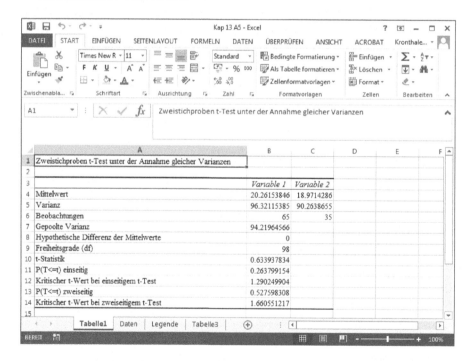

Schritt 5: Entscheidung und Interpretation
- Der berechnete t-Wert ist nicht größer als der kritische t-Wert, wir lehnen H_0 nicht ab.
- Männer wenden nicht mehr für Marketing auf als Frauen.

Kapitel 14

14.1 Schritt 1: Nullhypothese, Alternativhypothese, Signifikanzniveau
- H_0: $\mu_{\text{Pre}} - \mu_{\text{Post}} \leq 0$
- H_A: $\mu_{\text{Pre}} - \mu_{\text{Post}} > 0$
- $\alpha = 0.1$

Schritt 2: Testverteilung und Teststatistik
- Testverteilung ist die t-Verteilung mit $n - 1 = 14$ Freiheitsgraden
- Teststatistik ist $t = \dfrac{\sum d_i}{\sqrt{\frac{n \sum d_i^2 - (\sum d_i)^2}{n-1}}}$

Schritt 3: Ablehnungsbereich und kritischer Wert

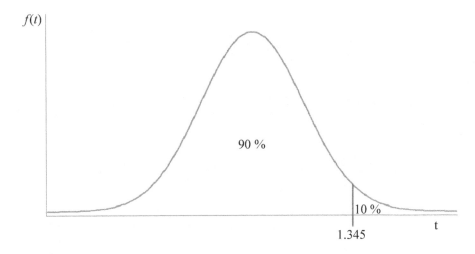

Schritt 4: Berechnung Teststatistik
- $t = \dfrac{\sum d_i}{\sqrt{\frac{n \sum d_i^2 - (\sum d_i)^2}{n-1}}} = \dfrac{17}{\sqrt{\frac{15 \times 161 - 289}{15-1}}} = 1.38$

Schritt 5: Entscheidung und Interpretation
- Der berechnete t-Wert ist größer als der kritische t-Wert, wir lehnen H_0 ab.
- Die Schulungsmaßnahme wirkt.

14.2   Schritt 1: Nullhypothese, Alternativhypothese, Signifikanzniveau

- $H_0: \mu_{\text{Ohne}} - \mu_{\text{Mit}} \geq 0$
- $H_A: \mu_{\text{Ohne}} - \mu_{\text{Mit}} < 0$
- $\alpha = 0.01$

Schritt 2, 3 und 4: Excel

- wir testen einseitig
- die weiteren Informationen liefert Excel
- ohne Energy-Drink wurden im Durchschnitt 15.6 km gelaufen
- mit Energy-Drink wurden im Durchschnitt 16.2 km gelaufen
- der kritische t-Wert beim einseitigen Test ist 2.821, wir müssen uns noch überlegen, ob der Test linksseitig oder rechtsseitig durchgeführt wird, dies hängt von der Nullhypothese ab, in unserem Fall testen wir linksseitig und der kritische t-Wert ist -2.821
- der berechnete t-Wert ist -1.20

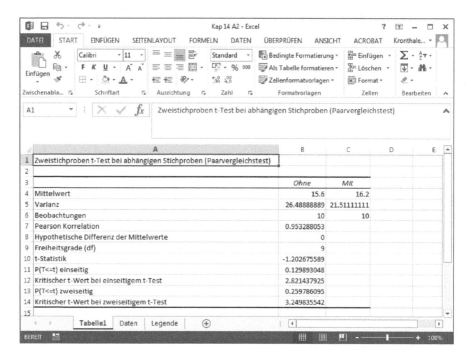

Schritt 5: Entscheidung und Interpretation

- Der berechnete t-Wert ist größer als der kritische t-Wert, wir lehnen H_0 nicht ab.
- Energy-Drinks erhöhen gemäß unseres Untersuchungsdesigns die Leistungsfähigkeit nicht.

Kapitel 15

15.1 Schritt 1: Nullhypothese, Alternativhypothese, Signifikanzniveau
- $H_0: r = 0$
- $H_A: r \neq 0$
- $\alpha = 0.05$

Schritt 2: Testverteilung und Teststatistik
- Testverteilung ist die t-Verteilung mit $n - 2 = 100 - 2 = 98$ Freiheitsgraden
- Teststatistik ist $t = \frac{r \times \sqrt{n-2}}{\sqrt{1-r^2}}$

Schritt 3: Ablehnungsbereich und kritischer Wert

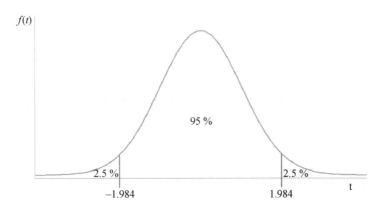

Schritt 4: Berechnung Teststatistik
- zunächst müssen wir uns das Streudiagramm ansehen
- anschließend können wir den Korrelationskoeffizienten von Bravais-Pearson mit Hilfe von Excel berechnen, dieser ist $r = 0.42$
- $t = \frac{0.42 \times \sqrt{100-2}}{\sqrt{1-0.42^2}} = 4.581$

Schritt 5: Entscheidung und Interpretation
- Der berechnete t-Wert ist größer als der kritische t-Wert, wir lehnen H_0 ab.
- Es gibt einen Zusammenhang zwischen den beiden Variablen.

15.2 Schritt 1: Nullhypothese, Alternativhypothese, Signifikanzniveau
- $H_0: r \leq 0$
- $H_A: r > 0$
- $\alpha = 0.01$

Schritt 2: Testverteilung und Teststatistik
- Testverteilung ist die t-Verteilung mit $n - 2 = 100 - 2 = 98$ Freiheitsgraden
- Teststatistik ist $t = \frac{r \times \sqrt{n-2}}{\sqrt{1-r^2}}$

Schritt 3: Ablehnungsbereich und kritischer Wert

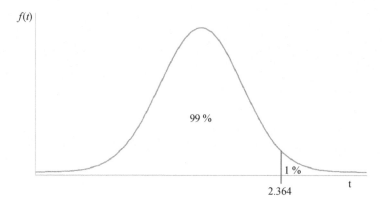

Schritt 4: Berechnung Teststatistik

- zunächst müssen wir uns das Streudiagramm ansehen
- anschließend können wir den Korrelationskoeffizienten von Bravais-Pearson mit Hilfe von Excel berechnen, dieser ist $r = 0.62$
- $t = \frac{0.62 \times \sqrt{100-2}}{\sqrt{1-0.62^2}} = 7.823$

Schritt 5: Entscheidung und Interpretation

- Der berechnete t-Wert ist größer als der kritische t-Wert, wir lehnen H_0 ab.
- Es gibt einen positiven Zusammenhang zwischen den beiden Variablen.

15.3 Schritt 1: Nullhypothese, Alternativhypothese, Signifikanzniveau

- H_0: $r_{Sp} \leq 0$
- H_A: $r_{Sp} > 0$
- $\alpha = 0.1$

Schritt 2: Testverteilung und Teststatistik

- Testverteilung ist die t-Verteilung mit $n - 2 = 100 - 2 = 98$ Freiheitsgraden
- Teststatistik ist $t = \dfrac{r_{Sp}}{\sqrt{\dfrac{1-r_{Sp}^2}{n-2}}}$

Schritt 3: Ablehnungsbereich und kritischer Wert

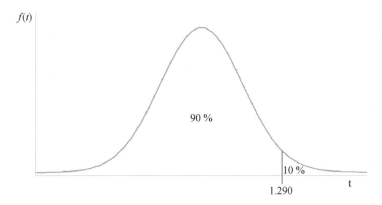

Schritt 4: Berechnung Teststatistik

- wir berechnen den Korrelationskoeffizienten von Spearman, dieser ist $r = 0.58$
- $t = \frac{0.58}{\sqrt{\frac{1-0.58^2}{100-2}}} = 7.05$

Schritt 5: Entscheidung und Interpretation

- Der berechnete t-Wert ist größer als der kritische t-Wert, wir lehnen H_0 ab.
- Es gibt einen positiven Zusammenhang zwischen beiden Variablen.

15.4 Schritt 1: Nullhypothese, Alternativhypothese, Signifikanzniveau

- $H_0\colon r_\Phi = 0$
- $H_A\colon r_\Phi \neq 0$
- $\alpha = 0.05$

Schritt 2: Testverteilung und Teststatistik

- Testverteilung ist die $\chi 2$-Verteilung mit einem Freiheitsgrad
- Teststatistik ist $\chi^2 = n \times r_\Phi^2$

Schritt 3: Ablehnungsbereich und kritischer Wert

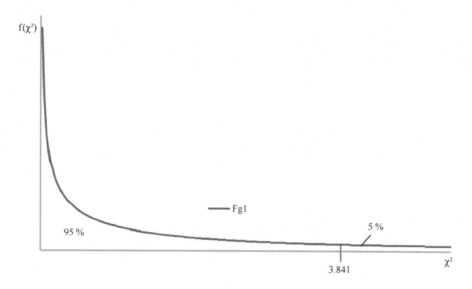

Schritt 4: Berechnung Teststatistik
- wir berechnen den Vierfelderkoeffizienten, dieser ist $r_\Phi = 0.13$
- $\chi^2 = n \times r_\Phi^2 = 100 \times 0.13^2 = 1.69$

Schritt 5: Entscheidung und Interpretation
- Der berechnete χ2-Wert ist nicht größer als der kritische Wert, wir lehnen H_0 nicht ab.
- Es gibt keinen Zusammenhang zwischen den beiden Variablen.

15.5 Schritt 1: Nullhypothese, Alternativhypothese, Signifikanzniveau
- $H_0: C = 0$
- $H_A: C > 0$
- $\alpha = 0.1$

Schritt 2: Testverteilung und Teststatistik
- Testverteilung ist die χ2-Verteilung mit $(k-1) \times (j-1) = 1 \times 2 = 2$ Freiheitsgraden
- Teststatistik ist $U = \sum \sum \frac{(f_{jk} - e_{jk})^2}{e_{jk}}$

Schritt 3: Ablehnungsbereich und kritischer Wert

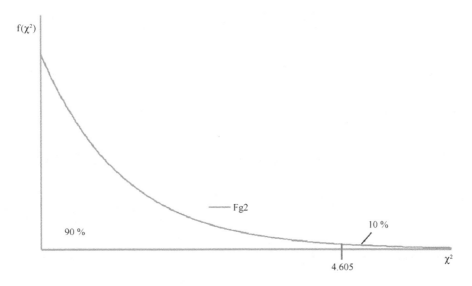

Schritt 4: Berechnung Teststatistik
- der Kontingenzkoeffizient $C = 0.09$ (für den Test benötigen wir aber nur U)
- $U = 0.793$

Schritt 5: Entscheidung und Interpretation
- Der berechnete U-Wert ist nicht größer als der kritische Wert, wir lehnen H_0 nicht ab.
- Es gibt keinen Zusammenhang zwischen den beiden Variablen.

Kapitel 16

16.1 Schritt 1: Nullhypothese, Alternativhypothese, Signifikanzniveau
- $H_0: \pi_1 = \pi_2 = \pi_2 = \frac{1}{3}$
- $H_A: \pi_1 \neq \pi_2 \neq \pi_2 \neq \frac{1}{3}$
- $\alpha = 0.05$

Schritt 2: Testverteilung und Teststatistik
- Testverteilung ist die $\chi 2$-Verteilung mit $c - 1 = 2$ Freiheitsgraden
- Teststatistik ist $U = \sum \frac{(f_i - e_i)^2}{e_i}$

Schritt 3: Ablehnungsbereich und kritischer Wert

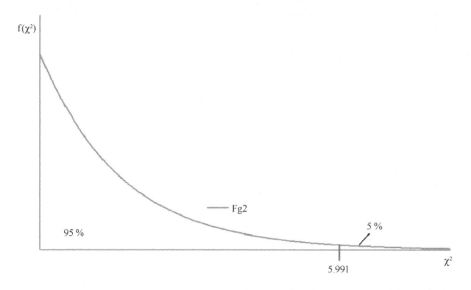

Schritt 4: Berechnung Teststatistik

- $U = \sum \frac{(f_i - e_i)^2}{e_i} = \frac{(17-33.3)^2}{33.3} + \frac{(54-33.3)^2}{33.3} + \frac{(29-33.3)^2}{33.3} = 21.40$

Schritt 5: Entscheidung und Interpretation

- Der berechnete U-Wert ist größer als der kritische Wert, wir lehnen H_0 ab.
- Die Gründungsmotive sind nicht gleich häufig.

16.2 Schritt 1: Nullhypothese, Alternativhypothese, Signifikanzniveau

- H_0: $\pi_{i_\text{Frauen}} = \pi_{i_\text{Männer}}$
- H_A: $\pi_{i_\text{Frauen}} \neq \pi_{i_\text{Männer}}$
- $\alpha = 0.05$

Schritt 2: Testverteilung und Teststatistik

- Testverteilung ist die χ2-Verteilung mit $(k-1) \times (j-1) = 2$ Freiheitsgraden
- Teststatistik ist $U = \sum \sum \frac{(f_{jk} - e_{jk})^2}{e_{jk}}$

Schritt 3: Ablehnungsbereich und kritischer Wert

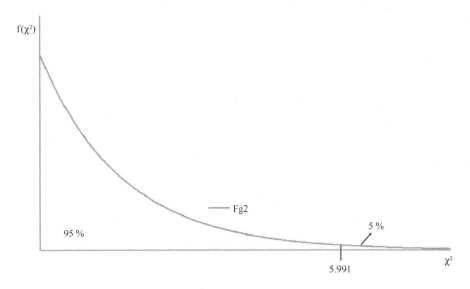

Schritt 4: Berechnung Teststatistik
- $U = 0.793$

Schritt 5: Entscheidung und Interpretation
- Der berechnete U-Wert ist nicht größer als der kritische Wert, wir lehnen H_0 nicht ab.
- Es gibt hinsichtlich der Gründungsmotive keine Unterschiede zwischen Männern und Frauen.

16.3 Schritt 1: Nullhypothese, Alternativhypothese, Signifikanzniveau
- H_0: $\pi_{vor} = \pi_{nach}$
- H_A: $\pi_{vor} \neq \pi_{nach}$
- $\alpha = 0.10$

Schritt 2: Testverteilung und Teststatistik
- Testverteilung ist die $\chi 2$-Verteilung mit einem Freiheitsgrad
- Teststatistik ist $U = \sum \frac{(f_i - e_i)^2}{e_i}$

Schritt 3: Ablehnungsbereich und kritischer Wert

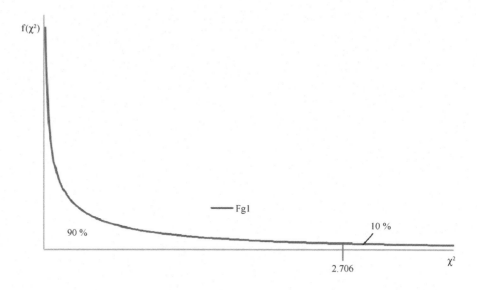

Schritt 4: Berechnung Teststatistik

- $U = \sum \frac{(f_i - e_i)^2}{e_i} = \frac{(f_b - e_b)^2}{e_b} + \frac{(f_c - e_c)^2}{e_c} = \frac{(40 - 55)^2}{55} + \frac{(70 - 55)^2}{55} = 8.18$
  (wir betrachten nur die Wechsler)

Schritt 5: Entscheidung und Interpretation

- Der berechnete U-Wert ist größer als der kritische Wert, wir lehnen H_0 ab.
- Die Aufklärungskampagne hat einen Einfluss auf das Ernährungsverhalten.

Kapitel 17

17.1 Ohne Theorie über den Zusammenhang ist das Ergebnis der Regressionsanalyse wertlos. Nur mit Hilfe der Theorie kann man eine Aussage darüber machen, ob eine Variable tatsächlich eine andere Variable beeinflusst. Wenn wir diese Aussage nicht haben, wissen wir nicht, was mit Y passiert, wenn wir X verändern.

17.2 Ergebnis:

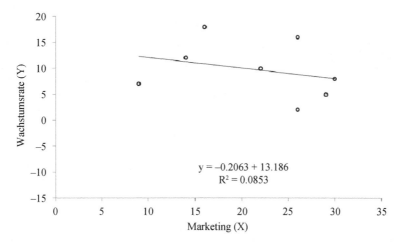

- die Steigung der Regressionsgerade ist leicht negativ, tendenziell sinkt die Wachstumsrate, wenn der Aufwand für Marketing steigt
- das R^2 beträgt lediglich 8.5 %, d. h. der Erklärungsgehalt der Regressionsgeraden ist sehr gering

17.3 Die prognostizierte Wachstumsrate beträgt 10.06 %. Die Prognose ist sehr unzuverlässig, da das Bestimmtheitsmaß R^2 sehr gering ist (siehe Aufgabe 17.2).

17.4 Ergebnis:

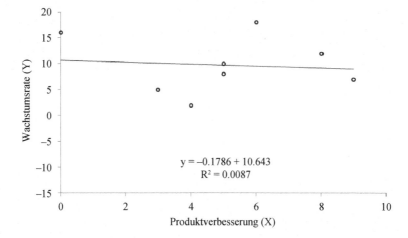

- die Regressionsgerade lautet $\hat{y} = 10.643 - 0.1786X$, das Bestimmtheitsmass ist 0.87 %
- das R^2 beträgt lediglich 0.87 %, d. h. der Erklärungsgehalt geht gegen null

17.5 Die prognostizierte Wachstumsrate beträgt 7.07 %. Bei der Prognose haben wir zwei
      Probleme: 1) es handelt sich um eine Out-of-Sample Prognose, 2) das Bestimmt-
      heitsmaß R^2 ist sehr gering (siehe Aufgabe 17.4).

17.6 Ergebnis:

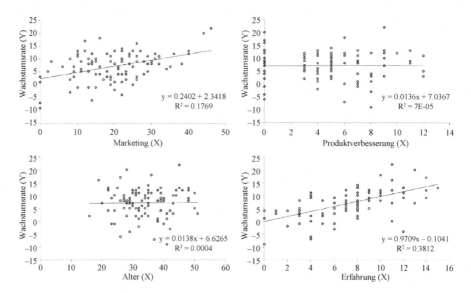

- zwischen der Wachstumsrate und den Variablen Marketing und Erfahrung scheint
  es einen Zusammenhang zu geben
- zwischen der Wachstumsrate und den Variablen Produktverbesserung und Alter
  scheint es keinen Zusammenhang zu geben

17.7 Sowohl theoretisch als auch mit Blick auf Aufgabe 6 ist es sehr wahrscheinlich,
      dass nicht nur eine Variable sondern mehrere einen Einfluss auf die Wachstumsrate
      ausüben.

Kapitel 18

18.1 Ergebnis:

- für die Interpretation vergleiche Kap. 18

18.2 Ergebnis
Linearität:

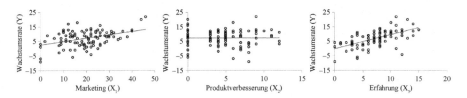

- die Scatterplots zeigen zwischen der abhängigen und den unabhängigen Variablen entweder eine lineare oder keine Beziehung
- eine nicht-lineare Beziehung ist nicht zu entdecken

Korrelation der Residuen mit den unabhängigen Variablen:

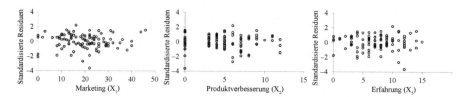

- es lässt sich keine Beziehung zwischen den unabhängigen Variablen und den Residuen erkennen

Konstanz der Varianz der Abweichungen:

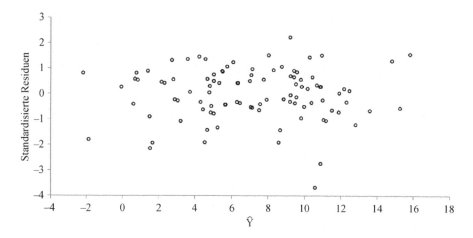

- die Streuung der Residuen verändert sich nicht mit Zu- bzw. Abnahme der geschätzten $\hat{Y}$-Werte (die Residuen streuen weitestgehend in der gleichen Bandbreite)

Keine Korrelation zwischen zwei oder mehreren unabhängigen Variablen:

	Marketing	Produktverbesserung Erfahrung	Erfahrung
Marketing	1		
Produktverbesserung	−0.03	1	
Erfahrung	0.26	−0.27	1

- es gibt keine Korrelation zwischen den unabhängigen Variablen

Keine Korrelation der Abweichungen zueinander:

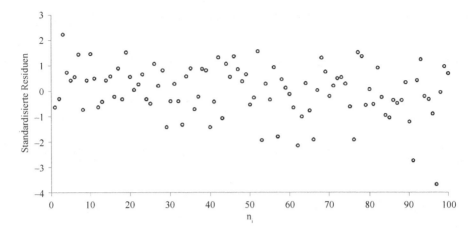

- in der Abbildung entdecken wir kein Muster

Normalverteilung der Abweichungen:

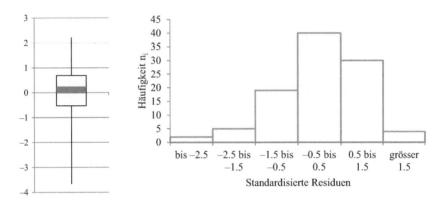

- der Median liegt etwa in der Mitte der Box, d. h. die Variable scheint symmetrisch zu sein, das Histogramm zeigt eine leicht linksschiefe Verteilung

18.3 Die Berechnung der Korrelation zeigt, dass zwischen den unabhängigen Variablen keine Korrelation mehr vorliegt. Dies ist ein Indiz dafür, dass kein Problem mit der Annahme der Multikollinearität vorliegt.

Anhang 2: Die Standardnormalverteilung N (0,1)

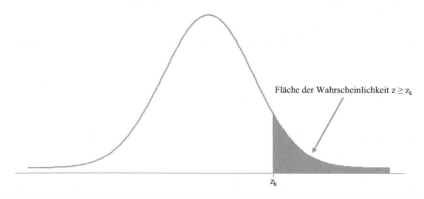

Fläche der Wahrscheinlichkeit $z \geq z_k$

z_k

$z_k \rightarrow$ ↓	zweite Dezimalstelle									
	.00	.01	.02	.03	.04	.05	.06	.07	.08	.09
0.0	0.5000	0.4960	0.4920	0.4880	0.4840	0.4801	0.4761	0.4721	0.4681	0.4641
0.1	0.4602	0.4562	0.4522	0.4483	0.4443	0.4404	0.4364	0.4325	0.4286	0.4247
0.2	0.4207	0.4168	0.4129	0.4090	0.4052	0.4013	0.3974	0.3936	0.3897	0.3859
0.3	0.3821	0.3783	0.3745	0.3707	0.3669	0.3632	0.3594	0.3557	0.3520	0.3483
0.4	0.3446	0.3409	0.3372	0.3336	0.3300	0.3264	0.3228	0.3192	0.3156	0.3121
0.5	0.3085	0.3050	0.3015	0.2981	0.2946	0.2912	0.2877	0.2843	0.2810	0.2776
0.6	0.2743	0.2709	0.2676	0.2643	0.2611	0.2578	0.2546	0.2514	0.2483	0.2451
0.7	0.2420	0.2389	0.2358	0.2327	0.2296	0.2266	0.2236	0.2206	0.2177	0.2148
0.8	0.2119	0.2090	0.2061	0.2033	0.2005	0.1977	0.1949	0.1922	0.1894	0.1867
0.9	0.1841	0.1814	0.1788	0.1762	0.1736	0.1711	0.1685	0.1660	0.1635	0.1611
1.0	0.1587	0.1562	0.1539	0.1515	0.1492	0.1469	0.1446	0.1423	0.1401	0.1379
1.1	0.1357	0.1335	0.1314	0.1292	0.1271	0.1251	0.1230	0.1210	0.1190	0.1170
1.2	0.1151	0.1131	0.1112	0.1093	0.1075	0.1056	0.1038	0.1020	0.1003	0.0985
1.3	0.0968	0.0951	0.0934	0.0918	0.0901	0.0885	0.0869	0.0853	0.0838	0.0823
1.4	0.0808	0.0793	0.0778	0.0764	0.0749	0.0735	0.0721	0.0708	0.0694	0.0681
1.5	0.0668	0.0655	0.0643	0.0630	0.0618	0.0606	0.0594	0.0582	0.0571	0.0559
1.6	0.0548	0.0537	0.0526	0.0516	0.0505	0.0495	0.0485	0.0475	0.0465	0.0455
1.7	0.0446	0.0436	0.0427	0.0418	0.0409	0.0401	0.0392	0.0384	0.0375	0.0367
1.8	0.0359	0.0351	0.0344	0.0336	0.0329	0.0322	0.0314	0.0307	0.0301	0.0294
1.9	0.0287	0.0281	0.0274	0.0268	0.0262	0.0256	0.0250	0.0244	0.0239	0.0233
2.0	0.0228	0.0222	0.0217	0.0212	0.0207	0.0202	0.0197	0.0192	0.0188	0.0183
2.1	0.0179	0.0174	0.0170	0.0166	0.0162	0.0158	0.0154	0.0150	0.0146	0.0143
2.2	0.0139	0.0136	0.0132	0.0129	0.0125	0.0122	0.0119	0.0116	0.0113	0.0110
2.3	0.0107	0.0104	0.0102	0.0099	0.0096	0.0094	0.0091	0.0089	0.0087	0.0084
2.4	0.0082	0.0080	0.0078	0.0075	0.0073	0.0071	0.0069	0.0068	0.0066	0.0064
2.5	0.0062	0.0060	0.0059	0.0057	0.0055	0.0054	0.0052	0.0051	0.0049	0.0048
2.6	0.0047	0.0045	0.0044	0.0043	0.0041	0.0040	0.0039	0.0038	0.0037	0.0036
2.7	0.0035	0.0034	0.0033	0.0032	0.0031	0.0030	0.0029	0.0028	0.0027	0.0026
2.8	0.0026	0.0025	0.0024	0.0023	0.0023	0.0022	0.0021	0.0021	0.0020	0.0019
2.9	0.0019	0.0018	0.0018	0.0017	0.0016	0.0016	0.0015	0.0015	0.0014	0.0014
3.0	0.001350									
3.5	0.000233									
4.0	0.000032									
5.0	0.0000003									

Anhang 3: Die t-Verteilung

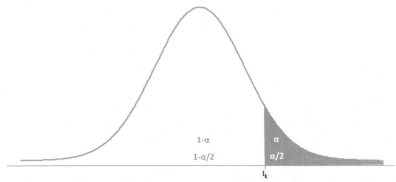

Fg	α bzw. α/2								
	0.200	0.150	0.125	0.100	0.075	0.050	0.025	0.010	0.005
1	1.376	1.963	2.414	3.078	4.165	6.314	12.706	31.821	63.657
2	1.061	1.386	1.604	1.886	2.282	2.920	4.303	6.965	9.925
3	0.978	1.250	1.423	1.638	1.924	2.353	3.182	4.541	5.841
4	0.941	1.190	1.344	1.533	1.778	2.132	2.776	3.747	4.604
5	0.920	1.156	1.301	1.476	1.699	2.015	2.571	3.365	4.032
6	0.906	1.134	1.273	1.440	1.650	1.943	2.447	3.143	3.707
7	0.896	1.119	1.254	1.415	1.617	1.895	2.365	2.998	3.499
8	0.889	1.108	1.240	1.397	1.592	1.860	2.306	2.896	3.355
9	0.883	1.100	1.230	1.383	1.574	1.833	2.262	2.821	3.250
10	0.879	1.093	1.221	1.372	1.559	1.812	2.228	2.764	3.169
11	0.876	1.088	1.214	1.363	1.548	1.796	2.201	2.718	3.106
12	0.873	1.083	1.209	1.356	1.538	1.782	2.179	2.681	3.055
13	0.870	1.079	1.204	1.350	1.530	1.771	2.160	2.650	3.012
14	0.868	1.076	1.200	1.345	1.523	1.761	2.145	2.624	2.977
15	0.866	1.074	1.197	1.341	1.517	1.753	2.131	2.602	2.947
16	0.865	1.071	1.194	1.337	1.512	1.746	2.120	2.583	2.921
17	0.863	1.069	1.191	1.333	1.508	1.740	2.110	2.567	2.898
18	0.862	1.067	1.189	1.330	1.504	1.734	2.101	2.552	2.878
19	0.861	1.066	1.187	1.328	1.500	1.729	2.093	2.539	2.861
20	0.860	1.064	1.185	1.325	1.497	1.725	2.086	2.528	2.845
21	0.859	1.063	1.183	1.323	1.494	1.721	2.080	2.518	2.831
22	0.858	1.061	1.182	1.321	1.492	1.717	2.074	2.508	2.819
23	0.858	1.060	1.180	1.319	1.489	1.714	2.069	2.500	2.807
24	0.857	1.059	1.179	1.318	1.487	1.711	2.064	2.492	2.797
25	0.856	1.058	1.178	1.316	1.485	1.708	2.060	2.485	2.787
26	0.856	1.058	1.177	1.315	1.483	1.706	2.056	2.479	2.779
27	0.855	1.057	1.176	1.314	1.482	1.703	2.052	2.473	2.771
28	0.855	1.056	1.175	1.313	1.480	1.701	2.048	2.467	2.763
29	0.854	1.055	1.174	1.311	1.479	1.699	2.045	2.462	2.756
30	0.854	1.055	1.173	1.310	1.477	1.697	2.042	2.457	2.750
40	0.851	1.050	1.167	1.303	1.468	1.684	2.021	2.423	2.704
50	0.849	1.047	1.164	1.299	1.462	1.676	2.009	2.403	2.678
100	0.845	1.042	1.157	1.290	1.451	1.660	1.984	2.364	2.626
200	0.843	1.039	1.154	1.286	1.445	1.653	1.972	2.345	2.601

Anhang 4: Die χ2-Verteilung

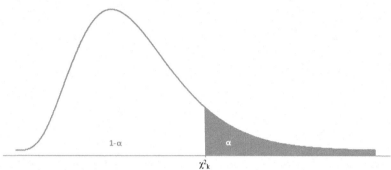

Fg	0.200	0.150	0.125	0.100	α 0.075	0.050	0.025	0.010	0.005
1	1.642	2.072	2.354	2.706	3.170	3.841	5.024	6.635	7.879
2	3.219	3.794	4.159	4.605	5.181	5.991	7.378	9.210	10.597
3	4.642	5.317	5.739	6.251	6.905	7.815	9.348	11.345	12.838
4	5.989	6.745	7.214	7.779	8.496	9.488	11.143	13.277	14.860
5	7.289	8.115	8.625	9.236	10.008	11.070	12.833	15.086	16.750
6	8.558	9.446	9.992	10.645	11.466	12.592	14.449	16.812	18.548
7	9.803	10.748	11.326	12.017	12.883	14.067	16.013	18.475	20.278
8	11.030	12.027	12.636	13.362	14.270	15.507	17.535	20.090	21.955
9	12.242	13.288	13.926	14.684	15.631	16.919	19.023	21.666	23.589
10	13.442	14.534	15.198	15.987	16.971	18.307	20.483	23.209	25.188
11	14.631	15.767	16.457	17.275	18.294	19.675	21.920	24.725	26.757
12	15.812	16.989	17.703	18.549	19.602	21.026	23.337	26.217	28.300
13	16.985	18.202	18.939	19.812	20.897	22.362	24.736	27.688	29.819
14	18.151	19.406	20.166	21.064	22.180	23.685	26.119	29.141	31.319
15	19.311	20.603	21.384	22.307	23.452	24.996	27.488	30.578	32.801
16	20.465	21.793	22.595	23.542	24.716	26.296	28.845	32.000	34.267
17	21.615	22.977	23.799	24.769	25.970	27.587	30.191	33.409	35.718
18	22.760	24.155	24.997	25.989	27.218	28.869	31.526	34.805	37.156
19	23.900	25.329	26.189	27.204	28.458	30.144	32.852	36.191	38.582
20	25.038	26.498	27.376	28.412	29.692	31.410	34.170	37.566	39.997
21	26.171	27.662	28.559	29.615	30.920	32.671	35.479	38.932	41.401
22	27.301	28.822	29.737	30.813	32.142	33.924	36.781	40.289	42.796
23	28.429	29.979	30.911	32.007	33.360	35.172	38.076	41.638	44.181
24	29.553	31.132	32.081	33.196	34.572	36.415	39.364	42.980	45.559
25	30.675	32.282	33.247	34.382	35.780	37.652	40.646	44.314	46.928
26	31.795	33.429	34.410	35.563	36.984	38.885	41.923	45.642	48.290
27	32.912	34.574	35.570	36.741	38.184	40.113	43.195	46.963	49.645
28	34.027	35.715	36.727	37.916	39.380	41.337	44.461	48.278	50.993
29	35.139	36.854	37.881	39.087	40.573	42.557	45.722	49.588	52.336
30	36.250	37.990	39.033	40.256	41.762	43.773	46.979	50.892	53.672
40	47.269	49.244	50.424	51.805	53.501	55.758	59.342	63.691	66.766
50	58.164	60.346	61.647	63.167	65.030	67.505	71.420	76.154	79.490
100	111.667	114.659	116.433	118.498	121.017	124.342	129.561	135.807	140.169
200	216.609	220.744	223.186	226.021	229.466	233.994	241.058	249.445	255.264

Anhang 5.1: Die F-Verteilung ($\alpha = 10\%$)

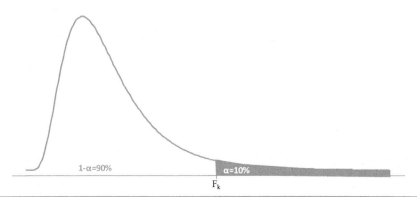

	Fg$_1$													
Fg$_2$	1	2	3	4	5	6	7	8	9	10	15	20	30	50
1	39.86	49.50	53.59	55.83	57.24	58.20	58.91	59.44	59.86	60.19	61.22	61.74	62.26	62.69
2	8.53	9.00	9.16	9.24	9.29	9.33	9.35	9.37	9.38	9.39	9.42	9.44	9.46	9.47
3	5.54	5.46	5.39	5.34	5.31	5.28	5.27	5.25	5.24	5.23	5.20	5.18	5.17	5.15
4	4.54	4.32	4.19	4.11	4.05	4.01	3.98	3.95	3.94	3.92	3.87	3.84	3.82	3.80
5	4.06	3.78	3.62	3.52	3.45	3.40	3.37	3.34	3.32	3.30	3.24	3.21	3.17	3.15
6	3.78	3.46	3.29	3.18	3.11	3.05	3.01	2.98	2.96	2.94	2.87	2.84	2.80	2.77
7	3.59	3.26	3.07	2.96	2.88	2.83	2.78	2.75	2.72	2.70	2.63	2.59	2.56	2.52
8	3.46	3.11	2.92	2.81	2.73	2.67	2.62	2.59	2.56	2.54	2.46	2.42	2.38	2.35
9	3.36	3.01	2.81	2.69	2.61	2.55	2.51	2.47	2.44	2.42	2.34	2.30	2.25	2.22
10	3.29	2.92	2.73	2.61	2.52	2.46	2.41	2.38	2.35	2.32	2.24	2.20	2.16	2.12
11	3.23	2.86	2.66	2.54	2.45	2.39	2.34	2.30	2.27	2.25	2.17	2.12	2.08	2.04
12	3.18	2.81	2.61	2.48	2.39	2.33	2.28	2.24	2.21	2.19	2.10	2.06	2.01	1.97
13	3.14	2.76	2.56	2.43	2.35	2.28	2.23	2.20	2.16	2.14	2.05	2.01	1.96	1.92
14	3.10	2.73	2.52	2.39	2.31	2.24	2.19	2.15	2.12	2.10	2.01	1.96	1.91	1.87
15	3.07	2.70	2.49	2.36	2.27	2.21	2.16	2.12	2.09	2.06	1.97	1.92	1.87	1.83
16	3.05	2.67	2.46	2.33	2.24	2.18	2.13	2.09	2.06	2.03	1.94	1.89	1.84	1.79
17	3.03	2.64	2.44	2.31	2.22	2.15	2.10	2.06	2.03	2.00	1.91	1.86	1.81	1.76
18	3.01	2.62	2.42	2.29	2.20	2.13	2.08	2.04	2.00	1.98	1.89	1.84	1.78	1.74
19	2.99	2.61	2.40	2.27	2.18	2.11	2.06	2.02	1.98	1.96	1.86	1.81	1.76	1.71
20	2.97	2.59	2.38	2.25	2.16	2.09	2.04	2.00	1.96	1.94	1.84	1.79	1.74	1.69
21	2.96	2.57	2.36	2.23	2.14	2.08	2.02	1.98	1.95	1.92	1.83	1.78	1.72	1.67
22	2.95	2.56	2.35	2.22	2.13	2.06	2.01	1.97	1.93	1.90	1.81	1.76	1.70	1.65
23	2.94	2.55	2.34	2.21	2.11	2.05	1.99	1.95	1.92	1.89	1.80	1.74	1.69	1.64
24	2.93	2.54	2.33	2.19	2.10	2.04	1.98	1.94	1.91	1.88	1.78	1.73	1.67	1.62
25	2.92	2.53	2.32	2.18	2.09	2.02	1.97	1.93	1.89	1.87	1.77	1.72	1.66	1.61
26	2.91	2.52	2.31	2.17	2.08	2.01	1.96	1.92	1.88	1.86	1.76	1.71	1.65	1.59
27	2.90	2.51	2.30	2.17	2.07	2.00	1.95	1.91	1.87	1.85	1.75	1.70	1.64	1.58
28	2.89	2.50	2.29	2.16	2.06	2.00	1.94	1.90	1.87	1.84	1.74	1.69	1.63	1.57
29	2.89	2.50	2.28	2.15	2.06	1.99	1.93	1.89	1.86	1.83	1.73	1.68	1.62	1.56
30	2.88	2.49	2.28	2.14	2.05	1.98	1.93	1.88	1.85	1.82	1.72	1.67	1.61	1.55
40	2.84	2.44	2.23	2.09	2.00	1.93	1.87	1.83	1.79	1.76	1.66	1.61	1.54	1.48
50	2.81	2.41	2.20	2.06	1.97	1.90	1.84	1.80	1.76	1.73	1.63	1.57	1.50	1.44
100	2.76	2.36	2.14	2.00	1.91	1.83	1.78	1.73	1.69	1.66	1.56	1.49	1.42	1.35
200	2.73	2.33	2.11	1.97	1.88	1.80	1.75	1.70	1.66	1.63	1.52	1.46	1.38	1.31

Anhang 5.2: Die F-Verteilung ($\alpha = 5\,\%$)

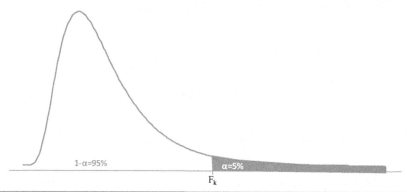

$1-\alpha=95\%$ $\alpha=5\%$

F_k

Fg₂	\multicolumn{14}{c}{Fg₁}
	1	2	3	4	5	6	7	8	9	10	15	20	30	50
1	161.45	199.50	215.71	224.58	230.16	233.99	236.77	238.88	240.54	241.88	245.95	248.01	250.10	251.77
2	18.51	19.00	19.16	19.25	19.30	19.33	19.35	19.37	19.38	19.40	19.43	19.45	19.46	19.48
3	10.13	9.55	9.28	9.12	9.01	8.94	8.89	8.85	8.81	8.79	8.70	8.66	8.62	8.58
4	7.71	6.94	6.59	6.39	6.26	6.16	6.09	6.04	6.00	5.96	5.86	5.80	5.75	5.70
5	6.61	5.79	5.41	5.19	5.05	4.95	4.88	4.82	4.77	4.74	4.62	4.56	4.50	4.44
6	5.99	5.14	4.76	4.53	4.39	4.28	4.21	4.15	4.10	4.06	3.94	3.87	3.81	3.75
7	5.59	4.74	4.35	4.12	3.97	3.87	3.79	3.73	3.68	3.64	3.51	3.44	3.38	3.32
8	5.32	4.46	4.07	3.84	3.69	3.58	3.50	3.44	3.39	3.35	3.22	3.15	3.08	3.02
9	5.12	4.26	3.86	3.63	3.48	3.37	3.29	3.23	3.18	3.14	3.01	2.94	2.86	2.80
10	4.96	4.10	3.71	3.48	3.33	3.22	3.14	3.07	3.02	2.98	2.85	2.77	2.70	2.64
11	4.84	3.98	3.59	3.36	3.20	3.09	3.01	2.95	2.90	2.85	2.72	2.65	2.57	2.51
12	4.75	3.89	3.49	3.26	3.11	3.00	2.91	2.85	2.80	2.75	2.62	2.54	2.47	2.40
13	4.67	3.81	3.41	3.18	3.03	2.92	2.83	2.77	2.71	2.67	2.53	2.46	2.38	2.31
14	4.60	3.74	3.34	3.11	2.96	2.85	2.76	2.70	2.65	2.60	2.46	2.39	2.31	2.24
15	4.54	3.68	3.29	3.06	2.90	2.79	2.71	2.64	2.59	2.54	2.40	2.33	2.25	2.18
16	4.49	3.63	3.24	3.01	2.85	2.74	2.66	2.59	2.54	2.49	2.35	2.28	2.19	2.12
17	4.45	3.59	3.20	2.96	2.81	2.70	2.61	2.55	2.49	2.45	2.31	2.23	2.15	2.08
18	4.41	3.55	3.16	2.93	2.77	2.66	2.58	2.51	2.46	2.41	2.27	2.19	2.11	2.04
19	4.38	3.52	3.13	2.90	2.74	2.63	2.54	2.48	2.42	2.38	2.23	2.16	2.07	2.00
20	4.35	3.49	3.10	2.87	2.71	2.60	2.51	2.45	2.39	2.35	2.20	2.12	2.04	1.97
21	4.32	3.47	3.07	2.84	2.68	2.57	2.49	2.42	2.37	2.32	2.18	2.10	2.01	1.94
22	4.30	3.44	3.05	2.82	2.66	2.55	2.46	2.40	2.34	2.30	2.15	2.07	1.98	1.91
23	4.28	3.42	3.03	2.80	2.64	2.53	2.44	2.37	2.32	2.27	2.13	2.05	1.96	1.88
24	4.26	3.40	3.01	2.78	2.62	2.51	2.42	2.36	2.30	2.25	2.11	2.03	1.94	1.86
25	4.24	3.39	2.99	2.76	2.60	2.49	2.40	2.34	2.28	2.24	2.09	2.01	1.92	1.84
26	4.23	3.37	2.98	2.74	2.59	2.47	2.39	2.32	2.27	2.22	2.07	1.99	1.90	1.82
27	4.21	3.35	2.96	2.73	2.57	2.46	2.37	2.31	2.25	2.20	2.06	1.97	1.88	1.81
28	4.20	3.34	2.95	2.71	2.56	2.45	2.36	2.29	2.24	2.19	2.04	1.96	1.87	1.79
29	4.18	3.33	2.93	2.70	2.55	2.43	2.35	2.28	2.22	2.18	2.03	1.94	1.85	1.77
30	4.17	3.32	2.92	2.69	2.53	2.42	2.33	2.27	2.21	2.16	2.01	1.93	1.84	1.76
40	4.08	3.23	2.84	2.61	2.45	2.34	2.25	2.18	2.12	2.08	1.92	1.84	1.74	1.66
50	4.03	3.18	2.79	2.56	2.40	2.29	2.20	2.13	2.07	2.03	1.87	1.78	1.69	1.60
100	3.94	3.09	2.70	2.46	2.31	2.19	2.10	2.03	1.97	1.93	1.77	1.68	1.57	1.48
200	3.89	3.04	2.65	2.42	2.26	2.14	2.06	1.98	1.93	1.88	1.72	1.62	1.52	1.41

Anhang 5.3: Die F-Verteilung ($\alpha = 1\%$)

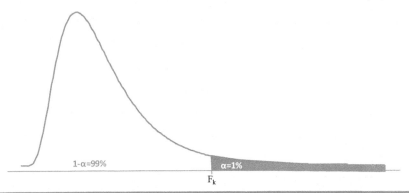

Fg₂	Fg₁													
	1	2	3	4	5	6	7	8	9	10	15	20	30	50
1	4052.2	4999.5	5403.4	5624.6	5763.6	5859.0	5928.4	5981.1	6022.5	6055.8	6157.3	6208.7	6260.6	6302.5
2	98.50	99.00	99.17	99.25	99.30	99.33	99.36	99.37	99.39	99.40	99.43	99.45	99.47	99.48
3	34.12	30.82	29.46	28.71	28.24	27.91	27.67	27.49	27.35	27.23	26.87	26.69	26.50	26.35
4	21.20	18.00	16.69	15.98	15.52	15.21	14.98	14.80	14.66	14.55	14.20	14.02	13.84	13.69
5	16.26	13.27	12.06	11.39	10.97	10.67	10.46	10.29	10.16	10.05	9.72	9.55	9.38	9.24
6	13.75	10.92	9.78	9.15	8.75	8.47	8.26	8.10	7.98	7.87	7.56	7.40	7.23	7.09
7	12.25	9.55	8.45	7.85	7.46	7.19	6.99	6.84	6.72	6.62	6.31	6.16	5.99	5.86
8	11.26	8.65	7.59	7.01	6.63	6.37	6.18	6.03	5.91	5.81	5.52	5.36	5.20	5.07
9	10.56	8.02	6.99	6.42	6.06	5.80	5.61	5.47	5.35	5.26	4.96	4.81	4.65	4.52
10	10.04	7.56	6.55	5.99	5.64	5.39	5.20	5.06	4.94	4.85	4.56	4.41	4.25	4.12
11	9.65	7.21	6.22	5.67	5.32	5.07	4.89	4.74	4.63	4.54	4.25	4.10	3.94	3.81
12	9.33	6.93	5.95	5.41	5.06	4.82	4.64	4.50	4.39	4.30	4.01	3.86	3.70	3.57
13	9.07	6.70	5.74	5.21	4.86	4.62	4.44	4.30	4.19	4.10	3.82	3.66	3.51	3.38
14	8.86	6.51	5.56	5.04	4.69	4.46	4.28	4.14	4.03	3.94	3.66	3.51	3.35	3.22
15	8.68	6.36	5.42	4.89	4.56	4.32	4.14	4.00	3.89	3.80	3.52	3.37	3.21	3.08
16	8.53	6.23	5.29	4.77	4.44	4.20	4.03	3.89	3.78	3.69	3.41	3.26	3.10	2.97
17	8.40	6.11	5.18	4.67	4.34	4.10	3.93	3.79	3.68	3.59	3.31	3.16	3.00	2.87
18	8.29	6.01	5.09	4.58	4.25	4.01	3.84	3.71	3.60	3.51	3.23	3.08	2.92	2.78
19	8.18	5.93	5.01	4.50	4.17	3.94	3.77	3.63	3.52	3.43	3.15	3.00	2.84	2.71
20	8.10	5.85	4.94	4.43	4.10	3.87	3.70	3.56	3.46	3.37	3.09	2.94	2.78	2.64
21	8.02	5.78	4.87	4.37	4.04	3.81	3.64	3.51	3.40	3.31	3.03	2.88	2.72	2.58
22	7.95	5.72	4.82	4.31	3.99	3.76	3.59	3.45	3.35	3.26	2.98	2.83	2.67	2.53
23	7.88	5.66	4.76	4.26	3.94	3.71	3.54	3.41	3.30	3.21	2.93	2.78	2.62	2.48
24	7.82	5.61	4.72	4.22	3.90	3.67	3.50	3.36	3.26	3.17	2.89	2.74	2.58	2.44
25	7.77	5.57	4.68	4.18	3.85	3.63	3.46	3.32	3.22	3.13	2.85	2.70	2.54	2.40
26	7.72	5.53	4.64	4.14	3.82	3.59	3.42	3.29	3.18	3.09	2.81	2.66	2.50	2.36
27	7.68	5.49	4.60	4.11	3.78	3.56	3.39	3.26	3.15	3.06	2.78	2.63	2.47	2.33
28	7.64	5.45	4.57	4.07	3.75	3.53	3.36	3.23	3.12	3.03	2.75	2.60	2.44	2.30
29	7.60	5.42	4.54	4.04	3.73	3.50	3.33	3.20	3.09	3.00	2.73	2.57	2.41	2.27
30	7.56	5.39	4.51	4.02	3.70	3.47	3.30	3.17	3.07	2.98	2.70	2.55	2.39	2.25
40	7.31	5.18	4.31	3.83	3.51	3.29	3.12	2.99	2.89	2.80	2.52	2.37	2.20	2.06
50	7.17	5.06	4.20	3.72	3.41	3.19	3.02	2.89	2.78	2.70	2.42	2.27	2.10	1.95
100	6.90	4.82	3.98	3.51	3.21	2.99	2.82	2.69	2.59	2.50	2.22	2.07	1.89	1.74
200	6.76	4.71	3.88	3.41	3.11	2.89	2.73	2.60	2.50	2.41	2.13	1.97	1.79	1.63

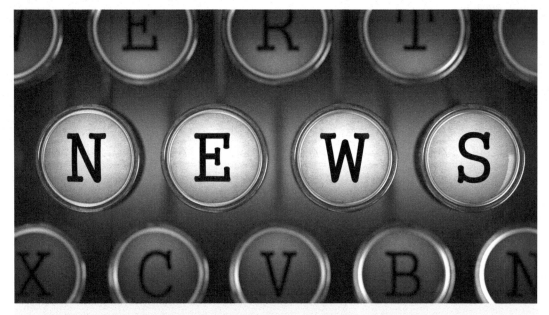

Printed by Printforce, the Netherlands